はじめて学ぶ

熱力学

第2版

齋藤孝基・濱口和洋
平田宏一・齊藤　剛
共著

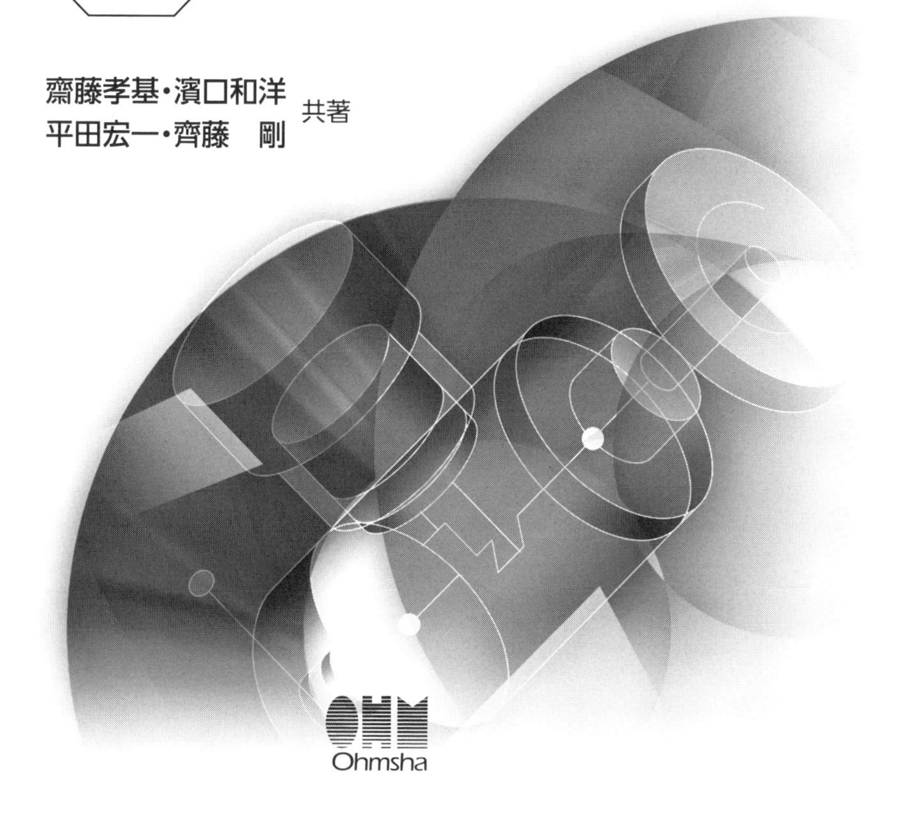

Ohmsha

【執筆分担】

齋藤　孝基（東京大学名誉教授：1章・8章・9章・11章）

濱口　和洋（明星大学名誉教授：2章2·1節，2·4〜2·8節・7章・10章・12章）

平田　宏一（国立研究開発法人 海上・港湾・航空技術研究所 海上技術安全研究所：2章2·2〜2·3節・3〜6章）

齊藤　　剛（明星大学：5章5·7節〔5〕，Appendix）

はしがき

最近は学生の実力低下，理工系離れが目立つなどの声をよく聞くが，その一方，別なよい面が生まれてきてはいないかと思うようになった．ゲーム機で遊ぶ子供のやり方を見ていると，説明書などは読まないではじめから指を動かしていく．パターンが決まっているせいもあるかもしれないが，どう操作しても機械が壊れないので繰り返し試しているうちにゲーム機操作の決まりを会得してしまう．このやり方は一つの新しい文化といってよいだろう．年輩者は若い人たちの文化を積極的に理解しなければならないと思う．

熱力学は，力学といっても物体の動きや力関係としてはとらえにくい「熱」が対象であり，特性をエネルギー保存・変換則などとしてまとめたものであるから，全体像をつかむには相当の辛抱がいる．従来から熱力学は難しいといわれ，中でもエントロピーなる用語はわからないことの代名詞に使われてきたりした．そこで本書では，1章にどのような機器が熱力学の対象になるかを概観して関心を持ってもらうように図った．各章の冒頭では，その章を簡単に紹介してまずその内容をつかんでもらうことを考えた．そして，できるだけ多くの身近な例をあげるよう心がけた．

若い人たちには漫画も大事な文化である．絵を楽しみながら読むことができる漫画とまではいかなくても，教科書にも一目でわかるような配慮が必要なので，図や表を多くし，なるべく図表の中に説明文を加えるようにした．水蒸気線図（h-s）は多少読み取りやすいように考慮した．エンタルピーにしろエントロピーにしろ，厳密に定義を導くことよりも，まず慣れてもらうことを年頭においた．そのため，いくつかの節で重複して説明している箇所もある．

また，章全体を把握しやすいように説明の流れを大事にして，詳細にわたる箇所は「プラスワン」* として枠で囲み，そこは読み飛ばしてもよいように構成を

---

* 第2版では「Tips」とした．

工夫した．各章に設けた例題を参照して，章末に演習問題を解いて欲しい．これらの配慮が熱力学をはじめて学ぶ人たちの理解をうながすことを期待しているが，いたらぬ面も多々あるであろう．読者の方々の率直な意見をいただければ幸いである．

最後に，本書のの発刊に際し多大なるご尽力をいただいたオーム社出版部の方々に感謝の意を表する次第である．

2002年2月

著者代表　齋藤　孝基

第２版にあたって

本書の初版が発行されたのは平成 14 年（2002 年）3 月，それから 20 年が経過し第 17 刷を数えるに至った．この間，熱力学の基本則が変わることはないものの，我々を取り巻く環境は徐々に変化し，温暖化の影響を肌で感じる程になった．

共著者の一人である濱口氏は，12 章「エネルギーと環境」について，冷媒のより温暖化係数の低い物質への転換，温室効果ガス排出量の推移，日本における温室効果ガス削減計画の変更，全世界に広がる自動車の二酸化炭素排出量ゼロ化の進捗状況，加えて，はじめて熱力学を学ぶ学生に必要な数式の展開等の視点から第 2 版とする必要性をオーム社に提案し，賛同いただいた．数式の展開等については，斎藤剛氏がコロナ禍による大学講義のオンライン対応等で多用にもかかわらず執筆してくださった．

これらに合わせて，他の章についても図・表などの見直しが図られ，関係者のご厚意もいただき，全章で図 16 点，表 6 点を更新した．

また，説明の流れに気を配って配置した助言「プラスワン」は，主に IT 分野で使われている馴染みやすい名称「Tips」に変更し，追加・修正を加えている．

本第 2 版が，熱力学を学ぶ読者にとって，さらに少しでも親しみやすい参考書になれば幸いである．

この度の発行に際し，ご尽力いただいたオーム社編集局の皆様に改めて感謝申し上げる次第である．

2021 年 6 月

著者代表　齋藤　孝基

目　　次

1章　熱機器と熱力学

2章　熱エネルギー利用技術

3章　熱エネルギーと仕事

4章　エネルギーの状態と変化

5章　理想気体の状態変化

6章　エンジンのサイクル

7章　熱エネルギーの運動エネルギーへの変換

8章　蒸気の状態変化

9章　蒸気サイクル

10章　冷凍とヒートポンプサイクル

11章　空気調和

12章　エネルギーと環境

1章

熱機器と熱力学

シリンダ内で燃料が燃焼してできる燃焼ガスは，ピストンを動かして車を走らせることができる．熱力学はエネルギーに関する原理をまとめたものであり，熱や仕事を受け取ったり，与えたりする熱機器の基本的な性質を説明してくれる．熱力学は，人々が豊かな生活を送るのに不可欠なエネルギーについての学問であるということができる．

1・1　熱機器の種類

重い物を持ち上げられる人は力持ちと呼ばれる．物体を押そうとすると，物体の重さに応じて摩擦力が働く．その摩擦力以上の力が働けば動かすことができる．力学の言葉では，力が働いて物体が力の方向に動くとき，力は物体に仕事をするという．いろいろな機械は人のできないような大きな仕事をしてくれる（図1·1）．

物体を高い所から落とすと下にあるものを変形させたり，破壊したりする．高

図1・1　力と仕事

速の物体も同様である．燃料はどうだろうか．燃料を燃やすと熱が発生する．蒸気は熱をもらうと温度や圧力が高くなる．この蒸気によってピストンが動き，蒸気機関車が走る．蒸気はタービン・発電機を回して電力を発生し，電力は電動機（モータ）を動かす．これら高い所にある物体や高速の物体だけでなく，蒸気，そして燃料も物を壊したり動かしたりする仕事能力，すなわち**エネルギー**を持っている（**図1･2**）．

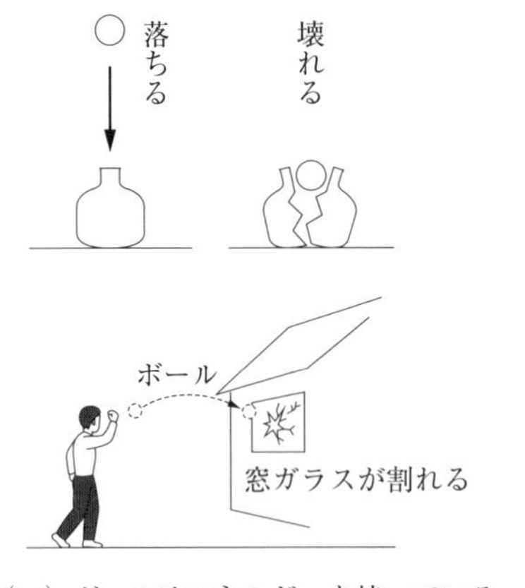

（a）ボールはエネルギーを持っている

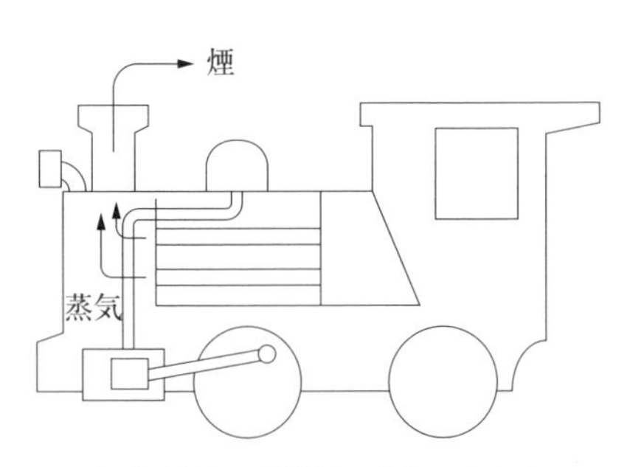

（b）燃料の発熱量が蒸気に伝わり蒸気は列車を動かす

図1・2　エネルギーのいろいろ

いくつかの機械を取り上げてみよう．自動車が走るのはエンジン（**図1･3**）のシリンダ内で燃料が燃えてピストンを動かして車輪を回すからであることは誰でも知っている．エンジンになぜ繰り返し車輪を回す力が生まれ，その強さはどう決まるのか．効率のよいエンジンが望ましいのはいうまでもない．

航空機のジェットエンジン（**図1･4**）では周囲の空気を圧縮機で高い圧力にし，その中で燃料を燃やし，燃焼ガスをタービン出口から高速で噴出する．噴出が十分強ければ航空機は超音速での飛行も可能となる．

ロケットは大気のない空間を飛行するので燃料を燃やすには酸化剤を用い，燃料ガスを噴出して推力を得る．推力が大きければ地球の重力から脱出して宇宙空間に飛び出すことができる（**図1･5**）．

図1・3　A09C 型エンジン
大型商用車用 2 段過給エンジン，総排気量 8.866 L，最高出力 279 kW（380 ps）/1700 rpm
（提供：日野自動車(株)）

ボーイング 777 型機に搭載，最大離陸推力 467 kN，
ファン直径 3.39 m，バイパス比 10.2（提供：GE社）

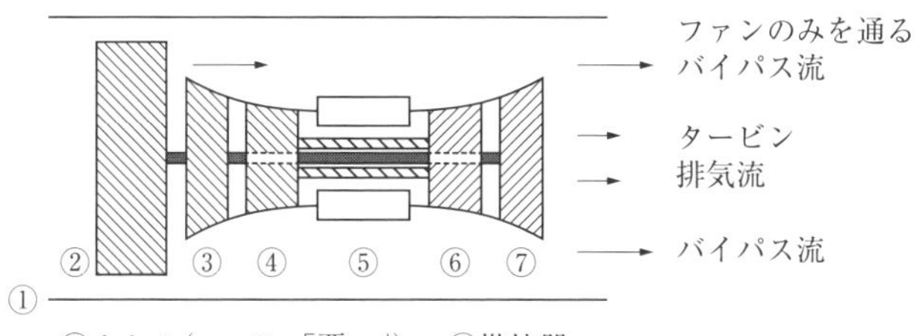

①ナセル(nacelle「覆い」)
②ファン
③低圧圧縮機
④高圧圧縮機
⑤燃焼器
⑥高圧タービン(④を駆動)
⑦低圧タービン(②，③を駆動)

バイパス比＝バイパス流量/排気流量

図1・4　GE9X ターボファンエンジン

図1・5　イプシロンロケット4号機打ち上げ（JAXA内之浦宇宙空間観測所にて）
（提供：© JAXA）

我々の生活に電力は欠かせない．電力の発生法はいろいろあるが，高い所にあるダムから流れる水力で水車を回し，これにつながる発電機を回して発電する水力発電も一つの方法である．火力発電は，ボイラで燃料の燃焼熱を受けて発生する高温の水蒸気がタービンを，そして発電機を回す構造になっている．水は変化してボイラ，タービンを一巡する．燃料が燃えてできる二酸化炭素は地球の温暖化に関係する．発電には原子力も利用されている（**図1・6**）．また，最近は燃料電池も話題になっている．

暑い夏も屋内では冷房で快適に過ごせる．寒い日には石油ストーブや電気ストーブで暖めることもできるが，冷房に使ったエアコンのスイッチを暖房に切り替えてもよい．電力を使うエアコンだけでなくガス冷房方式もある．空気状態の調整は，家庭からドーム球場のような大空間まで広く行われている（**図1・7**）．

山梨にある実験線では超電導リニアの走行試験が行われている（**図1・8**）．車両を浮かすのに超電導磁石が使われるが，それには極低温冷凍機で－269℃とい

（a）西名古屋火力発電所
7-1 号，7-2 号　出力各 1 188 200 kW
（ガスタービン 3 台＋蒸気タービン 1 台）のコンバインドサイクル
燃料 LNG（液化天然ガス），熱効率 62%（低位発熱量基準）
（提供：(株)JERA）

（b）大飯原子力発電所（加圧水型(PWR)）
手前が定格出力 4 号機，3 号機各 118.0 万 kW
（1，2 号機運転終了）
（提供：関西電力(株)）

図 1・6　火力・原子力発電所

う低温にしなければならない．

熱力学は熱い，冷たいという経験から出発して，熱が仕事に変わる，逆に仕事が熱に変わることなどを中心にして諸現象を整理した成果である．熱力学を学ぶことによって熱機械の作動原理を理解でき，その基礎の上に熱機械をデザインすることができる．

熱機械を見ると，熱や仕事などエネルギーの利用の仕方にいろいろな形がある

図1・7　ドーム球場（内観）
雨水の利用（地下貯留槽）
太陽光発電（屋根）年間発電量 62 000 kWh
（提供：(株)ナゴヤドーム）

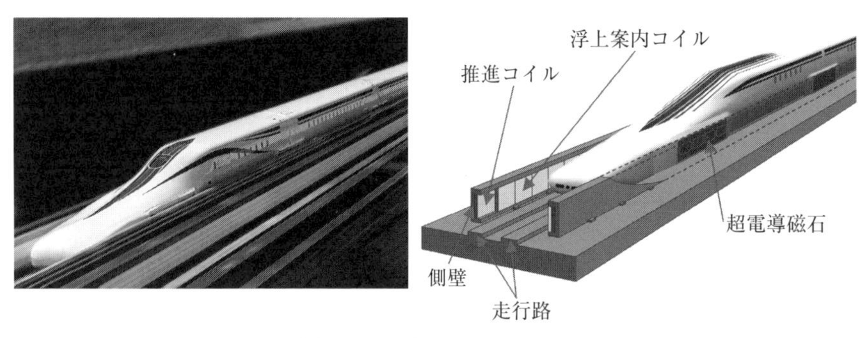

図1・8　リニアモーターカー
L0 系改良型試験車，営業最高速度 500 km/h,
車体：幅 2.9 m，高 3.1 m，車体材質：アルミニウム合金
（提供：JR 東海）

ことがわかる．それらは広く化学エネルギー，原子エネルギー，光・電磁エネルギー，熱エネルギー，力学エネルギーなどいろいろな形態のエネルギー間の変換として**図1·9**のように整理される．

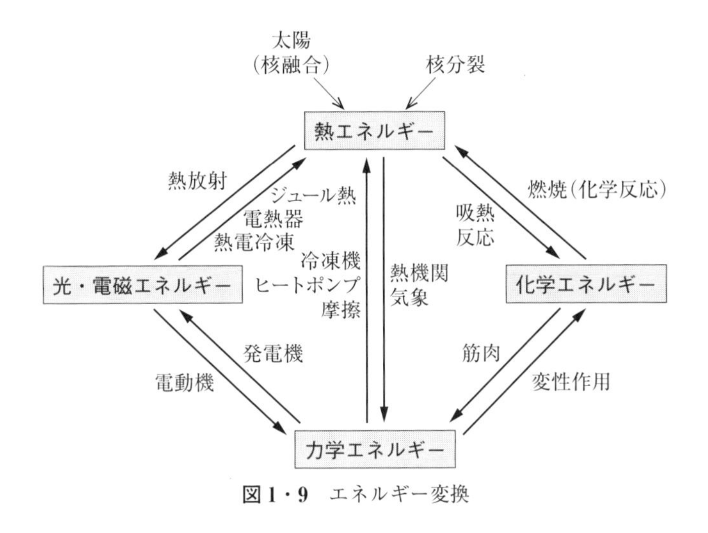

図1・9　エネルギー変換

1・2　熱利用・熱力学の歴史

一人の人が持ち上げられるのは体重程度である．牛馬のような大きな動物を馴らして使えば人の何倍もの力を利用することができる．さらに人は食物を得るために，あるいは自然の脅威に立ち向かうために道具を工夫して使ってきた．エジプトでは4500年以上も前にピラミッドが，中国では2000年近くも前に万里の長城が造られているが，このような巨大な建造物を造るのに多くの人力や畜力とともに自然の力を巧みに利用したと思われる．人力・畜力・自然力に頼る時代は長く続いたが，18世紀になって大きな変化が現れた．蒸気によって働く機械が発明されたのである．その結果，イギリスを中心に石炭の採掘や製鉄業の規模は格段に大きくなった．この技術革新は諸分野に及び，経済的に，社会的に大きな変革をもたらした．これが産業革命である．

蒸気機関といえばワットが名高いが，ニューコメン他多くの先人たちの工夫があった．ニューコメンや初期のワットの蒸気機関は蒸気が凝縮するときに生じる負圧を利用するものであった．ワットが改良し，高圧の蒸気が得られるようになって，蒸気機関車は重い物を輸送し，人は馬車よりも速く目的地へ行けるよう

表1・1 熱力学と発明の歴史

時　代	発明・発見	人　名
250 BC 頃	浮力	アルキメデス
AD 75	気力計	ヘロン
1604 年	落体の法則	ガリレイ
1662 年	気体の法則	ボイル
1670 年	フロギストン説（熱素説）	ベッヒャー，シュタール
1687 年	運動の法則	ニュートン
1742 年	温度目盛（℃）	セルシウス
1765 年	蒸気機関	ワット
1799 年	電池の発明	ヴォルタ
1824 年	理想的熱サイクル	カルノー
1831 年	電磁誘導	ファラデー
1843 年	熱の仕事当量	ジュール
1847 年	エネルギーの保存則	ヘルムホルツ
1848 年	熱力学的温度目盛	ケルヴィン
1849 年	熱力学の第 2 法則	クラウジウス
1865 年	エントロピー	クラウジウス

になった．以後，水蒸気だけでなく高温・高圧の気体を利用する種々のエンジンが生まれ，自動車が道を走るようになった．蒸気やガスのエネルギーは，タービンに直結する発電機を回し電力に変わって利用するのに便利になった．これらの根源として化石燃料の化学エネルギーだけでなく，20 世紀後半には原子エネルギーを利用するまでになった．

多様な機器にはどのような原理が成り立つのだろうか．古くから多数の研究者が熱とは何かを問いかけ，熱と仕事にはどのような関係があるかなどについて考察してきた．熱は物の形をしていないため難解であったが，長い年月を経てその結果は熱力学として体系化された．熱機関の逆サイクルである冷凍機・ヒートポンプも発明された．これら熱機器の開発は熱力学の完成を促す一方，熱力学は機器の高性能化に役立った．単位の名称に熱力学の構築に貢献した科学者の名前を見ることができる（**表 1·1**）．

1・3 単位を定める

機械を設計・製作し，効率よく運転しようとすれば熱や仕事の関係を数量的にはっきりさせ，比較できるようにしなければならない．そのために熱や仕事の量を測る**単位**が決められている．単位は比較に便利なように古くは身体の寸法などに拠り所を求める傾向があり，国による違いもあったが，科学の進歩に伴ってより客観的な基準が用いられるようになり，現在は**国際単位系**に統一されている．

国際単位系では長さ〔m〕，質量〔kg〕，時間〔s〕，温度〔K，℃〕，物質量〔モル〕，電流〔A〕（アンペア），光度〔cd〕（カンデラ）の7種類が基本である．

℃（摂氏度）とK（ケルビン）の間には式（1･1）の関係がある〈**A 1.1**〉*.

$$T\,[\mathrm{K}] = t\,[^\circ\mathrm{C}] + 273.15 \tag{1・1}$$

基本単位が組み合わされた種々の組立単位，キロ，ミリなどの接頭語が定められている（**表1･2**）.

+ Tips +　組立単位の例

速度：1 m/s（1 s当り1 m移動する）
加速度：1 m/s^2（1 s当り速度が1 m/s変わる）
　標準重力加速度 $g = 9.80665$ m/s^2
力：1 N（ニュートン）= 1 kg･m/s^2（1 kgの物体に1 m/s^{2}の加速度を生じる力）
エネルギー：1 J（ジュール）= 1 N･m（1 Nの力が働いてその力の方向に1 m移動するときに行われる仕事）
圧力：1 Pa（パスカル）= 1 N/m^2（1 m^{2}に1 Nの力が働く圧力）
仕事率：1 W（ワット）= 1 J/s（1 s当り1 Jのエネルギーが出入りする）

* Appendix 参照.

表1・2 国際単位系

(a) SI 基本単位

量	単位	
	名 称	記 号
長さ	メートル	m
質量	キログラム	kg
時間	秒	s
電流	アンペア	A
熱力学温度*	ケルビン	K
物質量	モル	mol
光度	カンデラ	cd

* SI 単位としてセルシウス温度〔℃〕を用いてもよい．セルシウス温度で表される温度 t の数値は，ケルビンの温度で表される温度 T の数値から 273.15 を減じたものに等しい．$t=T-273.15$
温度間隔を表すにもケルビンの代わりにセルシウス度を用いてもよい．

(b) SI 補助単位

量	単位	
	名 称	記 号
平面角	ラジアン	rad
立体角	ステラジアン	sr

(c) SI 組立単位

量	SI 単位		
	名 称	記 号	他の SI 単位による表し方
周波数	ヘルツ	Hz	
力	ニュートン	N	
圧力・応力	パスカル	Pa	N/m^2
エネルギー・仕事・熱量	ジュール	J	N・m
パワー・放射束	ワット	W	J/s
電気量・電荷	クーロン	C	A・s
電位・電圧・起電力	ボルト	V	W/A
静電容量	ファラド	F	C/V
電気抵抗	オーム	Ω	V/A
(電気の)コンダクタンス	ジーメンス	S	A/V
磁束	ウェーバー	Wb	V・s
磁束密度・磁気誘導	テラス	T	Wb/m^2
インダクタンス	ヘンリー	H	Wb/A
セルシウス温度	セルシウス度	℃	
光束	ルーメン	lm	
照度	ルクス	lx	lm/m^2
放射能	ベクレル	Bq	
吸収線量	グレイ	Gy	J/kg
線量当量	シーベルト	Sv	J/kg

(d) 接頭語

倍 数	接頭語	記 号	倍 数	接頭語	記 号
10^{18}	エクサ	E	10^{-1}	デシ	d
10^{15}	ペタ	P	10^{-2}	センチ	c
10^{12}	テラ	T	10^{-3}	ミリ	m
10^{9}	ギガ	G	10^{-6}	マイクロ	μ
10^{6}	メガ	M	10^{-9}	ナノ	n
10^{3}	キロ	k	10^{-12}	ピコ	p
10^{2}	ヘクト	h	10^{-15}	フェムト	f
10^{1}	デカ	da	10^{-18}	アト	a

+ Tips +

工学単位系

① 工学単位系では物体の重さをばね秤や台秤で測って何々キログラムという．このキログラムは重力による力を測っているのであって，質量のキログラムと区別してキログラム重〔kgf〕と書くことができる．たとえば，圧力が 1 kg/cm^2 というときの kg は kgf のことである．1 kgf = 9.807 N **〈A 1.2〉**

1 気圧〔atm〕= 101 325 Pa = 1.033 kgf/cm^2

　　= 760 mmHg（760 mm の水銀柱が及ぼす圧力）　(1・2)

② 通常，圧力は真空を基準（0）とするが，大気圧を標準（0）とする場合もある．これを**ゲージ圧**という．これと区別するとき前者を特に**絶対圧**〔ata〕と呼ぶ．

③ 1 g の水を 1℃高めるのに必要な熱量を 1 cal というが，詳しくは 1℃高めるといっても何℃から何℃までの 1℃かを定めないと正確な定義にならない．

14.5〜15.5℃の 1℃と指定する場合を 15℃カロリー〔cal_{15}〕と呼ぶ．

1 cal_{15} = 4.1855 J　(1・3)

【例題 1・1】（1） 1 W を kg，m，s で表せ．

（2） 1 Pa を kg，m，s で表せ．

〈解 答〉（1） 1〔N〕= 1〔kg·m/s^2〕，1〔J〕= 1〔N·m〕であるから

1〔W〕= 1〔J/s〕= 1〔N·m/s〕= 1〔kg·m/s^2〕·〔m/s〕= 1〔kg·m^2/s^3〕

（2） 1〔Pa〕= 1〔N/m^2〕= 1〔(kg·m/s^2)/m^2〕= 1〔kg/(m·s^2)〕

【例題 1・2】 水の密度 ρ を 1.0 g/cm^3，g = 9.8 m/s^2 とした場合，1 Pa に相当する水柱の高さ h を求めよ．

〈解 答〉 h〔m〕とすると ρgh = 1 Pa でなければならない．水の密度 ρ = 1.0 g/cm^3 = 1 000 kg/m^3，1 Pa = 1 kg/(m·s^2) であるから

1 000 kg/m^3·9.8 m/s^2·h = 1 kg/(m·s^2)

したがって，h = 1/9 800 m ≒ 0.1 mm

【例題 1・3】 地球の半径 r を 6 378 km，重力加速度 g を 9.8 m/s^2 とした場合，ロケットの重力脱出速度を求めよ．重力脱出速度は $\sqrt{2gr}$ で与えられる．

〈解 答〉

$$\sqrt{2gr}=\sqrt{2\times 9.8\ \mathrm{m/s^2}\times(6\,378\times 10^3\ \mathrm{m})}$$
$$=\sqrt{1.25\times 10^8\ \mathrm{m^2/s^2}}$$
$$=1.12\times 10^4\ \mathrm{m/s}=11.2\ \mathrm{km/s}$$

演習問題

問題 1・1 ① 空気の沸点は −194.4℃である．何 K か．

② 水素の沸点は 20.39 K である．何℃か．

③ 100℃と −30℃の温度差は何 K か．

問題 1・2 落差 150 m，流量 9 m^3/s の水力発電所の出力〔MW〕を求めよ．出力 =（水の密度）×（重力加速度）×（落差）×（流量）として計算せよ．

問題 1・3 燃焼すると 1 m^3 当り 40 000 kJ の熱を発生する気体燃料を 1 時間に 0.2 m^3 消費するガスストーブの発生熱量は何 kW か．

問題 1・4 欧米系のデータに圧力 100 psi とあった．1 psi は 1 in^2（平方インチ）当り 1 lbf（重量ポンド）の圧力である．これは何 Pa か．1 in = 2.54 cm，1 lbf = 0.4536 kgf，1 kgf = 9.80665 N である．

2章

熱エネルギー利用技術

自動車，飛行機そして船舶を動かすガソリンエンジン，ジェットエンジンそしてディーゼルエンジンには，その熱エネルギー源としてガソリン，軽油そして重油などの化石燃料が使用される．一方，大規模発電所においては，蒸気タービン，ガスタービンが使用され，その熱エネルギー源として原子力，重油，LNG，石炭などが使用されている．その他，わずかではあるが，バイオマス，太陽熱そして冷熱を利用してエンジンを駆動して電力を得る小規模発電システムもある．これらの熱エネルギー源は限りある資源であるため，我々はそれをできる限り有効に利用しなければならない．そのためには，熱の利用方法や特性をしっかりと理解しておくことが重要である．

本章では，熱エネルギー源について紹介し，実際の熱機器の内部での熱エネルギーの伝わり方ならびに一般的によく使用される炭化水素系燃料の燃焼について学ぶ．

2・1　熱エネルギー源

〔1〕 石　　油

石油は，原油を分留して得られるガソリン，灯油，ジェット燃料，軽油，重油（A，B，C）などからなる炭化水素系燃料である（**図 2·1**）．ガソリンはガソリンエンジン，灯油は石油ストーブや農業用エンジン，ジェット燃料はジェットエンジン，軽油は高速ディーゼルエンジンやガスタービン，A 重油は暖房用ボイラ，中速ディーゼルエンジン，ガスタービンなど，B 重油は工業用ボイラや中速ディーゼルエンジン，そして C 重油は低速ディーゼルエンジンや蒸気タービンに使用されている．すなわち，石油は，携帯用発電機，オートバイ，自動車，飛

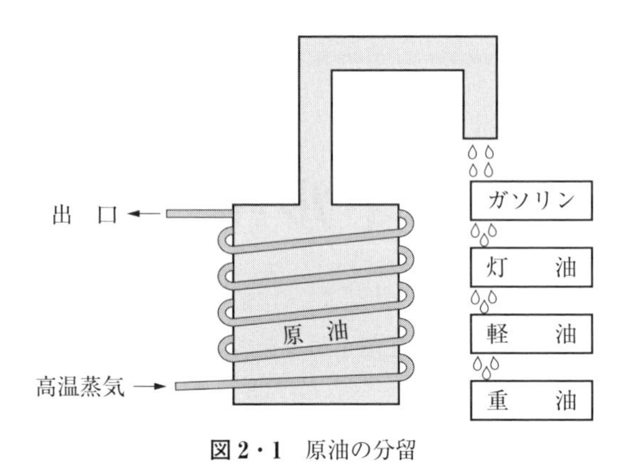

図2・1 原油の分留

行機，船舶から大規模の火力発電プラントまで多種のエンジンを駆動する燃料として利用される．

〔2〕 L N G

LNG は液化天然ガス（Liquefied Natural Gas）の頭文字をとった名称で，天然ガスを −162℃まで冷やして体積を 1/600 の液体にし，輸送しやすくした液体である．一般家庭で使用される都市ガスは，LNG を気化させた天然ガスの状態で圧送される．その主成分はメタンで，温暖化に影響する二酸化炭素の排出量は石油や石炭と比較して 30〜40％も少ない熱エネルギー源になり，都市ガスのみならず，大規模の火力発電プラントや圧縮天然ガス自動車にも利用されている．

〔3〕 石　　炭

石炭は炭素が主成分であり，炭素分と揮発分の比より，無煙炭，瀝青炭，亜炭，褐炭，泥炭に分類される．石炭は，気体燃料や液体燃料と比較して，発熱量が低く，煤塵，燃焼灰などの問題もある．しかし，その可採年数は，石油，天然ガスと比較して 4 倍以上になる．一時期，暖房用燃料としての利用が多いこともあったが，現在では大規模の火力発電プラントにおける燃料としての利用が多い．

〔4〕 バ イ オ マ ス

木屑，もみ殻など植物に由来する燃料をいう．木屑の場合，燃やすことにより二酸化炭素が発生するが，この二酸化炭素は植林により木に吸収される再生熱エネルギー源になる．古くは暖房用として利用されていたが，石油価格の低下により，日本での利用は少ない．しかし，環境問題により，暖房/給湯用として今後の利用増加が期待される．

〔5〕 太 陽 熱

太陽熱エネルギーの地上への直達日射量は平均 1 kW/m^2 にもなる．しかし，日本においては空気中の湿度や塵芥などにより実際には 0.6〜0.8 kW/m^2 に減少する．この太陽熱エネルギーは，放物面鏡などの集光器を用いて集熱することにより集熱面積に比例した熱エネルギー（500〜700℃）を集めることができ，わずかではあるがそれを利用した発電プラントも稼働している．

〔6〕 冷 熱

LNG の有する −162℃という冷たい温度と大気あるいは海水の温度との温度差を有する冷熱エネルギー（LNG 1 kg で 2.5 kg の水を氷にできる）を利用して，冷凍食品をつくることも発電に利用することもできる．

〔7〕 原 子 力

核燃料（ウラン 235 など）の核分裂により発生するエネルギーは，化学反応によるエネルギーと比較してはるかに大きい．その利用は，医療から原子力発電まで幅広く行われている．特に原子力発電プラントは，ボイラを原子炉に置き換え，蒸気タービンにより大出力の発電を行っている．

〔8〕 地 熱

火山国である日本においては，豊富で広範に存在するクリーンエネルギーである地熱が地熱発電や熱水に利用されている．地熱発電は，地熱より加熱された地下深部の地下水や雨水が高温の熱水となって貯えられている地熱貯留層から熱水や蒸気を取り出し，蒸気タービンを回して発電するシステムである．そのため，環境負荷の少ないクリーンエネルギーとして期待されている．この発電所は，日本には，北海道・森町，八丈島などにあり 50 数万 kW の発電を行っている．

2・2　熱を伝える技術

図2･2に示すガス湯沸し器は，都市ガスやプロパンガスなどの可燃ガスを燃焼させ，その熱エネルギーを冷水に与え，40℃程度の温水をつくる熱機器である．ガス湯沸し器は，ガスバーナ，水管およびガスの配管などから構成されている．**図2･3**は水管の壁付近での熱の移動を模式的に表している．バーナから流出する可燃ガスは燃焼室内で燃焼する．燃焼により生じる熱エネルギーは，熱交換器の外壁を加熱し，さらに水管材料の内部を伝わり，内壁から水へと伝えられる．エネルギーが伝わる過程での損失を減らすことによって，少ない可燃ガスで適量の温水をつくることができ，エネルギーを有効に利用することができる．

ガス湯沸し器の例からもわかるように，熱エネルギーはさまざまな過程を経て，我々が使うことができるエネルギーへと変換される．その過程をしっかりと

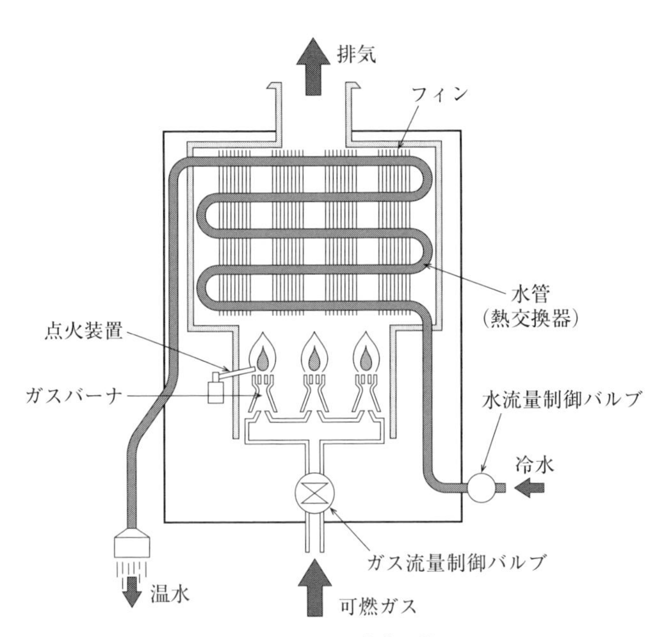

図2・2　ガス湯沸し器

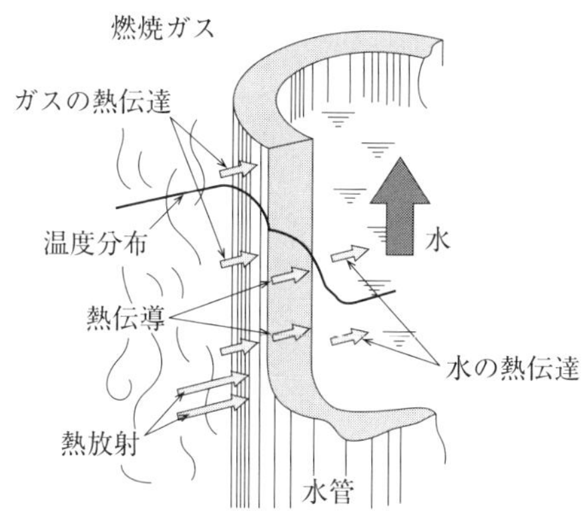

図 2・3　水管における熱の移動

把握しなければ，熱機器の高性能化は実現しない．熱の伝わり方としては，熱放射，熱伝導および対流熱伝達の 3 形態を考えるのが一般的である．以下，それらの概略を説明する．

〔1〕 熱　放　射

図 2·2 のガス湯沸し器の場合，燃焼ガスの熱は，**熱放射**によって水管の外壁に伝わっている．**図 2·4** に示すように，熱放射は赤外線や可視光線などの電磁波の形でエネルギーが移動するため，電磁波が物体間を通過できる状況であれば，物

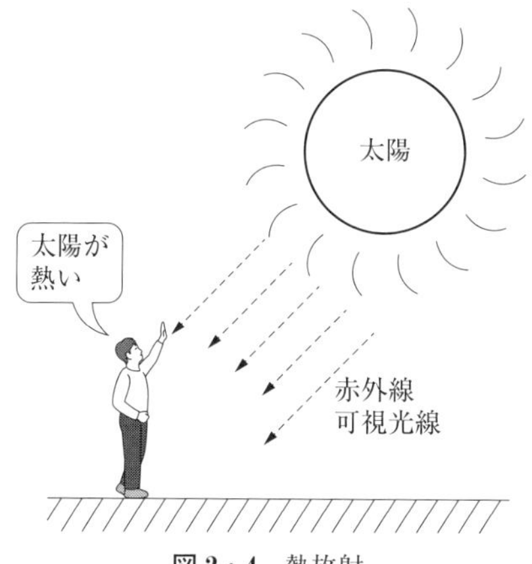

図 2・4　熱放射

体間に物質がなくても熱が伝わる．熱放射による電磁波の一部は，それが衝突した物体の表面や内部で吸収され，残りは反射される．熱放射を利用した熱機器の例としては，**図 2･5** に示すような赤外線暖房器や乾燥器，反射面を持つ石油ストーブ，太陽熱温水器，パラボラやレンズによる集光装置などがある．

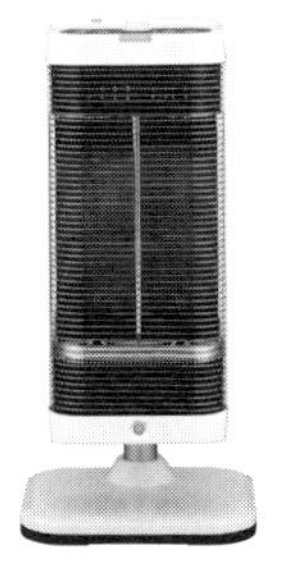

（a）遠赤外線電気暖房機
（提供：(株)コロナ）

（b）石油ストーブ
（提供：(株)コロナ）

（c）太陽熱温水器
（提供：(株)ノーリツ）

図 2・5　熱放射を利用した熱機器

+ Tips +　**黒体と熱放射**

熱放射はある物体 A から電磁波の形で放出され，それが他の物体 B によって受け取られて熱になる．到達する熱放射をすべて吸収する物体を**黒体**と呼ぶ．**図 2･6** (a) に示すように，面積 A_1〔m^2〕，温度 T_1〔K〕の黒体面 A と温度 T_2〔K〕の黒体面が向き合っている場合，熱放射によって単位時間当りに伝わる熱

量 $\dot{Q}_B$〔W〕は式（2·1）で表される．

$$\dot{Q}_B = \sigma A_1 F_{12}(T_1^4 - T_2^4) \qquad (2 \cdot 1)$$

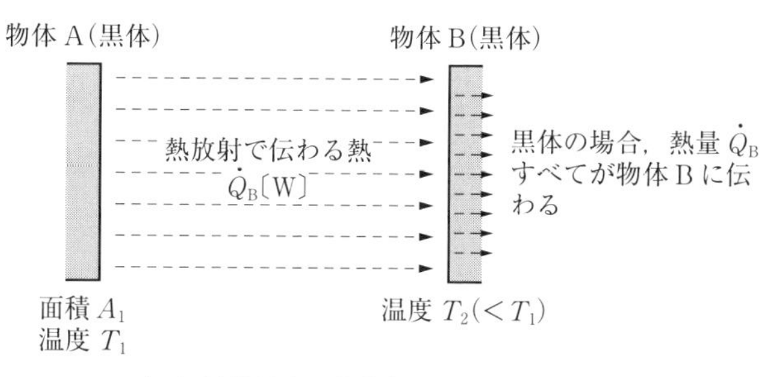

（a）黒体同士の熱放射

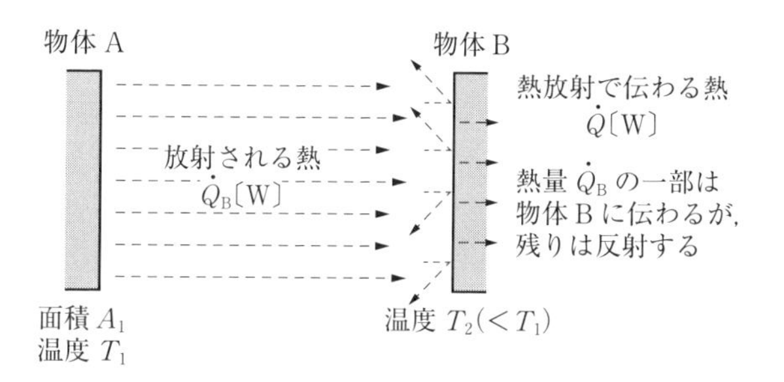

（b）一般の物体の熱放射

図 2・6　熱放射による熱の流れ

ここで，σ は**ステファン・ボルツマン定数**（$= 5.67032 \times 10^{-8}$〔$\mathrm{W/m^2K^4}$〕）と呼ばれる．F_{12} は 1 以下であり，面 A から放射されるエネルギーのうち面 B に到達する割合を示したその幾何学的関係だけから定まる形態係数である．

一般の物体は黒体とは異なるが，物体と同じ温度の黒体との比をとると便利である．物体の熱放射により伝わる熱量 $\dot{Q}$〔W〕と黒体の放射熱量 $\dot{Q}_B$〔W〕との比 $\varepsilon (= \dot{Q}/\dot{Q}_B)$ を**放射率**と呼ぶ．放射率は物体の温度や表面形状によって変化するが，一般に研磨された金属面では小さい値を示す．

〔2〕 熱　伝　導

熱伝導は，熱が物質の内部を移動する伝熱形式である．図2·2のガス湯沸し器の場合，外壁から内壁まで水管材料の内部を伝わっている箇所がこれに当たる．熱伝導は身近な例をあげると実感しやすい．たとえば，**図2·7**に示すように，金属の棒の一端を手で持ち，もう一端を炎であぶる．徐々に手で持っている部分が熱くなることは容易に推測できる．これは，炎の熱が金属の内部を熱伝導によって手に伝わったためである．熱伝導によって伝わる熱エネルギーの大きさ（伝熱量）は材料の種類や形状によって決まる．金属が熱を伝えやすく，木材や気体が熱を伝えにくいことは，経験的にもわかりやすい（**図2·8**），熱伝導を利用している熱機器として，電気アイロンや電気はんだごてがある（**図2·9**）．これらの熱機器では，電気ヒータによって生じる熱は，金属の熱伝導によって利用しやすい場所に移動されたり，扱いやすい形態へと変換されている．また，エンジンの空冷フィンなどはエンジン内で発生した熱を外部に逃がすために熱伝導を利用している．

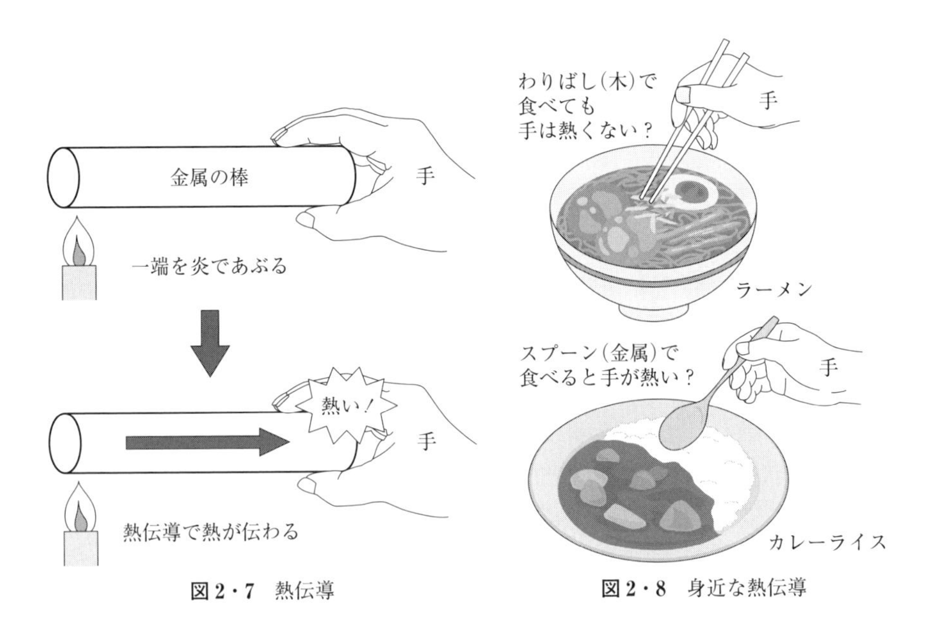

図2·7　熱伝導

図2·8　身近な熱伝導

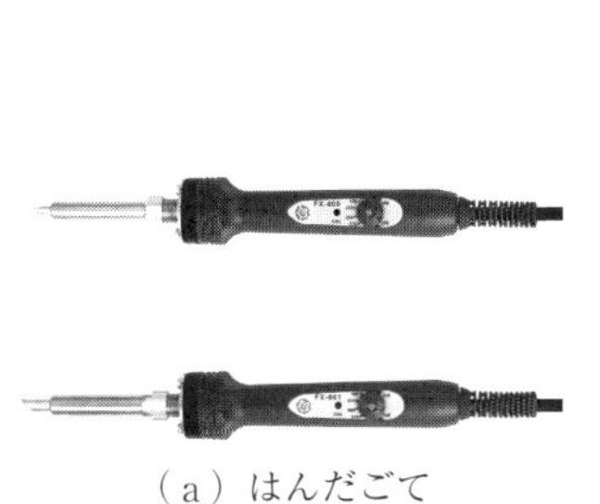

（a）はんだごて
（提供：白光(株)）

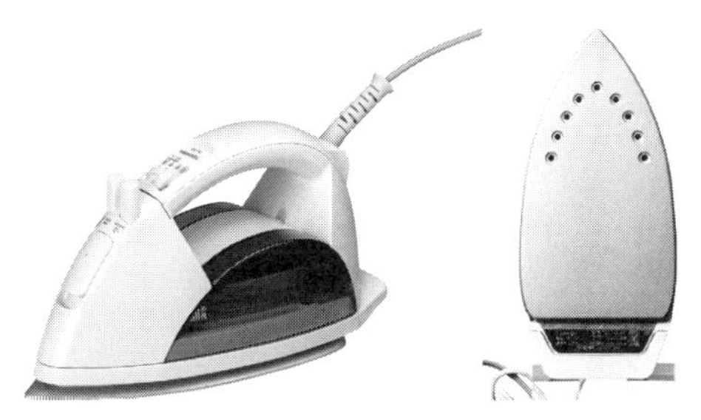

（b）電気アイロン
（提供：東芝ライフスタイル(株)）

（c）空冷エンジンのフィン
（提供：ヤマハ発動機(株)）

図 2・9　熱伝導を利用した熱機器

＋ Tips ＋

熱伝導の計算式

図 2･10 に示すように，一様断面の物体（固体材料）の両端に温度差をつける．物体の内部を熱伝導によって移動する単位時間当りの熱量 $\dot{Q}$〔W〕は式（2･2）で表される．

$$\dot{Q}=\lambda\frac{A}{L}(T_2-T_1) \tag{2・2}$$

ここで，λ は熱伝導率〔W/(m･K)〕であり，**表 2･1** に示すような物質に固有な値である．A は物体の断面積〔m^2〕，L は物体の長さ〔m〕，T_2 は高温端の温度〔K〕，T_1 は低温端の温度〔K〕である．これより，熱伝導によって伝わる熱は，熱伝導率が大きく，断面が大きく，長さが短いほど大きくなることがわかる．なお，同様の原理によって，熱は液体や気体の内部を伝わる．

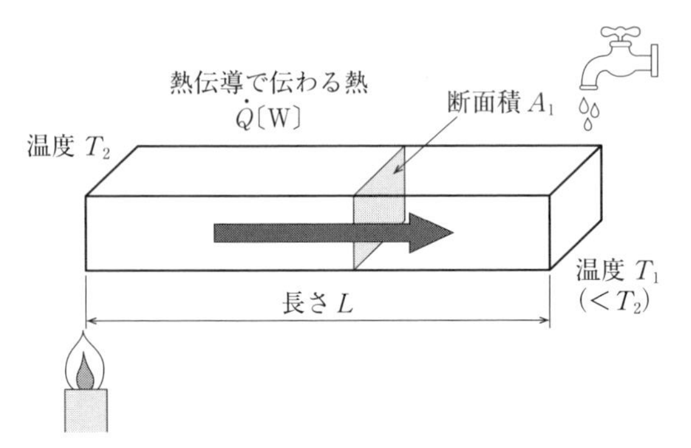

図2・10　熱伝導によって伝わる熱量

表2・1　熱伝導率

物　質　名	状態	熱伝導率〔mW/(m·K)〕
水素	気体	181
ヘリウム	気体	149
酸素	気体	26.6
窒素	気体	25.8
空気	気体	25.9
水蒸気	100℃気体	24.2
二酸化炭素	気体	16.5
アルミニウム	固体	237 000
鉄（純）	固体	8 030
銅（純）	固体	398 000
銀	20℃固体	407 000
鉛	固体	35 200
ゴム（軟）	20℃固体	140〜160
木材（松）	30℃固体	106

【例題 2・1】 **図 2·11** に示すように，1 辺が 5 cm，長さが 20 cm の角棒がある．一端を水につけて温度を 20℃ に保ち，もう一端の温度を 300℃ に保つためには何 W の熱量で加熱する必要があるか．ただし，角棒の熱伝導率を 20〔W/(m·K)〕とする．

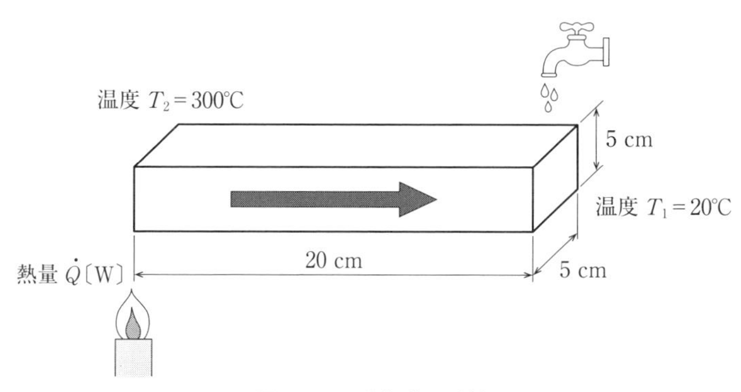

図 2・11　熱伝導の計算

〈解　答〉 角材両端の温度差を保つためには，角材の内部を熱伝導によって移動する熱量で一端を加熱する必要がある．角材の断面積 A は 0.05〔m〕× 0.05〔m〕= 0.0025〔m²〕，長さ L は 0.2〔m〕であるので，式（2·2）より，角材の内部を熱伝導によって移動する単位時間当りの熱量 $\dot{Q}$〔W〕は，

$$\dot{Q} = \lambda \frac{A}{L}(T_2 - T_1) = 20 \times \frac{0.0025}{0.2} \times (300 - 20) = 70 \text{〔W〕}$$

［要　点］ 計算においては国際単位系に統一する．ただし，この例題の場合，温度差を考えればよいので，温度の単位は K でなくてもよい．

実際の現象では，角材から大気に逃げる熱があるので，熱伝導で移動する熱量よりも大きな熱量が必要である．

〔3〕 対流熱伝達

対流熱伝達は，熱放射と熱伝導によって生じる流体の運動に基づく熱の移動であり，熱放射と熱伝導とが組み合わされた形態である．**図 2·12** に示すような，加熱されている固体壁に接して流体（たとえば水）が流れている場合を考える．このとき，壁と流体との間に温度差があれば，熱伝導や流体の運動に伴う熱の移動が生じる．これが**対流熱伝達**と呼ばれる伝熱形式である．図 2·2 のガス湯沸し器の場合，内壁から水への熱の移動がこれに当たる．熱伝達によって伝わる熱の

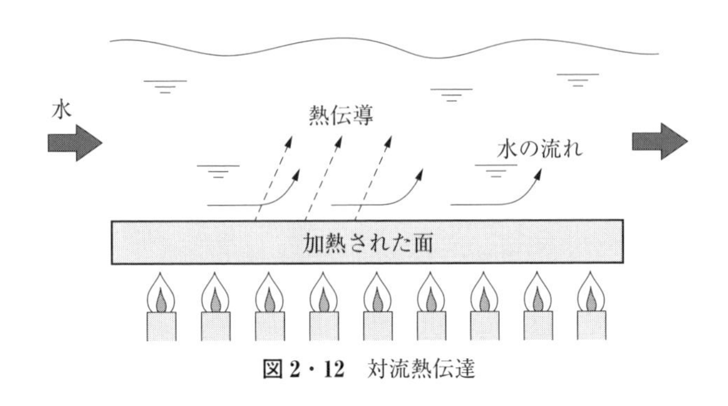

図 2・12　対流熱伝達

大きさは，流れの状態や流路形状に大きく影響を受ける．一般に，熱交換器の設計計算などのように，伝熱量を計算する必要がある場合，管や平板などの単純な形状における対流熱伝達に関する実験式を使用する．

+ Tips +

対流熱伝達の計算式

対流熱伝達によって単位時間当りに移動する熱量 $\dot{Q}$〔W〕は式（2･3）で表される．

$$\dot{Q}=\alpha A(T_w-T_f) \quad (2\cdot3)$$

ここで，α〔W/(m^2･K)〕は熱伝達率と呼ばれ，流体の種類や流速などによって大きく異なる．A は伝熱面積〔m^2〕，T_w は固体壁の表面温度〔K〕，T_f は流体の温度（代表温度）〔K〕である．熱伝達率は，流れている空気で 10～300 W/(m^2･K)，水で 300～5 000 W/(m^2･K) 程度であり，一般に流れが速いと熱伝達率は大きくなる．

【例題 2・2】　**図 2･13** に示すように，直径 5 mm，長さ 2 m の円管内を水が流れている．供給する熱量を 628 W としたとき，円管壁の表面温度は 100℃，水の代表温度は 60℃であった．このときの熱伝達率を求めよ．

〈解 答〉　円管の伝達面積 A は，$0.005\pi\times2=0.0314$〔m^2〕である．式（2･3）より，熱伝達率 α について解くと，

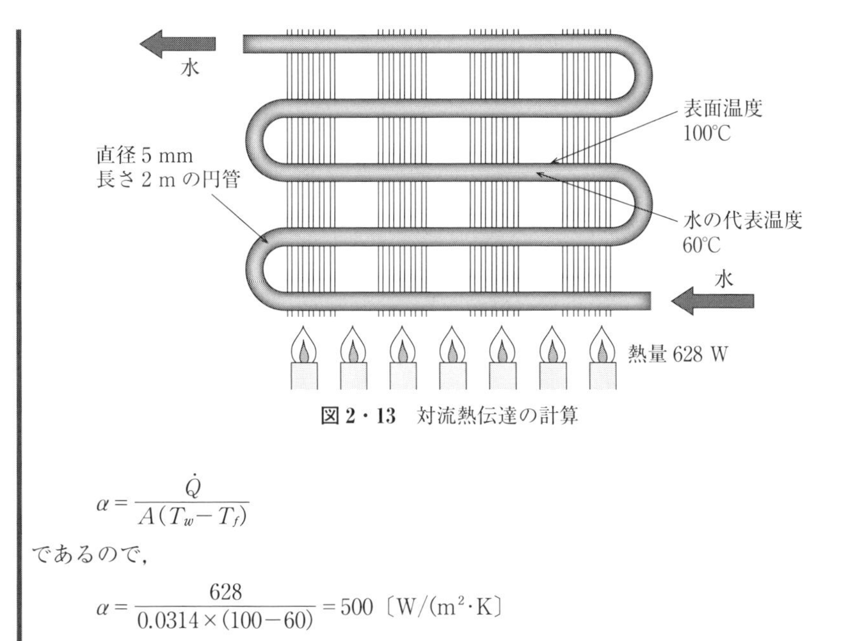

図 2・13　対流熱伝達の計算

$$\alpha=\frac{\dot{Q}}{A(T_w-T_f)}$$

であるので，

$$\alpha=\frac{628}{0.0314\times(100-60)}=500\ \text{〔W/(m}^2\cdot\text{K)〕}$$

［要 点］ 実際の現象では，水は入口から出口の方向に流れていく間に熱を受け取り，温度が徐々に上昇していくので，出口の水の温度よりも高くなる．したがって，水の代表温度を測定するのは簡単ではない．水の温度が変化しているので，以上で求めた熱伝達率はこの熱交換器の平均的な値であると考えるとよい．

2・3　熱の伝わりを抑える技術

2･2 節では，主に熱を積極的に伝える技術の例をあげてきた．一方，熱機器においては，熱を伝える技術と同様に，熱を遮断する技術，すなわち熱放射，熱伝導および対流熱伝達を抑えるための技術も重要になる．たとえば，第 6 章で述べる熱機関（エンジン）は高温熱源と低温熱源との温度差が大きいほど高性能化が可能となる．したがって，高温熱源と低温熱源に伝えにくくするため，断熱する必要が生じる場合がある．熱機器を電子制御する場合などには，電子部品の温度上昇を防ぐため，高温部と電子部品との間を断熱する必要がある．また，蓄えた熱を外部に逃げないようにすることで，蓄える熱を最小限に抑えることができるので，**断熱**によってエネルギー消費を抑えることができる．以下，いくつかの身近な例をあげて，断熱の方法や必要性について考えてみる．

〔1〕 断　　熱　　材

熱を遮断するために，熱伝導率の低い材料（**断熱材**）がしばしば使われる．たとえば，金属材料中の熱伝導によって伝わる熱を抑えるため，熱伝導率の低い材料を間にはさむことがある．一例として，**図 2·14** に示すように，金属材料の間に木材をはさむことで，熱が伝わりにくくなることは容易に推測できる．

図 2·15 に断熱材を使用した例をあげる．鍋やフライパンの取っ手は，熱伝導

図 2・14　断　熱

（a）なべやフライパンの取っ手

（b）カップ麺の容器　（c）アイスボックス

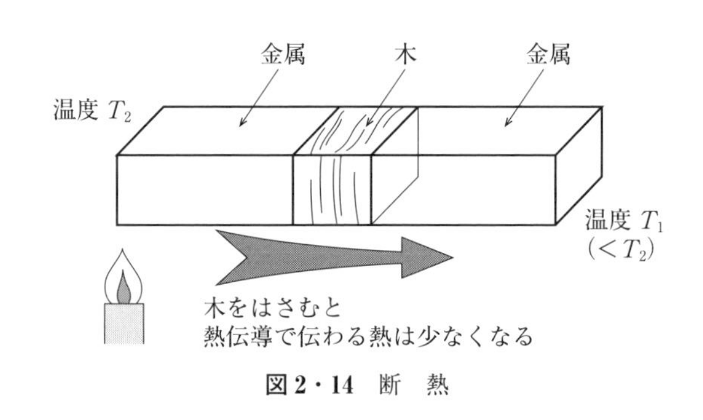

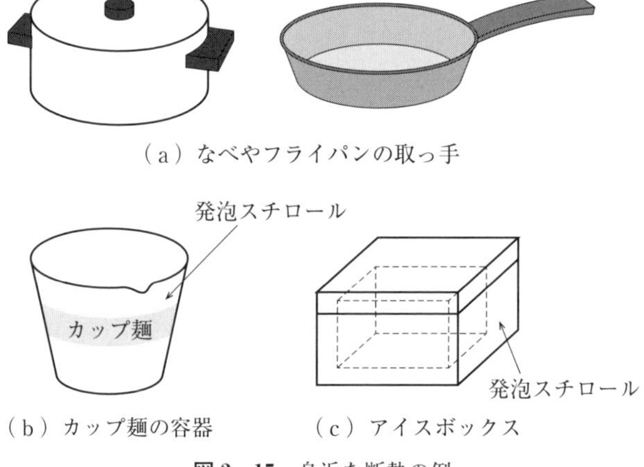

図 2・15　身近な断熱の例

率が低いプラスチック材料を使用することで熱を伝えにくくしている．また，発泡スチロールを断熱材として利用した例では，熱伝導率が小さい気体（空気）を小さい気泡状に閉じ込めて気体の流れを阻止しているために熱が伝わりにくくなる．

〔2〕 **魔法びん（真空断熱）**

図 2・16 に示す魔法びんは，内部と外部との間に真空の部屋を設けることで，内部の部屋が外部の熱的な影響を受けにくい構造となっている．真空度が高いほど，壁付近で気体の流れがなくなり対流熱伝達が抑えられ，熱を伝える物質がなく熱伝導による熱の移動が生じにくくなる．最近では，電気ヒータで水を沸かし，真空断熱とわずかな電気ヒータの熱で保温する省エネルギー化を目指した電気ポットがよく使われている．エネルギーを無駄なく利用するためには，真空断熱技術の用途は今後も重要になるであろう．

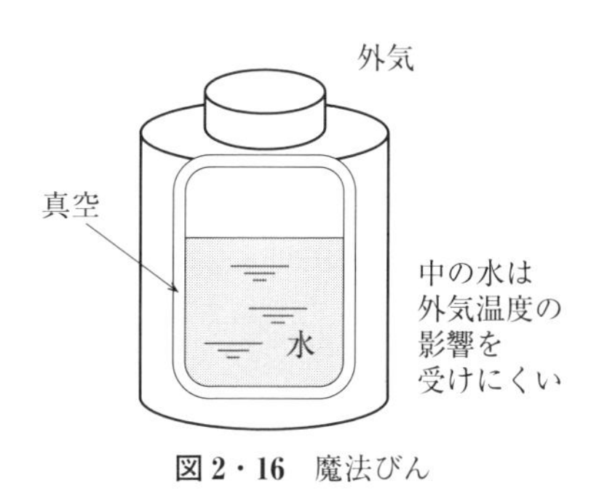

図 2・16 魔法びん

〔3〕 **断 熱 住 宅**

住宅を**図 2・17** に示すような断熱構造とすることで，わずかな冷暖房のエネルギーで快適に過ごすことができる．すなわち，夏は外部からの熱の侵入を防ぐことができるため，少ない冷房のエネルギーだけで涼しく過ごすことができ，冬は熱の外部への流出を防ぐことができるため，少ない暖房のエネルギーだけで暖かく過ごすことができる．十分に断熱された住宅は，熱力学的に優れているといえる．

図 2・17　断熱住宅

+ Tips +

断熱シリンダ

熱機器（特にガスサイクル）の熱力学を考える場合，**図 2・18** に示すような，**断熱シリンダ**という考え方を用いることがある．シリンダとは熱機関におけるピストンが往復運動する筒のことである．断熱シリンダとは，外部（大気）からの熱が伝わらないと仮定したシリンダのことであり，断熱シリンダ内の気体は，大気やシリンダ壁の温度の影響を受けない．このように，熱力学における断熱とは，熱を遮断することだけでなく，熱の出入りがないという意味で用いられることがある．第 4 章では熱エネルギーを力学エネルギー（仕事）に変換する方法・原理を学ぶ．その変換の際，熱の出入りがないと考えることで熱のバランス（エネルギー保存）が考えやすくなるため，断熱シリンダの概念が重要になる．

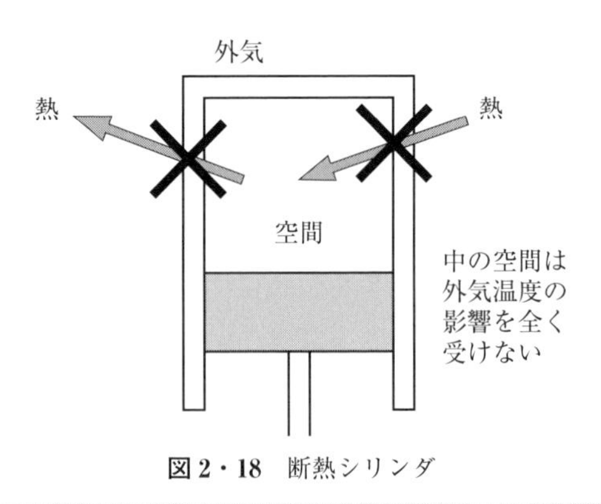

図 2・18　断熱シリンダ

+ Tips +

断熱変化との関連

第5章で述べる気体の断熱変化は，熱力学を学ぶ上で極めて重要である．気体の断熱変化とは，気体の外部から暖めたり，冷やしたりすることなく，容積，圧力あるいは温度などの状態が変化することである．外部から熱を与えずに，気体の温度が上昇するということは考えにくいかもしれない．たとえば，自転車のタイヤにポンプで空気を入れるときを考える（**図2・19**）．何度もポンプを動かしていると，ポンプのシリンダ部分（空気が圧縮される部分）が熱くなっていることに気づく．これはポンプ内の空気が断熱圧縮を繰り返した結果，温度が上昇したのである．これが気体の断熱変化の一例であり，外部から熱を与えて温度上昇したのではない．

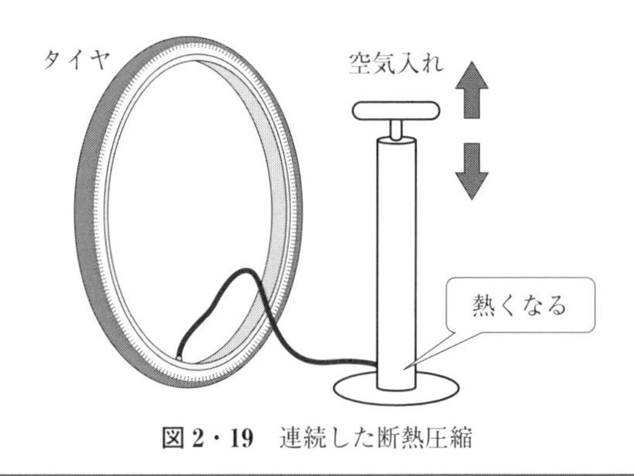

図2・19　連続した断熱圧縮

2・4　燃料の燃焼

燃料には，天然ガスやプロパンガスなどの気体燃料，石油やアルコールなどの液体燃料そして石炭やバイオマスなどの固体燃料がある．したがって，その燃焼方法は燃料形態により次のようになる．

気体燃料の燃焼は，燃料ガスと空気をあらかじめよく混合して燃焼させる**予混合気燃焼**そして燃焼ガスと空気を混合拡散させながら燃焼させる**拡散燃料**がある，予混合燃焼には家庭用のガスレンジやガスストーブそしてガソリンエンジンの燃焼，拡散燃焼には工業用の大型ガスバーナが相当する．

液体燃料の燃焼は，燃料がすでに燃焼している火炎からの熱により蒸発し，空気と混合しながら拡散燃焼する蒸発燃焼そして燃料が燃焼器の霧化器により微粒化され，燃焼している火炎からの熱により蒸発し拡散燃焼する噴霧燃焼がある．蒸発燃焼には石油ストーブ，石油ランプ，アルコールランプ，噴霧燃焼にはボイラや加熱炉などの燃焼器，ジェットエンジン（ガスタービン）やディーゼルエンジンの燃焼が相当する．

固体燃料の燃焼は，塊あるいは粒状の燃料を火格子と呼ばれる格子にのせ，その下から空気を送って燃焼する火格子燃焼そして石炭を粉砕して微粒子状にした微粉炭を使用空気量の30～40％の空気を用いて燃焼器に送り，着火後に二次空気を送り燃焼を継続させる微粉炭燃焼がある．火格子燃焼には石炭ストーブ，微粉炭燃焼には火力発電所などの大型ボイラや加燃炉の燃焼器が相当する．

燃焼器の一例を**図2･20**と**図2･21**に示す．図2･20は75 MWの発電用ガスタービンであり，圧縮された高圧空気が燃焼器に入り燃料との連続した燃焼を行い，高温高圧の燃焼ガスをタービンにて膨張させることにより，発電機を動かす．図2･21には水管ボイラを示す．ボイラは燃料の燃焼熱により給水を加熱そして蒸気を発生させ，蒸気タービン発電機，冷暖暖房用などに供給する．ボイラ本体は，燃焼室，水管群，蒸気ドラムより構成され，水管群がバーナからの燃料と予熱空気による燃焼により加熱される．

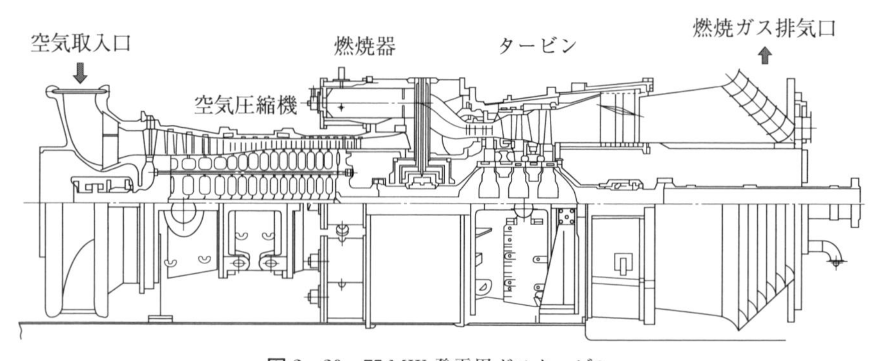

図2・20 75 MW発電用ガスタービン
（日本機械学会編：機械工学便覧，B7内燃機関，丸善（1985）より）

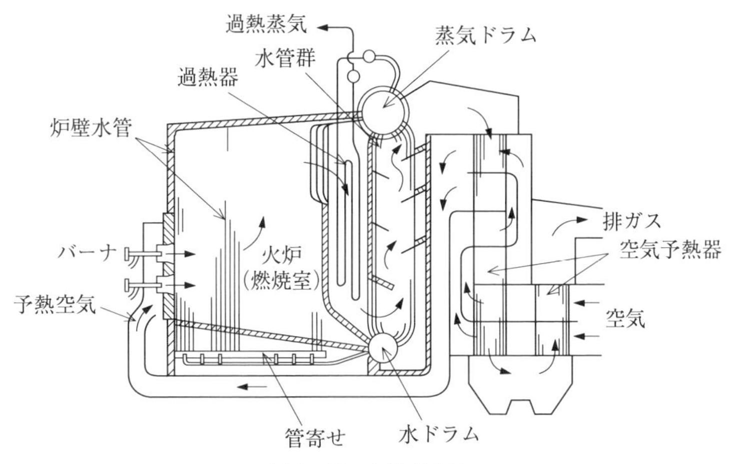

図 2・21　水管ボイラ

（日本機械学会編：機械工学便覧，B6 動力プラント，丸善（1986）より）

2・5　燃　焼　反　応

燃焼は燃料の酸化反応であり，その際に，大きなエネルギーを放出する化学エネルギーを熱エネルギーに変換する過程である．熱源によく使用される燃料は，C_nH_m で表され，ガソリンはオクタン C_8H_{18}，軽油がドデカン $C_{12}H_{26}$ そして天然ガスはメタン CH_4 で表される．

基本となる可燃分子の酸化反応と反応熱を次に示す．

$$H_2 + 0.5O_2 = H_2O_{蒸気} + 241\ \mathrm{MJ/kmol}(120.6\ \mathrm{MJ/kg},\ 10.76\ \mathrm{MJ/mN^3}) \tag{2・4}$$

$$H_2 + 0.5O_2 = H_2O_{水} + 286\ \mathrm{MJ/kmol}(143\ \mathrm{MJ/kg},\ 12.8\ \mathrm{MJ/mN^3}) \tag{2・5}$$

$$C + O_2 = CO_2 + 407\ \mathrm{MJ/kmol}(33.9\ \mathrm{MJ/kg}) \tag{2・6}$$

$$C + 0.5O_2 = CO + 123\ \mathrm{MJ/kmol}(10.3\ \mathrm{MJ/kg}) \tag{2・7}$$

$$CO + 0.5O_2 = CO_2 + 284\ \mathrm{MJ/kmol}(10.1\ \mathrm{MJ/kg},\ 12.6\ \mathrm{MJ/mN^3}) \tag{2・8}$$

$$S + O_2 = SO_2 + 297\ \mathrm{MJ/kmol}(9.28\ \mathrm{MJ/kg}) \tag{2・9}$$

燃料の一例として，メタンの酸化反応を次に示す．

$$CH_4+2O_2=CO_2+2H_2O_{蒸気}+801\ \mathrm{MJ/kmol}(50.1\ \mathrm{MJ/kg},\ 35.8\ \mathrm{MJ/mN^3}) \quad (2\cdot 10)$$

各反応式における反応前の左辺物質は反応物質，反応後の右辺物質は生成物質という．式（2･4）では，水素1 kmolを燃焼させるため0.5 kmolの純酸素が必要であり，その完全燃焼後には1 kmolの水蒸気が生成される．

ところで，燃料の燃焼開始には着火温度以上の温度状態に保つ必要がある．大気中における各燃料の着火温度は，ガソリン260℃，炭素400℃，水素580℃，メタン630℃などである．

化学反応において，各成分の質量は保存され，式（2･4）では，反応前の水素1 kmolの質量2 kgと酸素0.5 kmolの質量16 kgの合計質量18 kgは，反応後の水蒸気1 kmolの質量18 kgと等しくなる．

＋ Tips ＋

気体の体積を表す単位

気体の体積は，温度ならびに圧力の状態により大きく異なる．そこで，基準状態により次の添字（N，n：normal）を付ける．

$\mathrm{mN^3}$ あるいは $\mathrm{N\cdot m^3}$：0℃，760 mmHg（1 atm）における体積

$\mathrm{mn^3}$ あるいは $\mathrm{n\cdot m^3}$：10℃，1気圧（1 atm）における体積

$1\ \mathrm{mN^3}=1.071\ \mathrm{mn^3}$ の関係がある．

＋ Tips ＋

モル（mol）

原子量の基準に従い炭素の質量数12の同位体 ^{12}C 12 g中に含まれる原子数（**アボガドロ数**）と同数の物質粒子を含む物質の集団は1 molと定義される．一例として，水素原子1 molの質量は1.008 g，水素分子1 molの質量は2.016 gそして水素分子1 kmolの質量は2.016 kgである．また，モル数と体積との関係は，標準状態（0℃，760 mmHg）にて，理想気体1 molの体積は 2.24×10^{-2} $\mathrm{mN^3}$，1 kmolの体積は22.4 $\mathrm{mN^3}$ である．

+ Tips + **着火と点火**

燃焼反応が始まり，持続できるようになる現象を**着火**という．また，ガソリンエンジンの電気プラグからの電気火花などにより火をつける操作を**点火**，燃料が燃え始めることを着火とする．

2・6 燃焼に必要な空気量

燃料の燃焼には空気中の酸素が使用される．燃料の単位量を完全燃焼させるのに必要な最小酸素量を**理論酸素量**という．理論酸素量に対応して，燃料の単位量を完全燃焼させるのに必要な最小空気量，すなわち理論空気量が定まる．実際の燃焼においては，燃料と空気の混合状態，窒素などの不活性ガスが燃料と酸素との反応の妨げになるなどのため，完全燃焼させる空気量は理論空気量よりも多くなる．理論空気量 A_0 に対する実際に供給される空気量 A の比を空気比あるいは**空気過剰率** λ として式（2･11）で定義される．

$$\lambda = \frac{A}{A_0} \tag{2・11}$$

標準乾き空気（0℃，760 mmHg の状態下で，全く水分を含まない空気）には，体積比で酸素が 20.9%，窒素が 78.1%，アルゴンが 0.9%そして他に二酸化炭素，ヘリウム，ネオン，水素などが含まれる．しかし，空気は，近似的に 21%の酸素と 79%の窒素からなると考えてよい．したがって，空気は 1 kmol の酸素に対して 3.76 kmol（＝0.79/0.21）の窒素からなり，その総和 4.76 kmol が空気のモル数になるので，炭化水素燃料 C_xH_y 1 kmol が空気中で燃焼する際の反応式は式（2･12）のようになる．

$$C_xH_y + (x+0.25y)(O_2+3.76N_2) = xCO_2 + 0.5yH_2O + 3.76(x+0.25y)N_2 \tag{2・12}$$

この燃焼に際して必要な理論空気量は，空気のモル数 $(x+0.25y)\times4.76$〔kmol〕に空気の質量 29 kg/kmol を乗じた $(x+0.25y)\times4.76\times29$〔kg〕になる．また，空燃比 A/F（空気と燃料の質量比）は式（2･13）で与えられるので，

$$A/F = \frac{A_0}{m_{\mathrm{fuel}}} \qquad (2\cdot13)$$

反応式（2・12）での A/F は，C_xH_y 1 kmol の質量 $m_{\mathrm{fuel}} = (x$〔kmol〕×12〔kg/mol〕+0.5y〔kmol〕×2〔kg/kmol〕)〔kg〕に対する燃焼に必要な理論空気量 A_0 ＝（x＋0.25y）×4.76×29〔kg〕の比より A/F＝（x＋0.25y）×4.76×29/（x×12＋0.5y×2）が求まる．

【例題2・3】 水素1 kmolが空気中で燃焼する際に必要な理論空気量ならびに A/F を算出せよ．

〈解 答〉 水素の空気中の反応式は次のとおりである．

$$H_2 + 0.5\ (O_2 + 3.76N_2) = H_2O + 1.88N_2$$

この燃焼に際して必要な理論空気量 A_0 は，空気のモル数0.5×4.76〔kmol〕に空気の質量29〔kg/kmol〕を乗じた69.02 kgになる．A/F は，水素1 kmolの質量 m_{fuel} ＝2〔kg〕に対する燃料に必要な理論空気量の比より，A/F＝69.02/2＝34.51が求まる．

組成がH，C，S，O，そしてその質量割合がそれぞれ h〔kg〕，c〔kg〕，s〔kg〕そして o〔kg〕からなる一般的な燃料の理論酸素量 O_0 ならびに理論空気量 A_0 は以下の式によっても求めることができる．ただし，$h+c+s+o=1$〔kg〕．

理論酸素量 O_0 は単位別に，

$$O_0\,[\mathrm{kmol}] = \left(\frac{1}{12}c + \frac{1}{4}h + \frac{1}{32}s - \frac{1}{32}o\right)\,[\mathrm{kmol/kg_{fuel}}] \qquad (2\cdot14)$$

$$O_0\,[\mathrm{kg}] = \left(8h + \frac{8}{3}c + s - o\right)\,[\mathrm{kg/kg_{fuel}}] \qquad (2\cdot15)$$

$$O_0\,[\mathrm{mN^3}] = 22.4 \times \left(\frac{1}{12}c + \frac{1}{4}h + \frac{1}{32}s - \frac{1}{32}o\right)\,[\mathrm{mN^3/kg_{fuel}}] \qquad (2\cdot16)$$

理論空気量 A_0 は単位別に，

$$A_0\,[\mathrm{kmol}] = \frac{1}{0.21}O_0\,[\mathrm{kmol}]\,[\mathrm{kmol_{air}/kg_{fuel}}] \qquad (2\cdot17)$$

$$A_0\,[\mathrm{kg}] = \frac{1}{0.232}O_0\,[\mathrm{kg}]\,[\mathrm{kg_{air}/kg_{fuel}}] \qquad (2\cdot18)$$

$$A_0\,[\mathrm{mN^3}] = \frac{1}{0.21} O_0\,[\mathrm{mN^3}]\,[\mathrm{mN^3/kg_{fuel}}] \tag{2・19}$$

【例題 2・4】 例題 2・3 に示した水素の燃焼において，水素 1 kg を完全燃焼させるのに必要な空気量を体積により求めよ．

〈解 答〉 $H_2 + 0.5\ (O_2 + 3.76N_2) = H_2O + 1.88N_2$

水素 1 kmol（質量 2 kg）を完全燃焼するには空気が $0.5 \times 4.76 \times 22.4$〔$\mathrm{mN^3}$〕を要する．すなわち，水素 1kg の燃焼に必要な空気量は $0.5 \times 4.76 \times 22.4/2 = 26.7$〔$\mathrm{mN^3}$〕となる．

2・7 燃料の発熱量

通常，燃料は C，H，O，S などの化合物あるいはそれらの化合物の混合物である．このような燃料の発熱量は，熱量計により実測できるが，各成分割合がわかれば，おおむね各成分元素の燃焼熱の和として見積もることができる．燃焼熱には，燃焼中に含有する水分も含めて定圧燃焼生成物中の水分がすべて液体の水である場合の高位発熱量 H_h と水分がすべて水蒸気である場合の低位発熱量 H_l がある．一例として，水素の燃焼による反応熱を式（2･4）と式（2･5）より比較すると，式（2･5）のほうが大きい．燃焼生成物である H_2O は式（2･4）では水蒸気，式（2･5）では水の状態である．すなわち，式（2･5）の反応熱は式（2･4）より水蒸気が凝縮する際の潜熱分大きくなることを示している．したがって，一般的に使用する反応熱には低位発熱量が使用される．

燃料の発熱量を見積もる計算式を次に述べる．

燃料 1 kg 中に C が c〔kg〕，H が h〔kg〕，O が o〔kg〕，S が s〔kg〕そして水分が w〔kg〕含まれていると仮定すると，$c + h + o + s + w = 1$ が成り立つ．また，各成分の原子量を，C = 12，H = 1，O = 16，S = 32 とする．

$$H_h = 33.9c + 142.3\left(h - \frac{o}{8}\right) + 10.5s\ [\mathrm{MJ/kg}] \tag{2・20}$$

$$H_l = 33.9c + 120.6\left(h - \frac{o}{8}\right) + 10.5s - 2.5w\ [\mathrm{MJ/kg}] \tag{2・21}$$

一般には，H_h と H_l に式（2･22）の関係がある．

$$H_l = H_h - 2.5(9h + w)\,〔\mathrm{MJ/kg}〕 \tag{2・22}$$

一般によく知られた燃料の低位発熱量は次のとおりである．

・ガソリン　42.7～44.0 MJ/kg

・軽　　油　41.9～43.1 MJ/kg

・重　　油　37.7～43.1 MJ/kg

・メタノール　19.9 MJ/kg

・石　　炭　24.3～33.5 MJ/kg

+ Tips +

熱量計

燃料の発熱量（固体と液体では 1 kg，気体では標準状態における 1 mN^3 当りの発熱量）は，**図 2・22** に示す熱量計のように発熱量を周囲の水に移して，水の温度上昇を測定することにより求める．

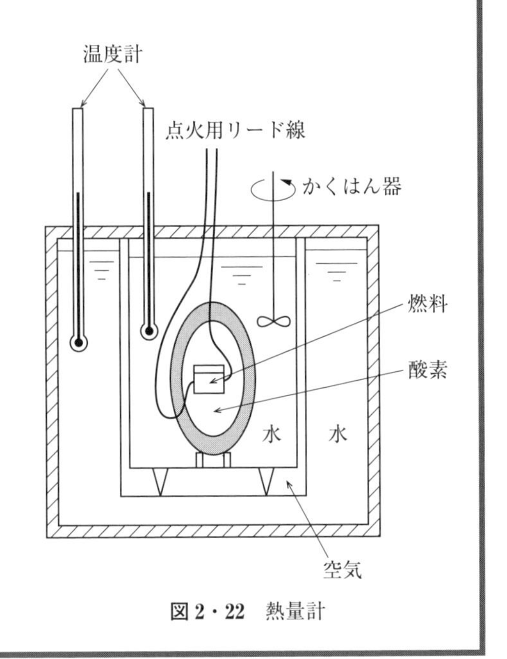

図 2・22　熱量計

+ Tips +

定圧燃料と定容燃焼

定圧燃料は，シリンダ中でピストンが自由に動ける燃焼室において，燃焼により燃焼ガスが膨張そしてピストンを下降させ，一定圧力のもとで燃焼が行われる．**定容燃焼**は，ある一定の容積を持つ燃焼器の中で行われる燃焼であり，発生熱量はすべて燃焼ガス温度の上昇に寄与するので，定容燃焼温度が定圧燃焼温度より高い．

2・8 熱解離と燃焼温度

通常の燃焼反応では，一例として一酸化炭素の燃焼の場合，式（2・23）の発熱反応が生じる．

$$CO+0.5O_2 \rightarrow CO_2 \quad (2 \cdot 23)$$

しかし，1 200℃程度以上になると，式（2・24）の吸熱反応が一部進行する．

$$CO+0.5O_2 \leftarrow CO_2 \quad (2 \cdot 24)$$

この結果，燃焼熱の一部が吸収され，燃焼温度が低下する．このように，温度が高くなると分子の熱運動が激しくなり，分子が分解する可能性が生じる．これを**熱解離**という．熱解離を考慮しなければならない温度は物質によって異なるが，おおよそ1 200～1 300℃程度以上である．この熱解離によって，燃焼ガスの組成，発熱量，比熱などが変化する．

燃焼温度 T_f は，熱解離ならびに燃料や空気の顕熱を無視し，混合気の初期温度を T_0，発熱量を q，燃焼温度を T_f と T_0 との間における平均比熱を定圧燃焼では平均定圧比熱 c_{pm}，定容燃焼では平均定容比熱 c_{vm} とすると，定圧燃焼および定容燃焼の燃焼温度 T_{fp} と T_{fv} は式（2・25），式（2・26）のように与えられる．

$$T_{fp}=T_0+\frac{q}{c_{pm}} \quad (2 \cdot 25)$$

$$T_{fv}=T_0+\frac{q}{c_{vm}} \quad (2 \cdot 26)$$

定圧燃焼の場合，その燃焼温度は燃焼ガスの膨張により仕事を取り出すため，定容燃焼の場合より低い．なお，燃料の空気中での燃焼温度は1 400～2 000℃程度になる．

＋ Tips ＋

比熱 c〔kJ/(kg·K)〕

ある物体（質量 1 kg）の温度を 1℃（1 K）上昇させるのに必要な熱量を**比熱**という．この値は，固体や液体では圧力によりあまり変化しない．しかし，気体では圧力一定あるいは容積一定の条件により異なるので，各条件により定圧比熱 c_p ならびに定容比熱 c_v と異なる標記をする．

＋ Tips ＋

顕熱と潜熱

ある物体を加熱あるいは冷却したとき，相変化をしない（固体，液体，気体のまま）場合には物体の温度が変化する．その際の熱量を**顕熱**という．一方，ある物体を加熱あるいは冷却したとき，相変化をする（固体 ↔ 液体，液体 ↔ 気体）場合には物体の温度が変化しない．その際の熱量を**潜熱**という．一例として，圧力 760 mmHg の場合，水の顕熱はおおむね 4.186 kJ/(kg·K)，0℃の水が 0℃の氷に凝固あるいは 0℃の氷が 0℃の水に融解する潜熱は 333.6 kJ/kg，100℃の水が 100℃の水蒸気に気化あるいは 100℃の水蒸気が 100℃に水に液化する潜熱は 2 256.9 kJ/kg になる．

演 習 問 題

問題 2・1　熱エネルギー源の貯蔵について考察せよ．

問題 2・2　よく輝くアルミニウム箔を軽くもんで，ゆるく詰めると断熱材（保温材）として使うことができる．この断熱材が有効な理由を熱移動の 3 形態に基づいて説明せよ．

問題 2・3　プロパン C_3H_8 1 kmol が空気中で燃焼する際の反応式を示し，この燃焼に際して必要な理論空気量ならびに空熱比を求めよ．

問題 2・4　オクタン C_8H_{18} 1 kmol が空気中で燃焼する際の反応式を示し，この燃焼に際して必要な理論空気量ならびに空熱比を求めよ．

問題 2・5　メタン CH_4 の燃焼において，メタン 1 kg を完全燃焼させるのに必要な空気量を体積により求めよ．

3章

熱エネルギーと仕事

「熱」とは物質の温度を上昇させるためのエネルギーであり，「仕事」とは物質を運動させるためのエネルギーである．我々は，湯沸し器や部屋の暖房のように，熱エネルギーをそのまま「温度の上昇」という形態で利用することがある．一方，エンジンなどのように，熱エネルギーを機械的な仕事に変換して利用することもある．

本章では，熱エネルギーと仕事とが同一のエネルギー単位を用いることができ，相互に変換できることを学ぶ．さらに，熱や仕事を表すのに重要な２種類の線図（*P*–*V* 線図，*T*–*S* 線図）について説明する．

3・1　熱の仕事当量

イギリスの実験物理学者ジュール（1818～1889）は，機械的仕事と熱との関係を調べるため，非常に精度の高い実験を行った．**図3·1** に示すような実験装置を製作し，分銅の落下（仕事）と水の温度上昇（熱）との関係を調べることで，**熱**

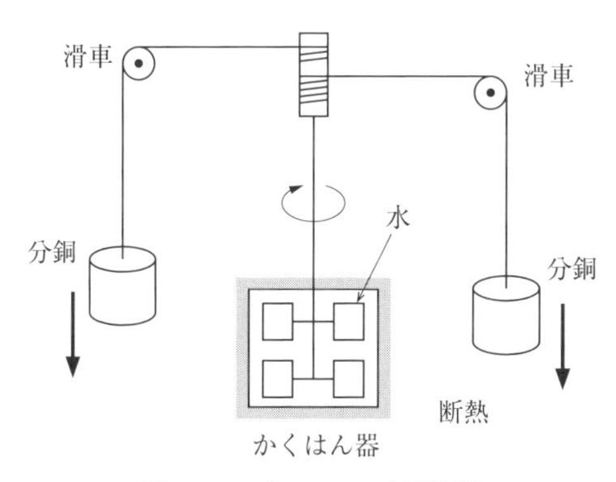

図3・1　ジュールの実験装置

の仕事当量を求めた．この実験により，熱と仕事に同じエネルギー単位を用いることができるようになった．

現在の国際単位系では，仕事も熱も同じ J（ジュール）を使用している．従来から用いられてきた cal（カロリー）とは式（3･1）の関係がある．

$$1\ 〔\mathrm{cal}〕= 4.186\ 〔\mathrm{J}〕 \tag{3・1}$$

1 cal の熱は，標準気圧，温度 15℃の純水 1 g が，1℃の温度上昇をするために必要な熱量である．すなわち，式（3･1）は 1 cal に相当する仕事の量が 4.186〔J/cal〕であることを示しており，これを熱の仕事当量という．この逆数の 1/4.186〔cal/J〕が**仕事の熱当量**と呼ばれている．国際単位系において，カロリーという単位を使うことはないが，実際の熱機器では水を対象にすることが多いので，覚えておくとよい．

3・2　熱機関における熱と仕事

熱機関（エンジン）は，我々に最も身近な熱機器の一つである．第 6 章で述べるように，熱機関にはさまざまな種類があるが，ここではその一例として自動車などに使われているガソリンエンジンを見てみよう．

図 3･2 にガソリンエンジンの構造を示す．燃料（ガソリン）と空気の混合気体がキャブレタ（気化器）からシリンダ内に吸い込まれる．シリンダ内で圧縮された混合気は点火プラグで発生する火花によって燃焼（爆発）する．燃料の燃焼により生じる熱エネルギーは，シリンダ内の気体（燃料ガス）を膨張させ，ピストンを押すための力学エネルギーに変換される．さらに，クランク機構とフライホイール（はずみ車）によって出力軸の連続的な回転運動に変換され，自動車などの動力として利用される．一方，燃焼後の気体は，排気管を通り，大気へと排出される．

燃料が持つ熱エネルギーを有効に利用するためには，できる限り少ない燃料で，大きい力学エネルギーを発生させることが必要である．しかし，燃料が燃えるときに生じる熱エネルギーのすべてを回転運動のエネルギーに変換することはできない．一部の熱エネルギーは冷却水に捨てられ，一部は排気ガスに含まれた

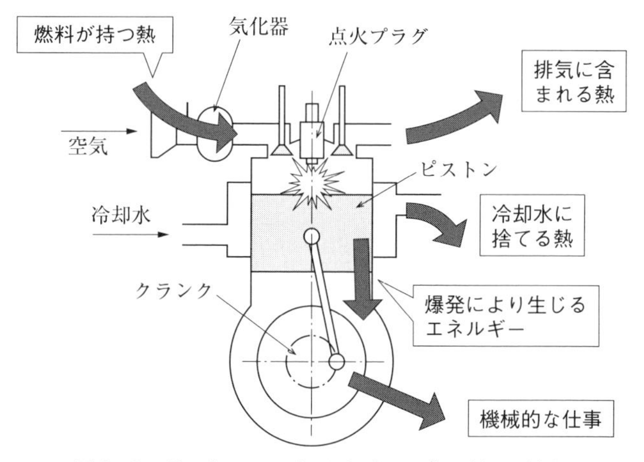

図 3・2 ガソリンエンジンにおけるエネルギーの流れ

熱として大気に放出される．また，燃料消費が少ないことばかりでなく，排気ガスがクリーンであること，すなわち，きれいな燃焼を実現することが高性能エンジンの必要条件である．

3・3 圧力変化と仕事

〔1〕 ピストン・シリンダ系の仕事

上述のとおり，熱機関は気体の膨張・圧縮を利用して仕事を発生する．まず，**図 3･3** に示すピストン・シリンダ系におけるシリンダ内部の気体が膨張する際の仕事を求める．ピストンの断面積 A〔m^2〕，気体の圧力を P〔Pa〕とすると，ピストンにかかる力 F〔N〕は式（3･2）になる．

$$F = PA \tag{3・2}$$

力 F によってピストンが Δx〔m〕の距離を動いたとすると，その間に気体が外部に行った仕事 ΔL〔J〕は式（3･3）になる．

$$\Delta L = F\Delta x = PA\Delta x \tag{3・3}$$

ここで，気体の容積変化 ΔV〔m^3〕は式（3･4）のように表される．

$$\Delta V = A\Delta x \tag{3・4}$$

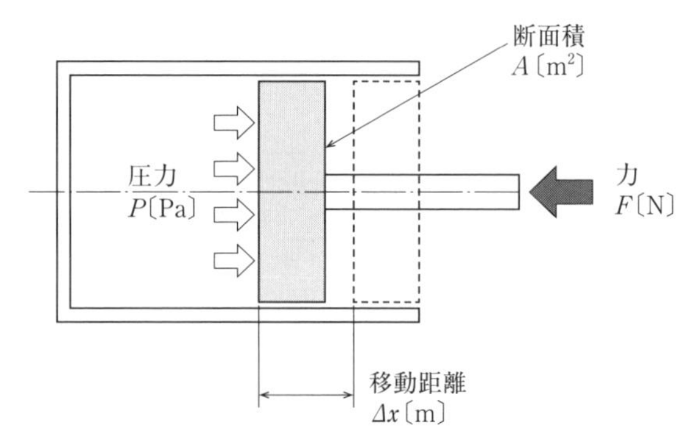

図3・3　ピストン・シリンダ系の仕事

したがって，式（3･3）は式（3･5）のようになる．

$$\Delta L = P\Delta V \tag{3・5}$$

微小変化 dV について考えると，式（3･6）で表される．

$$dL = PdV \tag{3・6}$$

式（3･5）および式（3･6）は，気体が膨張する際の仕事を表しており，気体の圧力と気体の容積変化との積で表されることがわかる．また，dV が負の場合には気体を圧縮させる際に必要な仕事となる．その場合，dL は負となり，気体が外部から仕事をされるという意味になる．

〔2〕 *P*-*V* 線図と仕事

一定量の気体の圧力 P と容積 V とをそれぞれ縦軸および横軸にとり，その状態の変化を表した線図を P-V 線図という．仕事は P-V 線図上の変化を表す曲線の下側の面積により表されることになる．すなわち，**図3･4** において，気体が状態1から状態2まで変化を行った場合，この間に気体が外部にした仕事 L は斜線部分の面積となり，式（3･7）で表される〈**A 3.1**〉．

$$L = \int_{V_1}^{V_2} PdV \tag{3・7}$$

また，気体が圧縮された場合，すなわち，図3・4において，気体が状態2から状態1まで変化を行う場合の仕事 L は負となり，この間に気体は外部から仕事をされたこととなる．

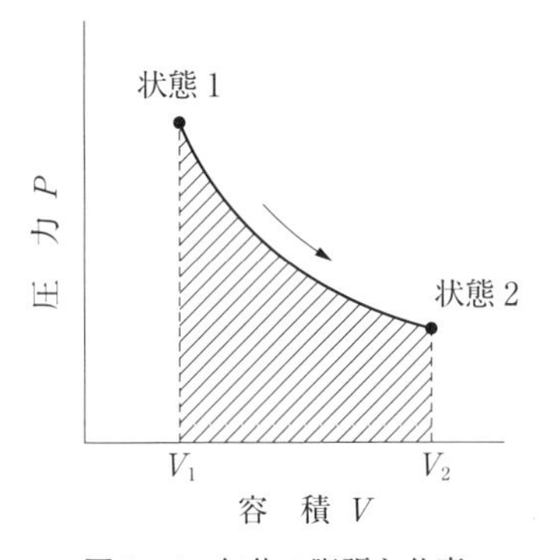

図 3・4　気体の膨張と仕事

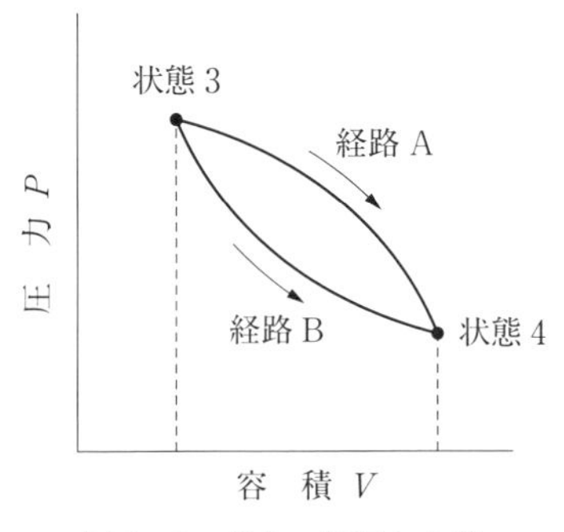

図 3・5　変化の過程と仕事

図 3·5 の P–V 線図において状態 3 から状態 4 まで変化を行う場合，経路 A を経て気体がする仕事 L_A と経路 B を経て気体がする仕事 L_B とでは，それぞれの経路の下側の面積を考えて，$L_A > L_B$ であることがわかる．すなわち，最初と最後の状態が同じであっても，変化の経路が異なる場合には，気体がする仕事は異なることがある．実際の熱機器における状態の変化を考えた場合，最初と最後の状態だけを測定できたとしても，その過程での仕事を正確に知ることはできない．このことは，熱機器の性能を考える上で極めて重要である．

【例題 3・1】　**図 3·6** のピストン・シリンダに圧力測定器と変位測定器を取り付けた．初め圧力が 200 kPa，気体の容積が 50 cm^3 の状態から，外部から熱量 Q〔J〕を与えたところ，圧力は変化しないまま気体の容積が100 cm^{3}となった．この間，気体が外部にした仕事L〔J〕を求めよ．

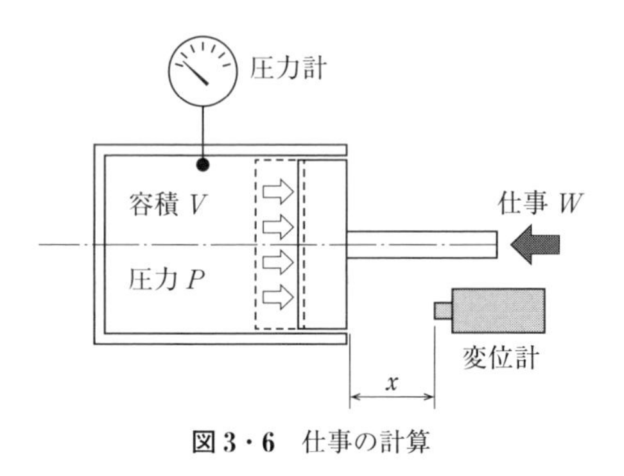

図3・6　仕事の計算

〈解 答〉　式（3･7）より，仕事Lを求める．

$$L = P\ (V_2 - V_1) = 200 \times 10^3 \times (100 - 50) \times 10^{-6} = 10\ 〔\mathrm{J}〕$$

［要 点］　本例題は圧力が一定のもとでの変化であるため，簡単に解くことができる．圧力が変化している場合には，変化の過程のP-V線図を描き，その下の面積から仕事Lを求める．

＋ Tips ＋　仕事と仕事率

熱機関の性能を表す場合，仕事率（出力）〔W〕を用いることが多い．仕事率は，単位時間（1秒間）当りになされた仕事であるため，短時間に仕事をすれば大きくなり，ゆっくりと仕事をすれば小さくなる．たとえば自動車の場合，自動車を速く動かすためには，短時間に多くの仕事をしなければならないので，高い仕事率のエンジンが必要になる．なお，電力の単位で知られるワット〔W〕は，電圧〔V〕と電流〔A〕の積で表されるが，これも仕事率と同じ単位である．

〔3〕 サイクルの仕事

図3･7に示す状態変化を考える．この図は，状態1から経路Aを経て状態2まで変化し，その後，経路Bを経て状態1に戻る状態変化を示している．このように，ある状態から別の状態を経て，元の状態に戻る状態変化を**サイクル**とい

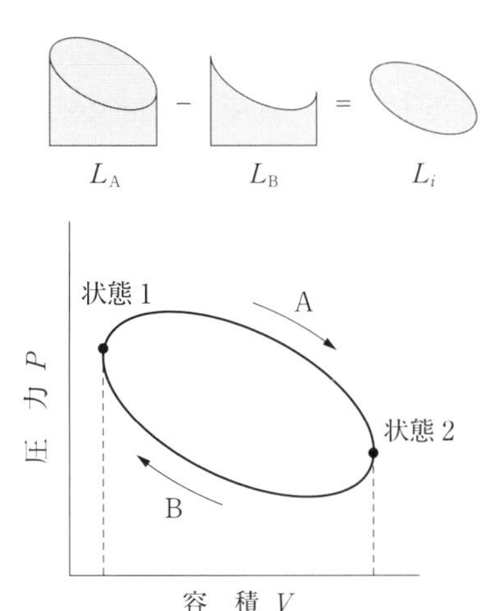

図 3・7　サイクルと仕事

う．

図 3･7 において，状態 1 から状態 2 まで変化する際に気体がする仕事 L_A〔J〕は，曲線 1-A-2 の下側の面積となり，状態 2 から状態 1 まで変化する際に気体がされる負の仕事 L_B〔J〕は，曲線 2-B-1 の下側の面積となる．すなわち，このサイクルが 1 サイクル当りに行う仕事 L〔J〕は，それぞれの面積の差となり，閉ループ内の面積となることがわかる．この関係を式で表すと式（3･8）のようになる．

$$L = \oint P dV \tag{3・8}$$

ここで，右辺の積分は 1 サイクルの積分（周積分）を表す記号である．

3・4　エントロピーと T-S 線図

P-V 線図とは別に，サイクルを熱力学的に考えるために有効な線図として，*T-S* 線図と呼ばれるものがある．これは縦軸に温度 T，横軸にエントロピー S と呼ばれる状態量を表した線図である．一言でこれらの線図の特徴を表現すれ

ば，P-V 線図は主として気体が発生する力や機械的仕事の大きさを見るのに適しており，T-S 線図は主として熱の出入りの様子を見るのに適しているといえる．本節ではエントロピーの定義式ならびに T-S 線図について簡単に説明する．

〔1〕 エントロピーの定義式

熱力学的な状態変化において，微小な熱量変化を dQ〔J〕，物体の温度を T〔K〕とすると，エントロピーの変化 dS〔J/K〕は式（3･9）で定義される．

$$dS = \frac{dQ}{T} \tag{3・9}$$

熱量変化は微小であるため，温度 T は一定であると考えることができる．また，単位質量当りの熱量変化を dq〔J/kg〕とすると，比エントロピー ds〔J/(kg･K)〕は式（3･10）で定義される．

$$ds = \frac{dq}{T} \tag{3・10}$$

〔2〕 エントロピーの工業熱力学的な意味

上述したように，熱や仕事は変化の経路によって異なることがあるので状態量（4・1節参照）ではない．式（3･9）で定義されるエントロピー S は変化の経路に依存しない状態量である．エントロピーは，地球規模での熱的な変化を表す指標として用いられることもあり極めて奥深い意味がある．しかし，工業熱力学の観点から見れば，熱量を状態量で表すことの便利さを利用していると考えても差し支えない．その便利さとは，T-S 線図を読み取ることでサイクルや状態変化の特徴を理解できることである．

+ Tips +　工業熱力学以外の分野で使われるエントロピー

エントロピーは，工業熱力学以外の分野でも「取り返しのつかなさ」を表す一般的な考え方として広く使われる．エントロピーについて厳密に説明することは極めて難しいが，イメージができる例を一つあげてみる．**図3･8** に示すように，風呂を沸かすことを考える．

① 沸かす前の状態のエントロピーを S_1 とする．

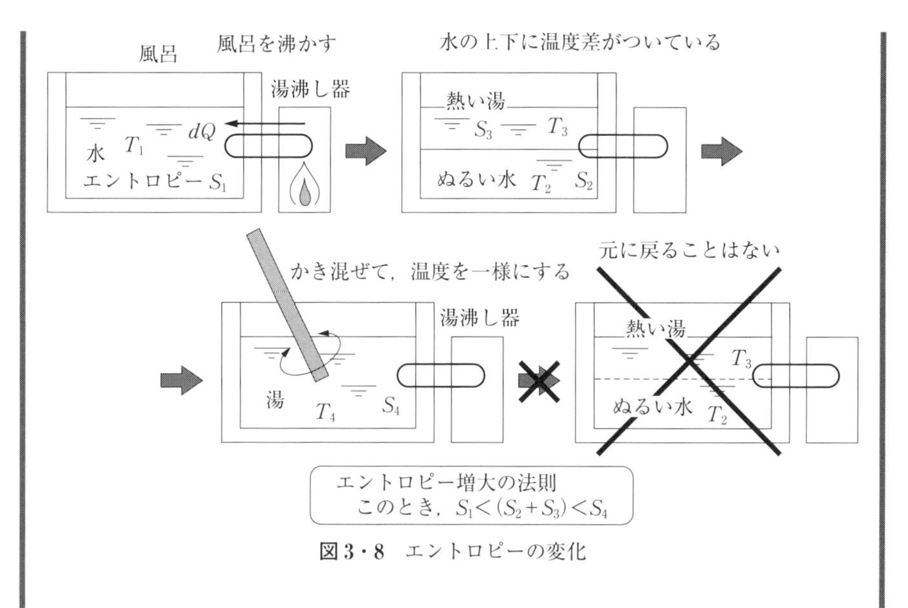

図 3・8　エントロピーの変化

② 熱量 Q を与え，沸かし終えた直後，風呂の中の温水は下がぬるく，上が熱かった．この状態のエンタルピーを S_2+S_3 とする．

③ そして，かき混ぜて，温度を一様にした．この状態のエントロピーを S_4 とする．

この過程で，熱の出入りや温度変化が生じているため，エントロピーは変化している．そして，その大小関係として式（3･11）が成り立っている．

$$S_1<(S_2+S_3)<S_4 \qquad (3\cdot 11)$$

これが**エントロピー増大の法則**である．自然現象を考えた場合，常識的に③の温度一様の状態から②の温度差がある状態に戻ることはない．すなわち，この系のエントロピーは増え続けることしかできないといえる．これを地球規模に拡大して考えると，エネルギーを使うことの「取り返しのつかなさ」について議論できる．

〔3〕 *T-S* 線図の特徴

エントロピーの定義式（3･9）は式（3･12），式（3･13）のように表すことができる．

$$dQ=TdS \qquad (3\cdot 12)$$

$$Q = \int_{T_1}^{T_2} TdS \tag{3・13}$$

式（3·13）は，T-S 線図における状態変化の下側の面積がその状態変化の間に出入りした熱量であることを意味している〈**A 3.2**〉.

図 3·9 は，サイクルの T-S 線図を示している．状態1から経路Aを通って状態2に変化する際，その下の面積は1サイクルに供給される熱量 Q_A を表している．そして，状態2から経路Bを通って状態1に変化する際，その下の面積は1サイクルに奪われる熱量 Q_B を表している．したがって，そのサイクルの1サイクル当りの仕事 L は供給した熱量 Q_A と奪われた熱量 Q_B の差となるので，P-V 線図と同様，T-S 線図の閉ループの面積は仕事 L になる.

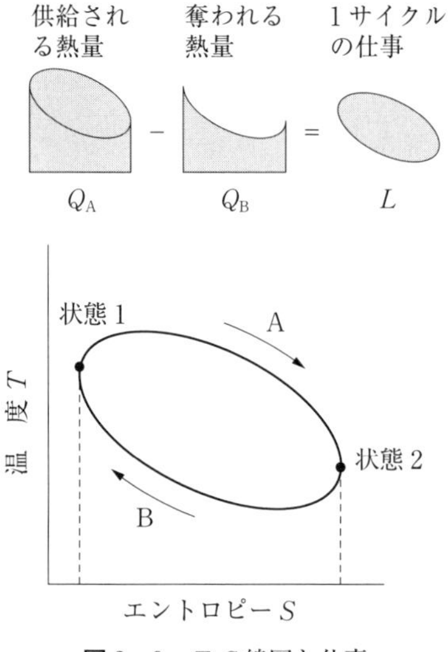

図 3・9　T-S 線図と仕事

演習問題

問題3・1　高さ 10 m の高所から質量 2 kg の物体が質量 1 kg の水中に落下した．このとき，物体が持っていた運動エネルギーがすべて熱に変換されて水の温度上昇に用いられたとすると水の温度上昇はいくらか．ただし，重力加速度 g を 9.8 m/s^2，水の比熱を 4.19 kJ/(kg·K) とする．

問題3・2　ある熱機関を運転したところ，**図3·10** に示す P-V 線図が得られた．この機関が1サイクル当りに行う仕事 L〔J〕を求めよ．

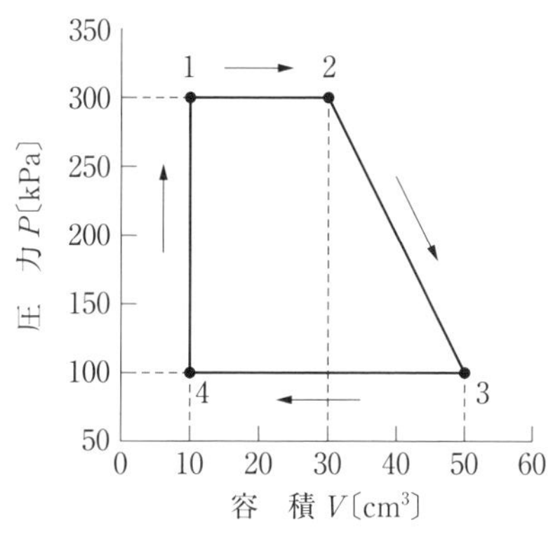

図3・10　P-V 線図

4章

エネルギーの状態と変化

第3章で述べたように，気体の膨張を利用して熱エネルギーを機械的仕事に変換する場合，気体の容積や温度などの状態が変化する．熱力学を考える上で，このような物質の状態変化を理解することは極めて重要である．

本章では，熱力学を学ぶ上で重要な状態変化の概念，エネルギー保存の法則，エネルギー変化について説明する．

4・1 物質の状態と変化

実際の物理現象は極めて複雑であるので，工業熱力学の分野では実際の物理現象を扱いやすく理想化するのが一般的である．本節では，そのような観点から物質の熱力学的な状態とその変化について説明する．

〔1〕状　態　量

ある瞬間における物体の熱力学的な状態は，その瞬間における圧力，容積，温度などの物体の状態量と呼ばれる量で表すことができる．**状態量**とは，状態変化の経路に関係せず，ある瞬間の状態だけで定まる量のことである．

身近な水を例にあげて，状態量を考えることにする（**図4･1**）．水は，標準圧力の状態において，0℃以下の温度で固体（氷），0℃から100℃の範囲で液体（いわゆる水），100℃以上で気体（水蒸気）となる．たとえば，圧力が10 MPa（約100気圧）となった場合，水の状態は大きく変わる．このように，物体の状態は圧力，容積および温度などの状態量を知ることで，熱力学的に重要な情報を得ることができる．

ピストン・シリンダ系の状態が変化する際，外部から熱や仕事の出入りがある場合を考える．図3･4に示した P-V 線図において，状態1から状態2に変化す

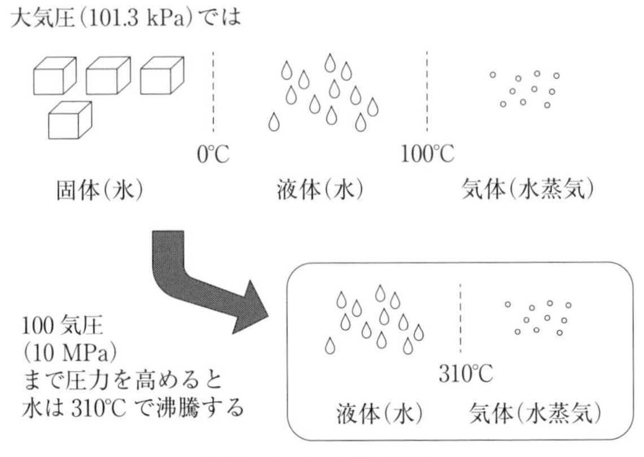

図 4・1　水の状態変化

る場合，出入りする熱や仕事の組合せにはさまざまな組合せがある．経験によれば，状態 1 から状態 2 に変化する際，どのような経路を通ったとしても，加えられた熱と加えられた仕事の和は等しくなる．したがって，加えられた熱と仕事の和は最初と最後の状態だけで定まるので状態量である．しかし，熱と仕事がそれぞれどの程度の大きさであったかは状態変化の過程がわからないと定まらないため，熱や仕事は状態量ではない．

〔2〕 準 静 的 変 化

図 4・2 (a) に示すように，ピストンを押し込むとシリンダ内の気体は圧縮されて，温度は高く，密度（単位容積当りの質量）は大きくなる．この変化の過程を次のように考えると扱いやすい．各瞬間が熱平衡の状態にあると考えてみる．熱平衡の状態とは，変化が停止している状態である．熱平衡を保ちながら状態が変化するという表現は，実際の現象に矛盾する．そこで，わずかに変化させると，そこで止めて熱平衡に達するまで待つ．それから再びわずかに変化させた後，熱平衡に達するまで待つ．これらを繰り返すものと考える．図 4・2 (b) のように熱平衡の状態を滑らかにつなげた変化を**準静的変化**と呼ぶ．

準静的変化は，実際の現象とは異なるものであるが，工業熱力学において極めて重要である．それは，準静的変化が実際の現象におおまかに当てはめることができ，実際上，準静的と考えて現象を推測できるからである．

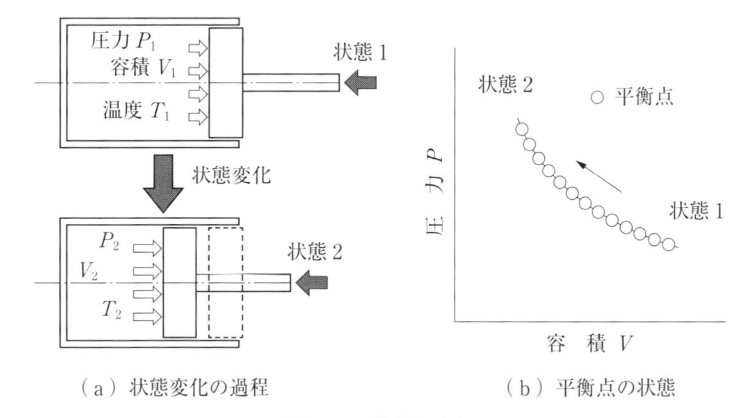

（a）状態変化の過程　　（b）平衡点の状態

図 4・2　準静的変化

〔3〕 可逆変化と不可逆変化

状態変化には，可逆変化と不可逆変化がある（**図 4・3**）．ある物体が外部と熱や仕事のやりとりをしながら状態変化を行ったとする．物体の状態と外部の状態の両方を完全に元の状態に戻す何らかの方法がある場合，その変化は**可逆変化**であるという．そうではなく，元の状態に戻す方法がない場合を**不可逆変化**という．準静的変化は，変化してきた経路を逆にたどることができるので可逆変化で

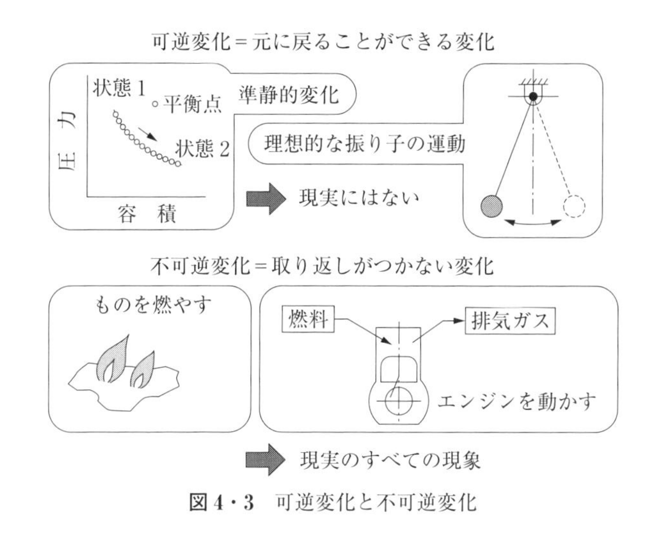

図 4・3　可逆変化と不可逆変化

ある．熱の出入りがある変化では，可逆変化は準静的変化に限られる．しかし，摩擦がない振り子の運動などは，力が静的に釣り合っているのではないので，準静的な変化ではないが可逆変化である．このように，熱の出入りがない力学系には準静的でなくても可逆変化である場合がある．

4・2　熱力学の法則

物理現象にはいくつもの法則がある．以下に述べる熱力学の第一法則および第二法則は，熱力学の基礎となる重要な法則である．

〔1〕 熱力学第一法則

力学的な運動においてエネルギー保存の法則が成り立つように，熱力学においてもエネルギー保存の法則が成り立つ．**図4･4**に示すような振り子を考える．損失のない理想的な振り子の運動では，おもりの位置エネルギーと運動エネルギーはそれぞれ変化するが，両者のエネルギーの和は一定である．しかし，実際の振り子では空気抵抗や駆動部での摩擦などのため振り子の振幅は徐々に小さくなり，最後には運動が停止してしまう．このような場合，空気抵抗や駆動部での摩擦などで失われるエネルギーは，熱エネルギー（周囲の温度を上昇させるエネルギー）へと変換されている．この熱エネルギーと力学的エネルギーとの和を考えることで，エネルギー保存の法則はより広い意味で成り立つことになる．

第３章に述べたように，熱と仕事は同一のエネルギー単位を用いることができる．そして，熱や仕事を含めてエネルギー保存の法則が成り立つので，エンジンなどの熱機器が外部に対して仕事をするためには，外部からエネルギーを受け取り，それを仕事へと変換する必要がある．すなわち，外部からエネルギーを与えることなく，仕事をし続ける機械（これを**第一種の永久機関**という）の存在はあり得ない．これが**熱力学第一法則**である（**図4･5**）．

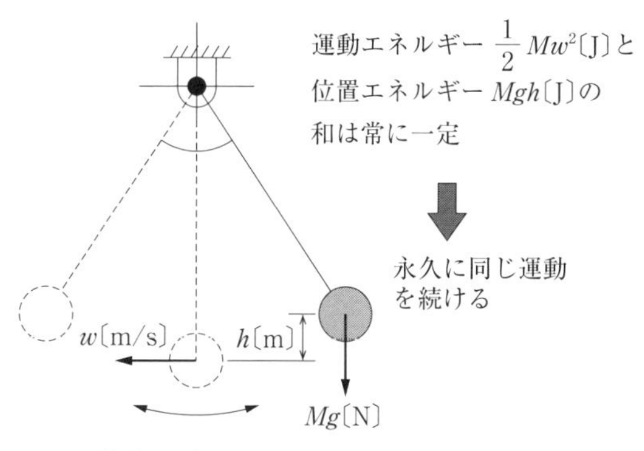

（a）理想的な振り子

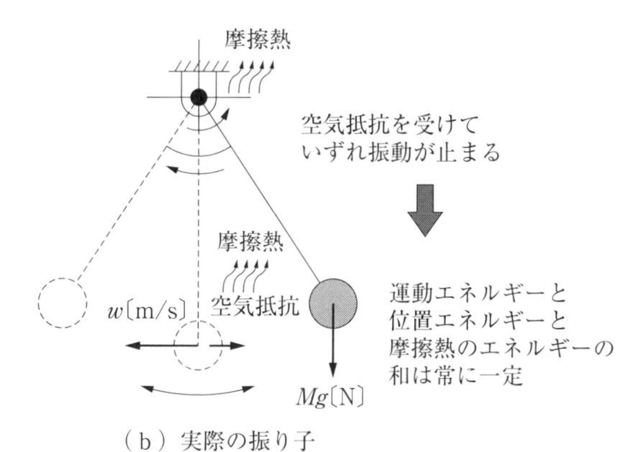

（b）実際の振り子

図4・4　振り子の運動

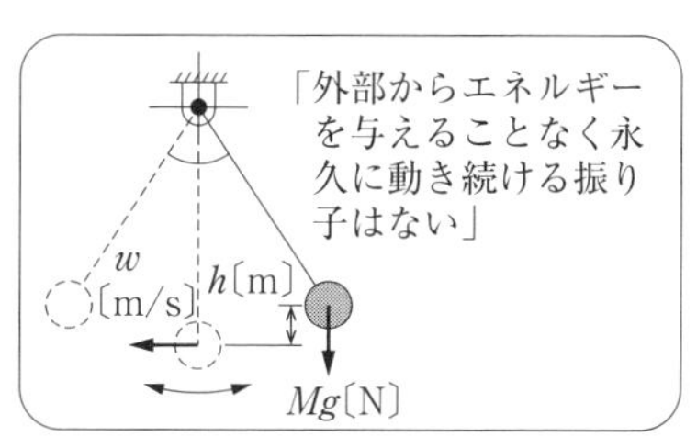

「第一種の永久機関は存在しない」
「エネルギーを消費することなく仕事を取り出すことはできない」

図4・5　熱力学第一法則

〔2〕 **熱力学第二法則**

一つの熱源から熱を得て仕事をする以外に外界に何の変化も残さずに周期的に動く熱機関を実現できるであろうか．もし可能であれば，海水のように巨大な熱容量を持つ熱源から膨大な仕事を取り出すことができる．このような熱機関を**第二種の永久機関**と呼ぶ．**熱力学第二法則**は，この第二種の永久機関の存在を否定するものである（**図 4·6**）．

前述した可逆変化・不可逆変化とエントロピーとの関連を整理してみよう．**図 4·7** に示すように，ΔQ〔J〕の熱量が温度 T_H〔K〕の高温熱源 A から熱機関 B

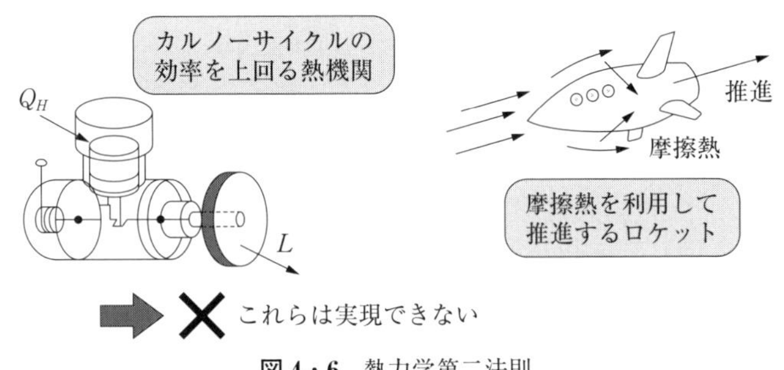

図 4・6　熱力学第二法則

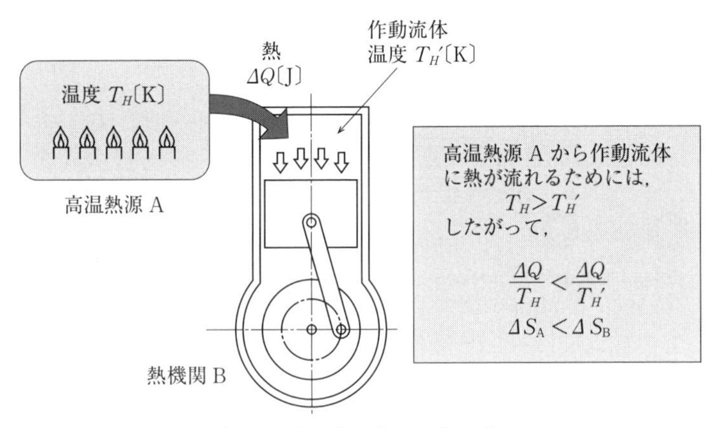

図 4・7　熱の流れとエントロピー

に伝えられる現象を考える．実際の現象において，熱エネルギーは高い温度の物質から低い温度の物質へ伝わるので，熱が熱源から熱機関の方向に伝わるためには，熱機関の作動流体の温度 T_H' は T_H よりも低くなければならない．式 (3・12) より，高温熱源が失うエントロピー ΔS_A および熱機関が受け取るエントロピー ΔS_B は式（4･1)，式（4･2）で表される．

$$\Delta S_A = \frac{\Delta Q}{T_H} \qquad (4\cdot 1)$$

$$\Delta S_B = \frac{\Delta Q}{T_H'} \qquad (4\cdot 2)$$

$T_H > T_H'$ であるので，ΔS_A と ΔS_B との大小関係は式（4･3）が成り立つ．

$$\Delta S_A < \Delta S_B \qquad (4\cdot 3)$$

これより，熱の移動がある場合，エントロピーは保存されず増大していることがわかる．以上の熱の移動は $T_H > T_H'$ であるときに限り成立し，熱機関 B から高温熱源 A に熱を移動させることはできない．すなわち，最初の状態に戻すことはできないので不可逆変化である．

仮に温度差 $T_H - T_H'$ が限りなく 0 に近く，高温熱源 A と熱機関 B のどちらの方向にも熱が移動できる場合，この変化は可逆変化となり，式（4･4）が成り立つ．

$$\Delta S_A = \Delta S_B \qquad (4\cdot 4)$$

もちろん，温度差 $T_H - T_H'$ を限りなく 0 にしながら，熱を移動させることなど現実にはあり得ない．エントロピーが保存されるのは，熱力学で便宜上利用されている可逆変化に限られており，特に**等エントロピー変化**とも呼ばれる．

熱の移動を伴う実際の現象はすべて不可逆変化であり，その際，エントロピーは増大する．実際の現象がすべて不可逆変化であること，すなわち熱が移動する際には必ず外界に何らかの影響を残してしまい，元の状態に戻せないことが熱力学第二法則の別の表現である．そして，エントロピーの変化は，熱エネルギーが高い温度の物質から低い温度の物質へ伝わるという自然の法則を前提とした，不可逆変化の方向性を表している．

+ Tips +　熱力学第二法則の表現

第二法則は次のようにさまざまな表現で表すことができるが，その内容は同等である．

① 第二種の永久機関（一つの熱源から熱を得て仕事をする以外に外界に何の変化も残さずに周期的に動く熱機関）は実現不可能である．

② 温度の一様な一つの物体から奪った熱をすべて仕事に変え，それ以外に何の変化も残さないことは不可能である．

③ 仕事が熱に変わる現象は，それ以外に何の変化も残らないならば，不可逆である．

④ 摩擦による熱の発生は不可逆である．

⑤ 熱が低温度の物体から高温度の物体へ自然に（それ以外に何の変化も残さないで）移ることはない．

⑥ 熱が高温度の物体から低温度の物体へ移動する過程は，それ以外に何の変化もなければ不可逆である．

⑦ 熱的に一様な系の任意の熱平衡状態の任意の近傍に，その状態から断熱変化によって到達できない他の状態が必ず存在する．

第二法則のキーワードは「何の変化も残さずに」である．これは，途中で何らかの変化があっても過程の終わりにはすべて消えていることを意味している．

4・3　エネルギーの変化と流れ

熱力学において，対象とする物質の集まりを**系**という．対象が気体や液体などの流体である場合を考える．密閉容器の中に閉じ込められた流体のように系の質量が一定の場合，これを**閉じた系**という．これに対し，物質の出入りがある場合，**開いた系**という．

+ Tips +　ピストン・シリンダ系とタービン系

閉じた系と開いた系の違いを考えてみよう，閉じた系の一例として，**図 4･8**(a) に示すピストン・シリンダ系があげられる．シリンダ内の気体がピストンの運動によって状態変化をする場合，気体は同じ場所で時々刻々と変化している．

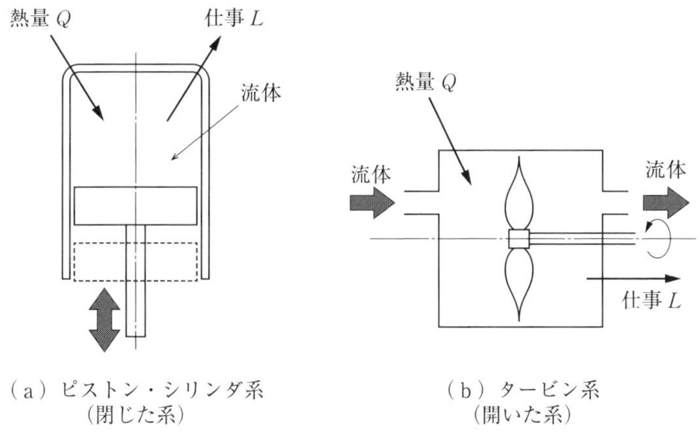

（a）ピストン・シリンダ系
（閉じた系）

（b）タービン系
（開いた系）

図 4・8　閉じた系と開いた系

すなわち，気体の圧力や温度などの状態を知りたい場合には，ある瞬間の値ではなく，時間的な変化を調べなければならない．また，このような系では，ピストンの運動（容積変化 dV）で仕事 L を取り出すことになる．

開いた系の一例として，図 4・8（b）に示すタービン系を考える．タービン（羽根車）は，気体の流れによって回転運動している．この場合，気体が上流から下流へと移動しながら空間的に変化している．ある一点を見て，気体の圧力や温度は時間的に変化していない場合，**定常流れ**という．この場合，ある瞬間の圧力や温度などを知るだけで，この系の状態を知ることができる．また，タービン系においては，容積変化 dV ではなく，気体が流れていく過程での圧力変化 dP で仕事 L を取り出していると考えることができる．

もちろん，両者の場合において，外部からの熱量 Q が系内に与えられなければ，仕事 L を取り出すことはできない（熱力学の第一法則）．

〔1〕 内部エネルギー

ある系のエネルギーは，系全体の高さや運動といった力学的状態に関係するとともに電磁気的な状態によっても異なる．さらに，系を構成する物質の状態や温度などの熱力学的状態にも関係する（**図 4・9**（a））．**内部エネルギー**は，系のエネルギー E から，系全体の位置エネルギーと運動エネルギーおよび電磁気的なエネルギーを除いたエネルギーであり，温度などの熱力学的状態に関係するエネ

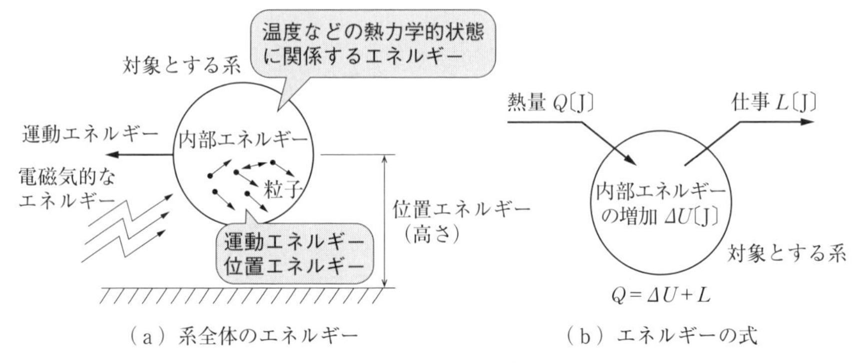

図 4・9　系全体のエネルギーと内部エネルギー

ルギーである．微視的にみれば，内部エネルギーは，構成粒子の運動エネルギーおよび粒子間の相互作用による位置エネルギーの和であるといえる．

図 4・9（b）に示すように，巨視的な意味で静止している系を考える．閉じた系に熱量 Q を加えたとき，そのために内部エネルギーが ΔU だけ増加し，外部に対して仕事 L をした場合，エネルギー保存の法則から式（4･5）が成り立つ．

$$Q = \Delta U + L \qquad (4 \cdot 5)$$

この式を**第一法則の式**あるいは**エネルギーの式**という．

〔2〕 **エンタルピー**

閉じた系に対するエネルギーの式は式（4･5）で表されるように極めて簡単である．一方，実際の熱機器では，定常的に流れる液体や気体を扱うことが多い．そのような開いた系では流体の流れとともにエネルギーの流れが生じる．その場合，**エンタルピー**と呼ばれる状態量が役立つ．エンタルピーを理解するために，目に見えないエネルギーの流れを仮想のピストンに置き換えて考えてみる．

図 4･10（a）に示すように，水平に置かれた一様断面 A〔m^3〕の管内を流体が速度 w〔m/s〕，質量流量 $\dot{M}$〔kg/s〕で流れる場合のエネルギーの流れを考える．同図（b）に示すように，管壁との摩擦と隙間がない，理想的な仮想ピストンを考える．ピストンは流体の速度と同じ w〔m/s〕で連動する．流体の圧力を P〔Pa〕とすると，ピストンに作用する力は PA〔N〕である．単位時間の間に，ピストンが断面 1 から断面 2 まで動いたとすると，両断面の距離は w〔m〕，断

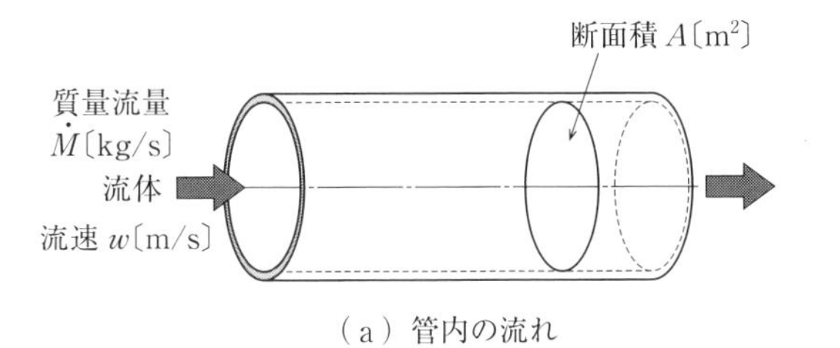

（a）管内の流れ

断面積 A〔m²〕の仮想ピストン
断面 1
断面 2
質量流量
$\dot{M}$〔kg/s〕
流体
流速 w〔m/s〕
圧力 P〔Pa〕
PA〔N〕
w〔m〕
単位時間当りの移動距離

（b）仮想ピストンの仕事

図 4・10　管内のエネルギーの流れ

面 1 と断面 2 との間に含まれる流体の質量 M〔kg〕は $\dot{M}$ の値に等しくなる．この場合，外部との熱の出入りはないので，断面 1 を単位時間に通過するエネルギー $\dot{E}$〔J/s〕は，断面 1 と断面 2 との間の流体が持つエネルギー $\dot{E}_1$〔J/s〕と，ピストンに作用する力 PA〔N〕と速度 w〔m/s〕の積 $\dot{E}_2$〔J/s〕との和に等しくなる．エネルギー $\dot{E}_1$〔J/s〕は，質量 M〔kg〕の流体が持つ内部エネルギー $\dot{U}$ と運動エネルギーとの和となり，式（4･6）で表される．

$$\dot{E}_1 = \dot{U} + \frac{\dot{M}}{2}w^2 = \dot{M}\left(u + \frac{w^2}{2}\right) \qquad (4・6)$$

ここで，u は単位質量当りの内部エネルギー（$=\dot{U}/M$）である．一方，ピストンによる仕事 $\dot{E}_2$〔J/s〕は，式（4･7）で表される．

$$\dot{E}_2 = PAw = P\dot{V} \qquad (4・7)$$

ここで，$\dot{V}$ は体積流量であり，質量 M〔kg〕の流体（断面 1 と断面 2 の間の流体）の容積 V〔m³〕に等しい．したがって，断面 1 を単位時間に通過するエネルギー $\dot{E}$〔J/s〕は式（4･8）で表される．

$$\dot{E} = \dot{E}_1 + \dot{E}_2 = \dot{M}\left(u + Pv + \frac{w^2}{2}\right) \tag{4・8}$$

ここで，v は比容積（$= V/M$）〔$\mathrm{m^3/kg}$〕であり，密度の逆数である．これより，管内のエネルギーの流れは三つの成分から成り立っていることがわかる．このうち，内部エネルギー u と運動エネルギー $w^2/2$ は流体自身が持つエネルギーであり，機械的仕事に当たる Pv は，流れによって管内を伝わるエネルギーである．前述のとおり，実際の熱機器では液体や気体の定常流れを扱うことが多いため，u と Pv とを合わせた状態量を定義すると便利である．すなわち，エンタルピー H〔J〕および単位質量の物質に対する比エンタルピー h〔J/kg〕を式(4・9)，式（4・10）で定義する〈**A 4.1**〉．

$$H = U + PV \tag{4・9}$$

$$h = \frac{H}{M} = u + Pv \tag{4・10}$$

エンタルピーの考え方はタービンなどの開いた系の熱機器を取り扱うのに有効である．**図 4・11** に示す簡単なタービンを考える．吸気口から流体が速度 w_1〔m/s〕，比エンタルピー h_1〔J/kg〕の状態で定常的に流入し，系の内部で熱量 $\dot{Q}$〔J/s〕を受け，外部に仕事 $\dot{L}$〔J/s〕を行っている．さらに，排気口から流体が速度 w_2〔J/kg〕，比エンタルピー h_2〔J/kg〕の状態で定常的に流出している．流体の質量流量を $\dot{M}$〔kg/s〕とすると，この場合のエネルギーの式は式（4・11）で表される．

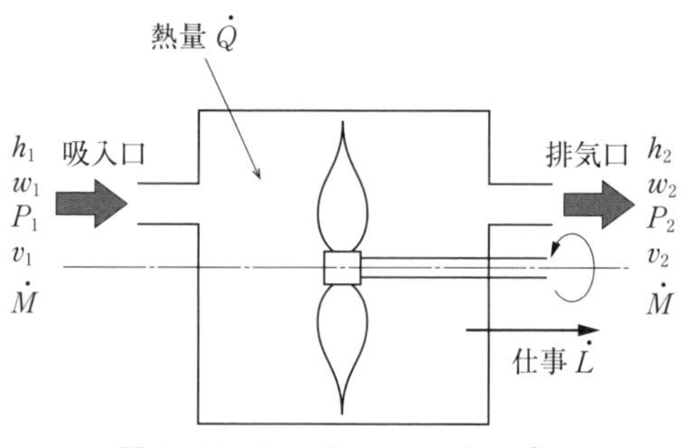

図 4・11　タービンのエンタルピー

$$\dot{M}\left(h_1+\frac{w_1{}^2}{2}\right)+\dot{Q}=\dot{M}\left(h_2+\frac{w_2{}^2}{2}\right)+\dot{L} \tag{4・11}$$

実際の熱機器において，運動エネルギーはエンタルピーと比べて無視できるほど小さいことがある．その場合，式（4・11）は式（4・12）で表される．

$$\dot{Q}=\dot{M}(h_2-h_1)+\dot{L} \tag{4・12}$$

【例題 4・11】　図 4・11 に示したタービンにおいて，吸入口における気体の比エンタルピー $h_1=3\,000$ kJ/kg，速度 $w_1=0$ m/s，排気口における気体の比エンタルピー $h_2=2\,000$ kJ/kg，速度 $w_2=100$ m/s，気体 1 kg 当りにタービンが外部に行った仕事 $l=500$ kJ/kg であった．この際，気体 1 kg 当りに周囲に失った熱量 $-q$〔kJ/kg〕を求めよ．

〈解 答〉　式（4・11）より，次式が成り立つ．

$$\left(h_1+\frac{w_1{}^2}{2}\right)+q=\left(h_2+\frac{w_2{}^2}{2}\right)+l$$

したがって，周囲に失った熱量 $-q$ は，

$$-q=(h_1-h_2)-l-\frac{w_2{}^2}{2}=\{(3\,000-2\,000)-500\}\times10^3-\frac{100^2}{2}$$

$$=495\,000\ \text{〔J/kg〕}$$

$$=495\ \text{〔kJ/kg〕}$$

［要 点］　エンタルピーは状態量であるため，物質の種類，温度および圧力によって決まる値である．熱機器の設計などの場合には，すでに測定されているエンタルピーの値を利用することが多い．

+ Tips +　絶対仕事と工業仕事

図 4・12 の P–V 線図において，2 種類の仕事を考えることができる．一つは**絶対仕事**と呼ばれる仕事であり，第 3 章式（3・6）に示したように，

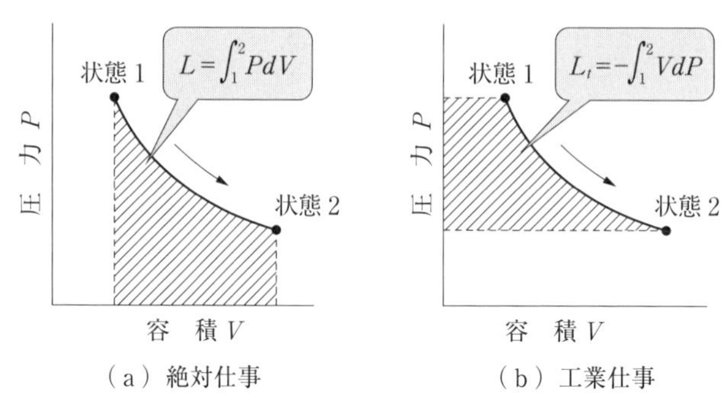

図 4・12　絶対仕事と工業仕事

$$dL = PdV \qquad (4 \cdot 13)$$

で定義される．前述のとおり，絶対仕事は P-V 線図上の変化を表す曲線の下側の面積により表される．絶対仕事に対するエネルギーの式は，式（4･5）に示したように，

$$dQ = dU + dL = dU + PdV \qquad (4 \cdot 14)$$

である．一方，もう一つは**工業仕事**と呼ばれる仕事である．式（4･9）のエンタルピーの定義式を式（4･14）に代入すると，

$$dQ = dH - d(PV) + PdV = dH - VdP \qquad (4 \cdot 15)$$

が成り立つ．工業仕事 L_t は，

$$dL_t = -VdP \qquad (4 \cdot 16)$$

で定義される．絶対仕事 L は経路の下側の面積であるのに対し，工業仕事 L_t は経路の左側の面積である．

図 4･12 のような単純な一方向の状態変化を考える場合，絶対仕事と工業仕事とは，P-V 線図を縦に見るか，横に見るかの違いであり，本質的な違いはない．しかし，ピストン・シリンダ系の熱機関の仕事を扱う場合，一般に式（4･13）で表される絶対仕事が用いられる．一方，タービン系の熱機関を扱う場合，式(4･16)で表される工業仕事を用いるほうが便利な場合がある．これは，ピストン・シリンダ系の熱機関ではピストンの運動による容積変化 dV によって仕事を取り出し，ピストンが止まっている間（定容）に熱が出入りすると考えるのに対し，タービン系の熱機関では気体の流れによる圧力変化 dP を利用して仕事を取り出し，圧力が一定の際に熱の出入りがあると考えるためである．

+ Tips + **エンタルピーの熱力学的意味**

図 4・13 の流れにおいて，エンタルピーの熱力学的な意味を考える．断面積 A_1〔m^3〕の流路内に流体が速度 w_1〔m/s〕，質量流量 $\dot{M}_1$〔kg/s〕，圧力 P_1〔Pa〕で流れ込む場合，流体によって単位時間当りに伝わる機械的仕事 $\dot{E}_w$（容積変化に相当するエネルギー）は（P_1A_1）w_1〔J/s〕である．

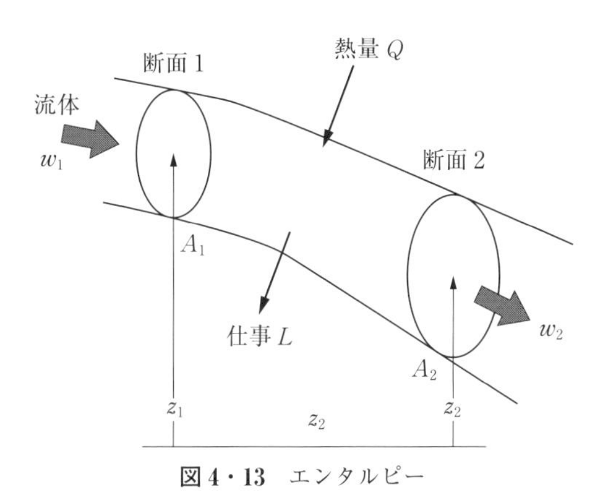

図 4・13　エンタルピー

このほか，断面 1 には流体の運動エネルギー $\dot{E}_k$，基準面から高さ z_1〔m〕に位置することによる位置エネルギー $\dot{E}_g$，内部エネルギー $\dot{E}_u$ が流入する．

$$\dot{E}_w = P_1A_1w_1 = P_1\frac{1}{\rho_1}\dot{M}_1 = \dot{M}_1(P_1v_1) \tag{4・17}$$

$$\dot{E}_k = \dot{M}_1\frac{1}{2}w_1{}^2 \tag{4・18}$$

$$\dot{E}_g = \dot{M}_1gz_1 \tag{4・19}$$

$$\dot{E}_u = \dot{M}_1u_1 \tag{4・20}$$

断面 2 から流出する流体によって持ち運ばれるエネルギーも同様に表される．したがって，単位時間当りに系が受け取る熱量を $\dot{Q}$〔J/s〕，外部へする仕事を $\dot{L}$〔J/s〕とすれば，系全体のエネルギーの釣合いは式（4・21）で表される．

$$\dot{M}_1\left(u_1 + P_1v_1 + \frac{1}{2}w_1{}^2 + gz_1\right) + \dot{Q} = \dot{M}_2\left(u_2 + P_2v_2 + \frac{1}{2}w_2{}^2 + gz_2\right) + \dot{L} \tag{4・21}$$

ここで，定常的な流れでは，$\dot{M}_1 = \dot{M}_2$ であり，これを $\dot{M}$ とする．また，流入・流出時の運動エネルギーの差および位置エネルギーの差が十分に小さく，無視できるとすれば，式（4・22）が成り立つ．

$$\dot{M}(u_1+P_1v_1)+\dot{Q}=\dot{M}(u_2+P_2v_2)+\dot{L} \qquad (4\cdot 22)$$

ここで，エンタルピー H〔J〕および比エンタルピー h〔J/kg〕を式（4･23），式（4･24）で定義する．

$$H=U+PV \qquad (4\cdot 23)$$

$$h=\frac{H}{M}=u+Pv \qquad (4\cdot 24)$$

すなわち，式（4･22）は式（4･25）で表される．

$$\dot{Q}=\dot{M}(h_2-h_1)+\dot{L} \qquad (4\cdot 25)$$

これは，式（4･5）と同様，エネルギー保存の法則を表した式である．

〔3〕 熱容量と比熱

水は暖まりにくく冷めにくいが，金属は暖まりやすく冷めやすい．また，同じ物質であれば，質量が大きいほど暖まりにくく冷めにくい（**図4･14**）．熱エネルギーが物質内を流れる，あるいは物質へと伝えられる場合，熱容量あるいは比熱の大きさが重要である．

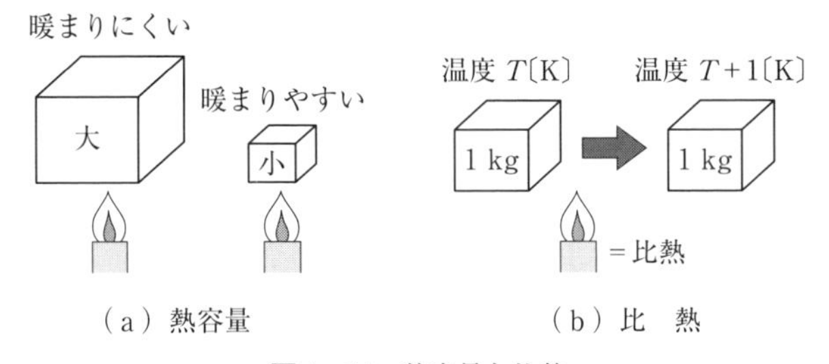

図4・14　熱容量と比熱

物体を単位温度（1℃）だけ上昇させるのに必要な熱量をその物体の**熱容量**〔J/K〕という．単位量（1 kg または 1 mol）の物質を1℃だけ上昇させるのに必要な熱量を**比熱**（〔J/(kg･K)〕または〔J/(mol･K)〕）という．比熱 c〔J/(kg･K)〕の物体（質量 M〔kg〕）の熱容量 C〔J/K〕は式（4･26）で与えられる．

$$C=Mc \qquad (4\cdot 26)$$

変化の間に出入りする熱量は，変化の前後の状態だけでなく変化の過程によって変わる．したがって，比熱も定圧的な変化（圧力が一定の変化）であるか，定容的な変化（容積が一定の変化）であるかなど，変化の過程によって異なる値となる．定圧比熱 c_p と定容比熱 c_v を比べると，一般に等圧変化における体積膨張に伴う仕事の分だけ定圧比熱のほうが定容比熱よりも大きい．固体や液体では体積の変化が小さいので，定圧比熱と定容比熱の差は無視されることが多い．また，一般に，比熱は温度によって異なる値をとる．

+ Tips +　化学変化と仕事

熱機関は燃料の燃焼による化学エネルギーを熱エネルギーに変換した後，仕事を発生している．それに対し，電池は化学エネルギーを直接電気エネルギーに変換している．その場合のエネルギーの保存則は式（4･27）で表される．

$$dU = dQ - dL_e \qquad (4 \cdot 27)$$

ここで，dU は内部エネルギーの変化であり，電池の場合，電池内における化学反応によるエネルギーの減少分を表している．dQ は外部との間のエネルギーの出入り，dL_e は電気エネルギーに相当する仕事である．ここで，電池などでの化学変化において，変化の過程における温度変化はかなり小さいため，dQ を TdS に置き換えると扱いやすい（第3章式（3・12））．さらに式を変形すると式（4･28）が得られる．

$$dL_e = -dU + dQ = -dU + TdS = -d(U - TS) \qquad (4 \cdot 28)$$

式（4･28）は，電池などのように化学変化を伴うエネルギー変換の場合，内部エネルギー U の変化分をすべて仕事 L_e に変換することはできず，TS の分だけ損失があることを示している．すなわち，仕事 L_e は化学変化において得られる最大の仕事を表しており，式（4･29）のような関数を定義すると便利である．

$$F = U - TS \qquad (4 \cdot 29)$$

関数 F を**ヘルムホルツの自由エネルギー**と呼ぶ．また，内部エネルギー U をエンタルピー H に置き換えることで式（4･30）が得られる．

$$G = H - TS \qquad (4 \cdot 30)$$

関数 G を**ギッブスの自由エネルギー**と呼ぶ．

これらのエネルギーの大きさを表す関数は，化学変化を扱うエネルギー変換のほか，第8章で述べるような温度一定のもとで行われる蒸気の相変化を扱う場合にも有効である．

演習問題

問題4・1　初めの状態が圧力 $P_1 = 250\ \mathrm{kPa}$，容積 $V_1 = 0.6\ \mathrm{m}^3$ の気体が，圧力一定のもとで圧縮されてその容積が $V_2 = 0.4\ \mathrm{m}^3$ となり，内部エネルギーが減少して $\Delta U = U_2 - U_1 = -150$〔kJ〕となった．この過程で気体が外部に行った仕事 L および気体が外部から受け取った熱量 Q を求めよ．

問題4・2　質量 1 kg の物質が圧力 100 kPa，容積 2 m^3 の状態から圧力 1.2 MPa，容積 0.5 m^3 の状態に変化した．この物質の内部エネルギーに変化がなかったとした場合，エンタルピーの増加はいくらか．

5章

理想気体の状態変化

熱機関をはじめとする実際の熱機器において，気体を取り扱うことはとても多い．実在する気体は極めて複雑な性質を持ち，それを厳密に扱うことは難しい．工業熱力学においては，実在気体を扱いやすい理想気体に置き換えることで，比較的簡単でありながらも熱機器の特徴や性能を的確に把握することができる．

本章では，理想気体の熱力学的な特徴について説明する．さらに，熱機関をはじめとした気体を扱う熱機器の性能を理解するために重要な“状態変化”について説明する．本章には，多くの数式を載せている．それらは，実際の熱機器を設計する場合や性能評価をする場合に利用できるので，それらの工学的な意味をしっかりと理解していただきたい．

5・1 理想気体の定義と特徴

理想気体とは，5·2節に述べる理想気体の状態式を満足すると仮定した気体である．以下，理想気体の定義と特徴を列挙する．

① 理想気体の状態式（式（5·1））を満足する．

② 理想気体の比熱は一般に温度の関数である．しかし，便宜上，比熱を一定とすることがあり，その場合を“狭義の理想気体”という．

③ 理想気体においては，分子間に引力も斥力も働かない．すなわち，気体が持つ内部エネルギーは，分子の運動エネルギーの総和に等しくなる．

④ ヘリウム，アルゴン，水素，窒素，酸素，空気などの実在気体は常温，常圧において近似的には理想気体と見なして差し支えない．しかし，高圧・低温となるに従って，両者の特性は大きく異なり，実在気体を理想気体として扱うことは難しくなる．

5・2 理想気体の状態式

一定質量の気体を考えると，ボイル（1627～1691）は「温度一定のもとで容積は圧力に反比例する」ことを見つけた（**ボイルの法則**）．また，シャルル（1746～1823）は「圧力一定のもとで容積は温度（絶対温度）に対して直線的に変化する」ことを見つけた（**シャルルの法則，ゲイリュサックの法則**）．これらの関係は式（5･1）で表される理想気体の状態式で表される（**図 5･1**）．

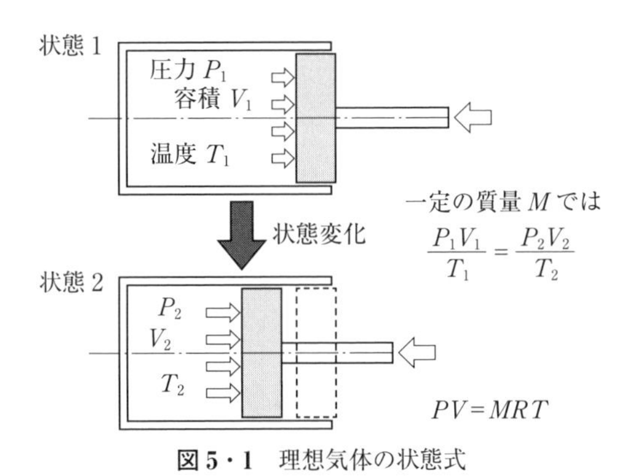

図 5・1 理想気体の状態式

$$PV = MRT \tag{5・1}$$

ここで，P は圧力〔Pa〕，V は容積〔m^3〕，M は質量〔kg〕，T は絶対温度〔K〕，R は気体定数〔J/(kg・K)〕と呼ばれる気体に固有の値である．

また，式（5･1）をモル数 n〔mol〕で表すと，

$$PV = nR_0T \tag{5・2}$$

となる．ここで，R_0 は**一般気体定数**と呼ばれ，$R_0 = 8.31433$〔J/(mol･K)〕である．

気体の分子量を m_0〔kg/mol〕とすると，

$$m_0 = \frac{M}{n} \tag{5・3}$$

であるので，式（5･1）～式（5･3）より，式（5･4）が成り立つ．

$$R=\frac{R_0}{m_0} \tag{5・4}$$

各種気体の理想気体としての性質を**表 5･1** に示す．

表 5・1　主な気体の定数ならびに比熱などの値

気体の種類	分子記号	原子数	気体定数〔kJ/(kg･K)〕	密度〔kg/m³〕	定圧比熱〔kJ/(kg･K)〕	定容比熱〔kJ/(kg･K)〕	比熱比
ヘリウム	He	1	2.0772	0.1785	5.238	3.16	1.66
水素	H_2	2	4.1249	0.08987	14.2	10.0754	1.409
窒素	N_2	2	0.2969	1.2505	1.0389	0.7421	1.4
酸素	O_2	2	0.2598	1.42895	0.915	0.6551	1.397
空気	—	2	0.2872	1.2928	1.005	0.7171	1.4
水蒸気	H_2O	3	0.46163		1.861	1.398	1.33
二酸化炭素	CO_2	3	0.189	1.9768	0.8169	0.6279	1.301
メタン	CH_4	5	0.5187	0.7168	2.1562	1.6376	1.317
プロパン	C_3H_8	11	0.1887		1.551	1.362	1.139

【例題 5・1】　物理学上の標準状態（0℃，1 atm = 760 mmHg = 101.3250 kPa）および工学上の標準状態（15℃，1 気圧 = 1 ata = 98.0665 kPa）における 1 kmol の気体の容積 V_0 を求めよ．

〈解 答〉　式（5･2）に $R_0=8.31433$〔J/(mol･K)〕を代入して，

$$V_0=\frac{nR_0T}{P}=\frac{1\,000\times 8.31433\times 273.15}{101\,325.0}=22.4\ 〔\mathrm{m^3}〕$$

$$V_0=\frac{nR_0T}{P}=\frac{1\,000\times 8.31433\times (15+273.15)}{98\,066.5}=24.0\ 〔\mathrm{m^3}〕$$

5・3　理想気体の比熱

理想気体の定圧比熱 c_p と定容比熱 c_v の関係を考える．圧力一定の状態変化は，容積一定の状態変化より，気体が膨張する際の仕事 PV〔J〕の分だけ大きくなる．すなわち，定圧比熱 c_p は，単位質量，単位温度当りに換算して，$PV/MT=R$〔J/(kg·K)〕だけ定容比熱 c_v よりも大きくなる．したがって，比熱が一定である理想気体の場合，式（5·5）が成り立つ．

$$c_p = c_v + R \tag{5・5}$$

また，熱力学において，式（5·6）で定義される**比熱比** κ（定圧比熱 c_p と定容比熱 c_v の比）がよく使われる．

$$\kappa = \frac{c_p}{c_v} \tag{5・6}$$

比熱比 κ の値は，気体分子の運動の自由度 n_f（**図 5·2**）に関係し，

$$\kappa = \frac{n_f + 2}{n_f} \tag{5・7}$$

と表される．したがって，同じ原子数の気体分子についてほぼ等しく，ヘリウム（He）やアルゴン（Ar）などの単原子気体では $n_f=3$ で $\kappa=5/3=1.67$，水素

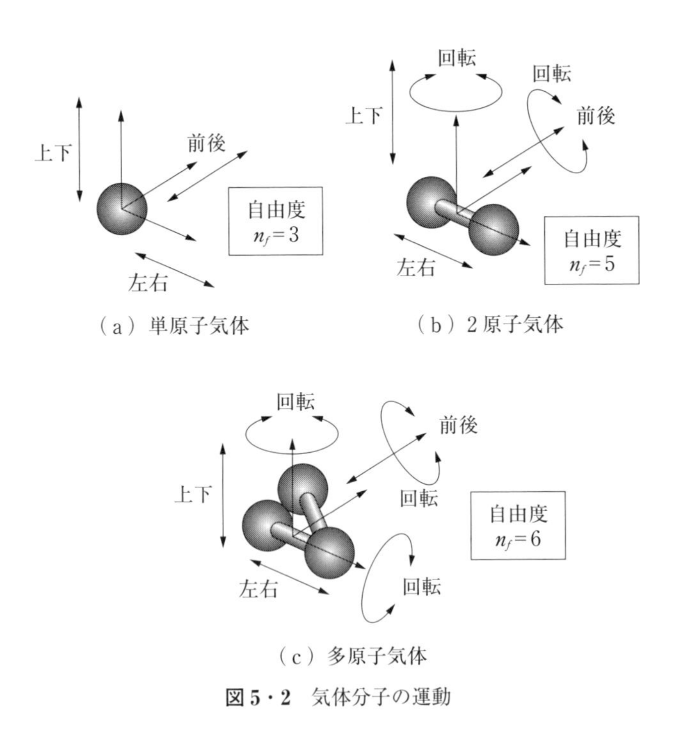

図 5・2　気体分子の運動

(H_2)，窒素 (N_2) および酸素 (O_2) などの2原子気体では $n_f=5$ で $\kappa=7/5=1.40$，水蒸気 (H_2O)，アンモニア (NH_3) およびメタン (CH_4) などの3原子以上の多原子気体では $n_f=6$ で $\kappa=8/6=1.33$ となる．

また，式 (5･5) と式 (5･6) から比熱 c_p，c_v と気体定数 R および比熱比 κ との間に式 (5･8)，式 (5･9) の関係式が成り立つ．

$$c_p = R\frac{\kappa}{\kappa-1} \tag{5・8}$$

$$c_v = R\frac{1}{\kappa-1} \tag{5・9}$$

5・4　理想気体の内部エネルギー

ゲイリュサック (1778～1850) とジュール (1818～1889) は，**図5･3** (a) に示す実験装置を用いて実験を行った．2個のガラス容器 A，B を準備し，容器 A には気体を満たし，容器 B を真空にしておく．それらをバルブのついた管でつなげ，水を入れた断熱容器に入れる．そして，バルブを開くと，容器 A に入っていた気体が容器 B にも充満する．実験より，その前後で水の温度変化が見られなかったことから，容器内の気体の状態変化は断熱的（外部からの熱量 $Q=0$）であることがわかった．外部との間で容積変化がないため機械的仕事 $L=0$ である．したがって，第4章式 (4･5) に示したエネルギーの式より，

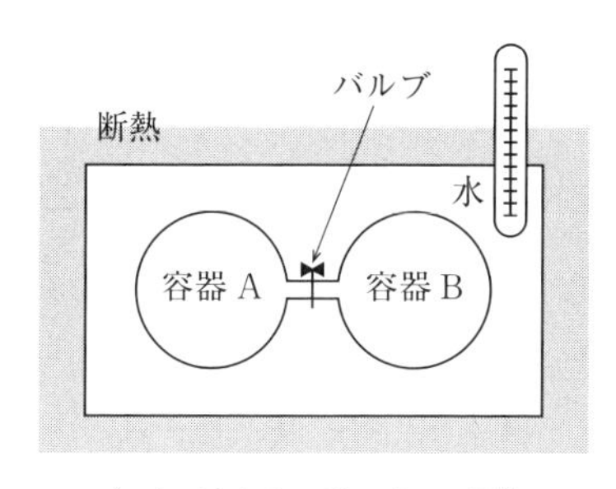

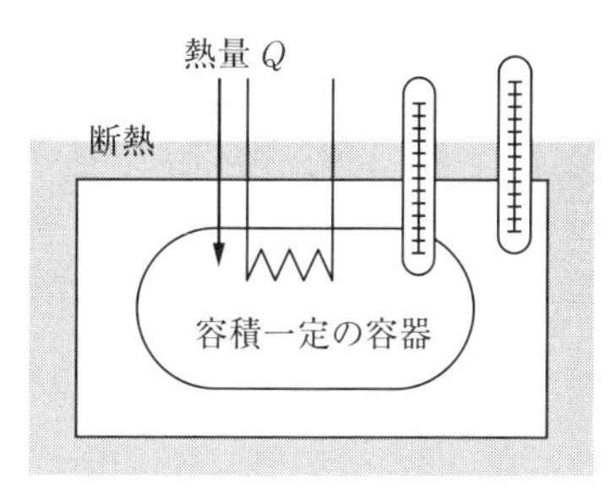

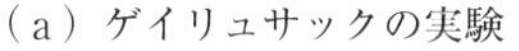

(a) ゲイリュサックの実験　　(b) 容積一定の状態変化

図5・3　理想気体の内部エネルギー

$$\Delta U = Q - L = 0 \tag{5・10}$$

であり，気体の内部エネルギー U はバルブを開く前後で変化しない．すなわち，内部エネルギーは容積に依存しないことがわかった．

さらに，図 5･3 (b) に示すように，容積が変化しない場合の理想気体の内部エネルギーを考える．容積が変化しないため機械的仕事 $L = 0$〔J〕であり，第 4 章式 (4･5) より，式 (5･11) が成り立つ．

$$\Delta U = Q \tag{5・11}$$

一方，容積が変化しない状態変化において，外部から与えられる熱量 Q〔J〕は，定容比熱 c_v〔J/(kg･K)〕，気体の質量 M〔kg〕および変化前後の気体の温度 T_1〔K〕，T_2〔K〕を用いて式 (5･12) で表される．

$$Q = Mc_v(T_2 - T_1) \tag{5・12}$$

式 (5･11) および式 (5･12) より，内部エネルギーの変化 ΔU〔J〕は式 (5･13) で表される．

$$\Delta U = Mc_v(T_2 - T_1) \tag{5・13}$$

式 (5･13) を単位質量当りの内部エネルギー u〔J/kg〕とし，より一般的に記述すると式 (5･14) で表される．

$$du = c_v dT, \quad u = c_v T \tag{5・14}$$

以上より，理想気体の内部エネルギーは容積には無関係であって，単に温度だけの関数であることが証明された．これは**ジュールの法則**と呼ばれる．この法則は，理想気体に対しては厳密に成立し，実在の気体に対しては近似的に成立する．

5・5 理想気体のエンタルピー

理想気体のエンタルピーについて考える．比エンタルピー h は第 4 章式(4･10)より，

$$h = u + Pv \tag{5・15}$$

であり，理想気体の場合は $Pv = RT$ が成り立つので，

$$h = u + RT \tag{5・16}$$

となる．式（5･14）に示すように内部エネルギーは温度だけの関数であるので，理想気体のエンタルピーも単に温度だけの関数であることがわかる．

質量 M〔kg〕，定容比熱 c_v〔J/(kg･K)〕の理想気体を温度 T_1〔K〕から温度 T_2〔K〕に変化させた場合，エンタルピーの変化 ΔH〔J〕を考える．

$$\begin{aligned}\Delta H &= \Delta U + \Delta(PV) = Mc_v(T_2 - T_1) + MR(T_2 - T_1) \\ &= M(c_v + R)(T_2 - T_1)\end{aligned} \tag{5・17}$$

式（5･5）より，定容比熱 c_v を定圧比熱 c_p に置き換えると，式（5･18）で表される．

$$\Delta H = Mc_p(T_2 - T_1) \tag{5・18}$$

式（5･18）を単位質量当りの比エンタルピー h〔J/kg〕とし，より一般的に記述すると式（5･19）で表される．

$$dh = c_p dT, \quad h = c_p T \tag{5・19}$$

5・6　理想気体のエントロピー

第3章式（3･9），第4章式（4･5）および式（5･14）より，理想気体のエントロピーは式（5･20）で表される．

$$dS = \frac{dQ}{T} = \frac{Mc_v dT + PdV}{T} \tag{5・20}$$

単位質量当りの比エントロピー s〔J/(kg･K)〕とし，より一般的に記述すると式（5･21）で表される．

$$ds = \frac{dS}{M} = \frac{c_v dT + Pdv}{T} \tag{5・21}$$

ここで，v は比容積〔m^3/kg〕である．式（5･21）に式（5･1）を代入して，P，v，T を消去すると式（5･22）～式（5･24）が得られる〈**A 5･1**〉．

$$ds = c_v \frac{dT}{T} + R\frac{dv}{v} \tag{5・22}$$

$$ds = c_p \frac{dT}{T} - R\frac{dP}{P} \tag{5・23}$$

$$ds = c_v \frac{dP}{P} + c_p \frac{dv}{v} \tag{5・24}$$

これらの式を基準状態 (P_0, T_0, v_0) から任意の状態 (P, T, v) まで積分し，整理すると式 (5･25) ～式 (5･27) が得られる．

$$s = c_v \log_e \frac{T}{T_0} + R \log_e \frac{v}{v_0} + s_{01} = c_v \log_e \left\{ \frac{T}{T_0} \left(\frac{v}{v_0} \right)^{\kappa - 1} \right\} + s_{01} \qquad (5 \cdot 25)$$

$$s = c_p \log_e \frac{T}{T_0} - R \log_e \frac{P}{P_0} + s_{02} = c_p \log_e \left\{ \frac{T}{T_0} \left(\frac{P}{P_0} \right)^{\frac{\kappa}{\kappa - 1}} \right\} + s_{02} \qquad (5 \cdot 26)$$

$$s = c_v \log_e \frac{P}{P_0} + c_p \log_e \frac{v}{v_0} + s_{03} = c_v \log_e \left\{ \frac{P}{P_0} \left(\frac{v}{v_0} \right)^{\kappa} \right\} + s_{03} \qquad (5 \cdot 27)$$

s_{01}, s_{02} および s_{03} は積分定数であるが，特定の状態におけるエントロピーを 0 とおけば消去できる．たとえば，$T_0 = 273.15\ \mathrm{K} = 0℃$，$P_0 = 101.3\ \mathrm{kPa} = 1$ 気圧におけるエントロピーを 0 とすれば式 (5･28) のようになる．

$$s = c_p \log_e \frac{T}{273.15} - R \log_e \frac{P}{101.3 \times 10^3} \qquad (5 \cdot 28)$$

この式から，理想気体のエントロピーは温度 T の上昇に伴い増加し，圧力 P が上昇すると減少することがわかる．

5・7　理想気体の状態変化

前章までに，熱力学的な状態を変化させることによって，熱エネルギーを機械的な仕事に変換できることを学んだ．このような状態変化を考える場合，前節までに述べた理想気体の性質や計算式を利用すると，その特徴を明確に表すことができる．

一定質量 M の気体において圧力 P と容積 V の状態変化を考えた場合，その関係を式 (5･29) で表すことにする．

$$PV^n = 一定 \qquad (5 \cdot 29)$$

これを指数 n の**ポリトロープ変化**という．**図 5･4** に示すように，式 (5･29) における指数 n が特別な値をとる場合，熱力学において重要な状態変化を検討することができる．すなわち，$n = 0$ のとき，式 (5･29) は「$P = 一定$」となり，**等圧変化**となる．$n = 1$ のとき，「$PV = MRT = 一定$」であり，**等温変化**と呼ばれる．$n = \infty$ のとき，「$V = 一定$」であり，**等容変化**と呼ばれる．そして，$n = \kappa$

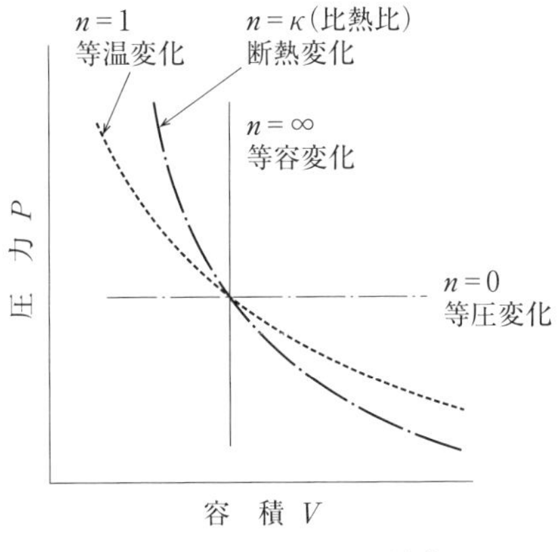

図 5・4 ポリトロープ変化

(比熱比) のとき, **断熱変化**と呼ばれる. 以下, それぞれの状態変化において気体が外部にする仕事, 内部エネルギーの変化および外部から供給される熱量を求める.

〔1〕 等 温 変 化

図 5・5 に等温変化を行わせた際の P-V 線図および T-S 線図を示す. 温度 T が一定であるので理想気体の状態式より式 (5・30) の関係を満たしながら変化を行う.

$$P_1V_1=P_2V_2=MRT \tag{5・30}$$

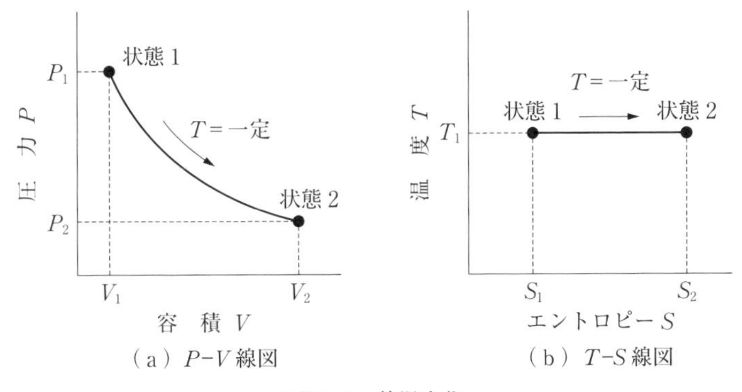

(a) P-V 線図　(b) T-S 線図

図 5・5 等温変化

ここで，状態1から状態2まで変化する場合の仕事L_{12}は，第3章式（3･7）に$P=MRT/V$を代入することにより，式（5･31）が得られる．

$$L_{12}=\int_{V_1}^{V_2}PdV=\int_{V_1}^{V_2}\frac{MRT}{V}dV=MRT\log_e\frac{V_2}{V_1}=P_1V_1\log_e\frac{V_2}{V_1} \tag{5・31}$$

式（5･30）の圧力と容積の関係を式（5･31）に代入すると，式（5･32）も成り立つ．

$$L_{12}=MRT\log_e\frac{P_1}{P_2}=P_1V_1\log_e\frac{P_1}{P_2} \tag{5・32}$$

また，内部エネルギーの変化U_{12}は，温度のみの関数であるため，式（5･33）が成り立つ．

$$U_{12}=0 \tag{5・33}$$

したがって，気体が外部から供給される熱量Q_{12}は第4章式（4･5）より，式（5･34）になる．

$$Q_{12}=L_{12}=MRT\log_e\frac{V_2}{V_1}=MRT\log_e\frac{P_1}{P_2}=P_1V_1\log_e\frac{P_1}{P_2} \tag{5・34}$$

また，エントロピーの変化は式（5･35）となる．

$$S_{12}=S_2-S_1=\frac{Q_{12}}{T}=MR\log_e\frac{V_2}{V_1}=MR\log_e\frac{P_1}{P_2} \tag{5・35}$$

等温変化において開いた系では次のようになる．

$$l_t=-\int_{P_1}^{P_2}vdP=RT\int_{P_2}^{P_1}\frac{dP}{P}\qquad(\because\quad Pv=RT)$$

$$=RT\log_e\frac{P_1}{P_2} \tag{5・36}$$

$$h_2-h_1=0 \tag{5・37}$$

以上から，

$$q_{12}=h_2-h_1+l_t=RT\log_e\frac{P_1}{P_2} \tag{5・38}$$

〔2〕 等 圧 変 化

図5･6に等圧変化を行わせた場合のP-V線図およびT-S線図を示す．圧力$P=$一定であるので，$V/T=$一定を満たしながら変化を行う．状態1から状態2

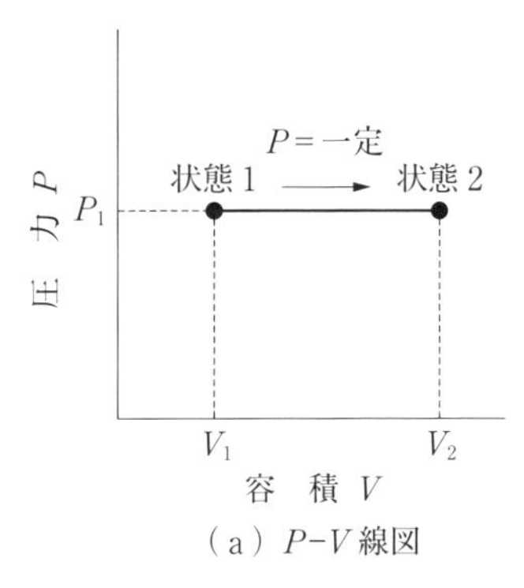

（a）P–V 線図

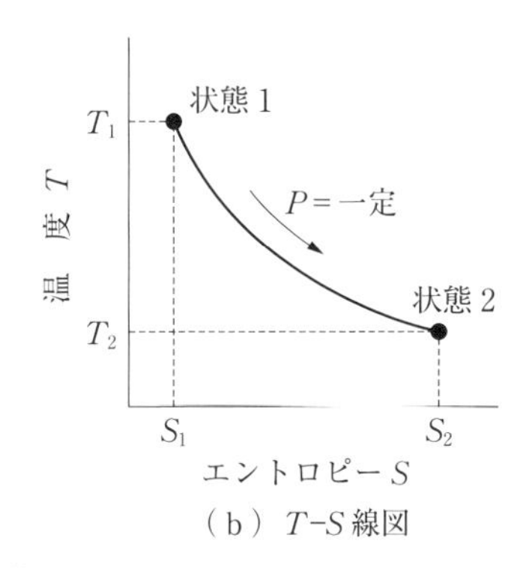

（b）T–S 線図

図5・6　等圧変化

までの間の L_{12} は式（5・39）の関係になる．

$$L_{12}=P(V_2-V_1) \tag{5・39}$$

式（5・1）の関係を式（5・39）に代入して，式（5・40）も成り立つ．

$$L_{12}=MR(T_2-T_1) \tag{5・40}$$

したがって，内部エネルギーの変化 U_{12} および供給熱量 Q_{12} は定圧比熱 c_p〔J/(kg・K)〕を用いると，式（5・41），式（5・42）が成り立つ．

$$U_{12}=Q_{12}-P(V_2-V_1) \tag{5・41}$$

$$Q_{12}=Mc_p(T_2-T_1) \tag{5・42}$$

また，エントロピーの変化は式（5・43）となる．

$$S_{12}=S_2-S_1=Mc_p\log_e\frac{T_2}{T_1}=Mc_p\log_e\frac{V_2}{V_1} \tag{5・43}$$

等圧変化において開いた系では次のようになる．

$$l_t=-\int_{P_1}^{P_2}vdP=0 \qquad (\because \quad dP=0) \tag{5・44}$$

$$h_2-h_1=c_P(T_2-T_1) \tag{5・45}$$

以上から，

$$q_{12}=h_2-h_1+l_t=c_P(T_2-T_1)+0=\frac{\kappa R}{\kappa-1}(T_2-T_1) \qquad \left(\because \quad c_P=\frac{\kappa R}{\kappa-1}\right) \tag{5・46}$$

〔3〕 等　容　変　化

図5･7に等容変化を行わせた場合のP-V線図およびT-S線図を示す．容積V＝一定であるので，P/T＝一定を満たしながら変化を行う．容積変化がないため，状態1から状態2までの間で気体は仕事L_{12}を行わない．すなわち，式(5･47)の関係になる．

$$L_{12}=0 \tag{5・47}$$

また，内部エネルギーの変化U_{12}および供給熱量Q_{12}は定容比熱c_v〔J/(kg･K)〕を用いると，式(5･48)，式(5･49)が成り立つ．

$$U_{12}=Mc_v(T_2-T_1) \tag{5・48}$$

$$Q_{12}=U_{12}=Mc_v(T_2-T_1) \tag{5・49}$$

また，エントロピーの変化は式(5･50)となる．

$$S_{12}=S_2-S_1=Mc_v\log_e\frac{T_2}{T_1}=Mc_v\log_e\frac{P_2}{P_1} \tag{5・50}$$

等容変化において開いた系では次のようになる．

$$l_t=-\int_{P_1}^{P_2}vdP=-v\int_{P_1}^{P_2}dP=v(P_1-P_2)=R(T_1-T_2) \tag{5・51}$$

$$h_2-h_1=c_P(T_2-T_1) \tag{5・52}$$

$$\begin{aligned}q_{12}&=h_2-h_1+l_t=c_P(T_2-T_1)+R(T_1-T_2)\\&=\frac{\kappa R}{\kappa-1}(T_2-T_1)-(T_2-T_1)=\frac{R}{\kappa-1}(T_2-T_1)\end{aligned} \tag{5・53}$$

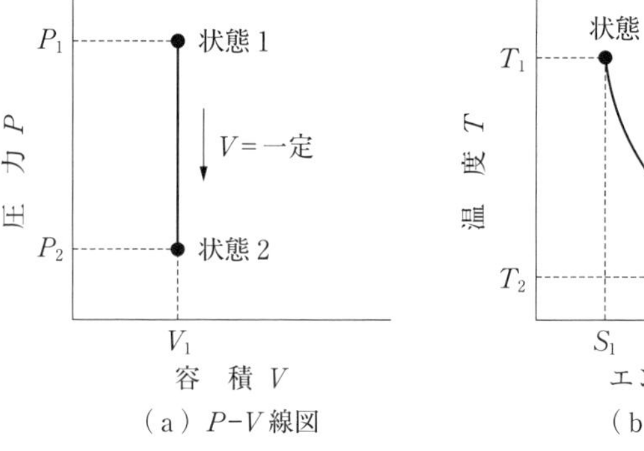

（a）P-V線図

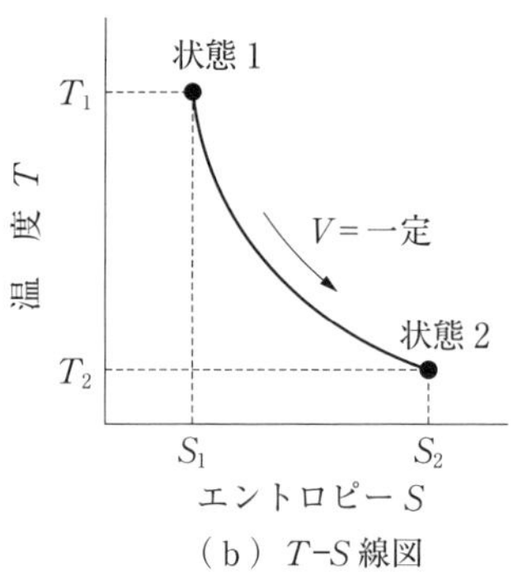

（b）T-S線図

図5・7　等容変化

〔4〕 断 熱 変 化

図5・8に断熱変化を行わせた場合のP-V線図およびT-S線図を示す．断熱変化は気体と外部との間で熱の出入りがない場合（$Q=0$）の変化である．状態1から状態2まで変化するときの圧力P_1，P_2および容積V_1，V_2の関係は，比熱比κ（$=c_p/c_v$）を用いて，式（5・54）のように表される．

$$P_1 V_1{}^{\kappa} = P_2 V_2{}^{\kappa} \tag{5・54}$$

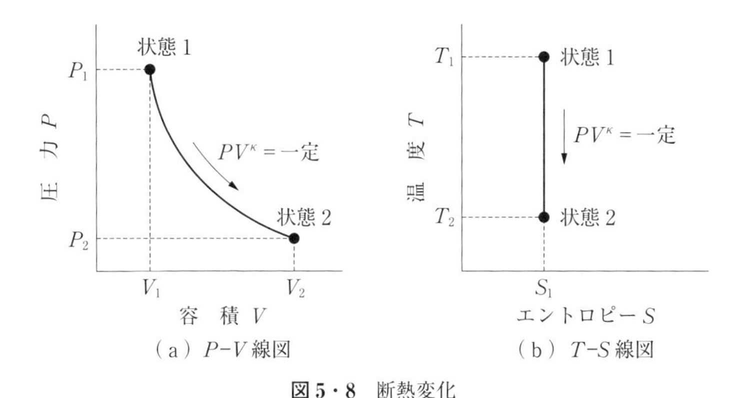

図5・8 断熱変化

式（5・54）は，工業熱力学においてよく使われる重要な関係式である．式（5・1）より，式（5・54）は式（5・55）でも表される．

$$T_1 V_1{}^{\kappa-1} = T_2 V_2{}^{\kappa-1}, \quad \frac{T_1}{P_1{}^{\frac{\kappa-1}{\kappa}}} = \frac{T_2}{P_2{}^{\frac{\kappa-1}{\kappa}}} \tag{5・55}$$

状態1から状態2まで変化するときに気体がする仕事L_{12}，内部エネルギーの変化U_{12}，供給熱量Q_{12}およびエントロピー変化S_{12}は式（5・56）～式（5・59）のようになる．

$$L_{12} = \frac{1}{\kappa-1}(P_1 V_1 - P_2 V_2) = Mc_v(T_1 - T_2) \tag{5・56}$$

$$U_{12} = -L_{12} = -Mc_v(T_1 - T_2) \tag{5・57}$$

$$Q_{12} = 0 \tag{5・58}$$

$$S_{12} = 0 \tag{5・59}$$

（可逆）断熱変化における仕事量を原則的に（第3章式（3･7）を用いて）解くと，次のようになる．

$$L_{12}=\int_{V_1}^{V_2}PdV=P_1V_1{}^{\kappa}\int_{V_1}^{V_2}\frac{dV}{V^{\kappa}}\quad(\because PV^{\kappa}=P_1V_1{}^{\kappa})$$

$$=\frac{P_1V_1{}^{\kappa}}{1-\kappa}[V^{1-\kappa}]_{V_1}^{V_2}$$

$$=\frac{P_1V_1{}^{\kappa}}{1-\kappa}(V_2{}^{1-\kappa}-V_1{}^{1-\kappa})$$

$$=\frac{1}{1-\kappa}(P_1V_1{}^{\kappa}\cdot V_2{}^{1-\kappa}-P_1V_1{}^{\kappa}\cdot V_1{}^{1-\kappa})$$

$$=\frac{1}{1-\kappa}(P_2V_2-P_1V_1)\quad(\because P_1V_1{}^{\kappa}=P_2V_2{}^{\kappa})$$

$$=\frac{1}{\kappa-1}(P_1V_1-P_2V_2)$$

$$=\frac{MR}{\kappa-1}(T_1-T_2)\quad(\because P_1V_1=MRT_1,\quad P_2V_2=MRT_2)$$

$$=Mc_v(T_1-T_2)$$

$$\left(\because c_v=\frac{R}{\kappa-1}\right)\tag{5・60}$$

開いた系では，

$$q_{12}=h_2-h_1+l_t=0$$

$$\therefore\quad l_t=-(h_2-h_1)=c_P(T_1-T_2)=\frac{\kappa R}{\kappa-1}(T_1-T_2)\tag{5・61}$$

〔5〕 ポリトロープ変化

ポリトロープ変化は熱損失を含んでいる場合でもポリトロープ指数を合わせることにより成り立つため工業的によく使われる．

ポリトロープ変化では以下の3つの式が成立する．

$$Pv^n=const.\tag{5・62}$$

$$Tv^{n-1}=const.\tag{5・63}$$

$$\frac{T}{P^{\frac{n-1}{n}}}=const.\tag{5・64}$$

見てわかるように，断熱変化における式（5･54），式（5･55）においてκをnに置き換えたものに等しい．このことから断熱変化の式変形を参考にして解いていけば，ポリトロープ変化における仕事量や熱量が計算できる．

$$\begin{aligned} l_{12} &= \int_{v_1}^{v_2} P dv = P_1 {v_1}^n \int_{v_1}^{v_2} \frac{dv}{v^n} = \frac{P_1 v_1}{n-1}\left\{1-\left(\frac{v_1}{v_2}\right)^{n-1}\right\} \\ &= \frac{P_1 v_1}{n-1}\left\{1-\left(\frac{P_2}{P_1}\right)^{\frac{n-1}{n}}\right\} = \frac{RT_1}{n-1}\left\{1-\left(\frac{P_2}{P_1}\right)^{\frac{n-1}{n}}\right\} \\ &= \frac{RT_1}{n-1}\left(1-\frac{T_2}{T_1}\right) = \frac{R}{n-1}(T_1 - T_2) \end{aligned} \qquad (5 \cdot 65)$$

$$u_{12} = \int_{T_1}^{T_2} c_v \, dT = c_v (T_2 - T_1) \qquad (5 \cdot 66)$$

$$\begin{aligned} q_{12} &= u_2 - u_1 + l_{12} = c_v (T_2 - T_1) + \frac{R}{n-1}(T_1 - T_2) \\ &= c_v(T_2 - T_1) + \frac{\kappa - 1}{n-1} c_v (T_1 - T_2) = \frac{\kappa - n}{n-1} c_v (T_2 - T_1) \\ &= c_n (T_2 - T_1) \qquad \text{ただし，} c_n \equiv \frac{\kappa - n}{n-1} c_v \end{aligned} \qquad (5 \cdot 67)$$

ここで，c_nをポリトロープ比熱と呼ぶ．ポリトロープ比熱を用いて熱量を微分形で表せば，次のようになる．

$$dq = c_n \, dT \qquad (5 \cdot 68)$$

開いた系では閉じた系からの結果を使い，

$$\begin{aligned} q_{12} &= h_2 - h_1 + l_t \\ &= \int_{T_1}^{T_2} c_n \, dT = c_n (T_2 - T_1) \end{aligned} \qquad (5 \cdot 69)$$

（可逆）断熱変化において絶対仕事と工業仕事の関係は，

$$l_t = \kappa l_{12} \qquad (5 \cdot 70)$$

ここで，ポリトロープ変化と（可逆）断熱変化の関係は，

$$\kappa \rightarrow n$$

であるから，

$$l_t = n l_{12} = \frac{nR}{n-1}(T_1 - T_2) \qquad (5 \cdot 71)$$

となる．

【例題 5・2】 初めの状態が $P_1=0.9$ MPa，$T_1=17$℃，$V_1=10\ \mathrm{m}^3$ の空気を $P_2=36$ MPa まで断熱圧縮したとき，終わりの容積 V_2 と温度 T_2 を求めよ．ただし，空気の比熱比 κ を 1.4 とする．

〈解 答〉 式（5･54）および式（5･55）より，

$$\frac{V_1}{V_2}=\left(\frac{P_2}{P_1}\right)^{\frac{1}{\kappa}}=\left(\frac{36}{0.9}\right)^{\frac{1}{1.4}}=40^{0.71429}=13.942$$

$$\frac{T_2}{T_1}=\left(\frac{P_2}{P_1}\right)^{\frac{\kappa-1}{\kappa}}=40^{0.28571}=2.8690$$

$$\therefore\quad V_2=\frac{V_1}{13.942}=\frac{10}{13.942}=0.71726\ [\mathrm{m}^3]$$

$$T_2=2.8690\times T_1=2.8690\times(17+273.2)=832.6\ [\mathrm{K}]=559.4\ [℃]$$

［要 点］ 温度を求める際は，絶対温度〔K〕で計算する．

＋Tips＋　$PV^{\kappa}=$ 一定の意味

式（5･54）に示した断熱変化の式を，第4章式（4･5），式（5･1）および式（5･14）より導いてみる．断熱変化において，熱の出入りがないため，$Q=0$ である．すなわち，式（4･5）は，

$$\Delta U+L=0 \tag{5・72}$$

となる．式（5･14）で示した内部エネルギーおよび第3章式（3･6）で示した仕事の式を代入して，

$$Mc_v\,dT=PdV=0 \tag{5・73}$$

となる．一方，式（5･1）の状態式を考えた場合，微小な温度変化 dT は，圧力を一定として容積が微小に変化した際の温度変化と容積を一定として圧力が微小に変化した際の温度変化との和になる．したがって，

$$dT=\frac{P}{MR}dV+\frac{V}{MR}dP \tag{5・74}$$

が成り立つ．式（5･74）を式（5･73）に代入して，整理すると，

$$(c_v+R)PdV+c_v\,dP=0 \tag{5・75}$$

$$c_p\frac{dV}{V}+c_v\frac{dP}{P}=0 \tag{5・76}$$

$$\kappa\frac{dV}{V}+\frac{dP}{P}=0 \tag{5・77}$$

となる．式（5･77）を積分すると，

$$\kappa\log_e V+\log_e P=\text{一定} \tag{5・78}$$

すなわち，

$$PV^{\kappa}=一定 \tag{5・79}$$

が導かれる．

5・8　混合理想気体

実際の熱機器において，複数の気体を混合して用いることがある．たとえば，ガソリンエンジンにおいて，気化器内で空気と燃料が混ざり合う現象などである．本節では，化学変化が生じない理想気体の混合における圧力や温度，エネルギーなどの状態変化を考える．

図5•9上図に示すように，温度や圧力が異なるN種類の気体を別々の部屋に入れておく．これらの間の仕切りを取り去ると，気体は拡散によって混合し，図5•9下図に示すように成分割合や温度なども一様な熱平衡状態となる．この混合理想気体においては，各成分は互いに干渉することなく，空間内にあたかも単独に存在するようにふるまう．これを**ダルトンの法則**という．したがって，容積Vの混合気体に第i種の成分が質量M_i含まれるとすれば式（5•80）が成り立つ．

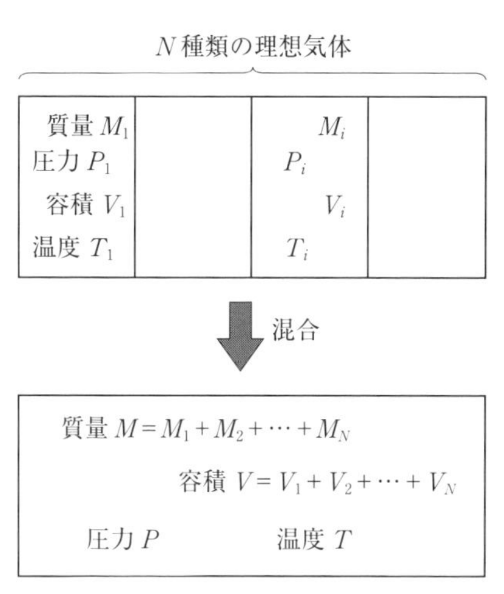

図5・9　気体の等容混合

$$P_iV = M_iR_iT \qquad (i=1\sim N) \tag{5・80}$$

ここで，R_i は第 i 種の気体の気体定数である．P_i は分圧と呼ばれ，式（5･81）で示すように，分圧の総和は全圧 P に等しい．

$$P = P_1 + P_2 + \cdots + P_N = \sum_{i=1}^{N} P_i \tag{5・81}$$

質量ならびに容積について見ると，

$$M = M_1 + M_2 + \cdots + M_N = \sum_{i=1}^{N} M_i \tag{5・82}$$

$$V = V_1 + V_2 + \cdots + V_N = \sum_{i=1}^{N} V_i \tag{5・83}$$

であることは明らかである．

混合は一定の容積のもとで行われているので機械的仕事 $L=0$ である．また，外部からの熱の出入りがない $(Q=0)$ とすると，第4章式（4･5）に示したエネルギーの式より，内部エネルギーの変化はない．混合前の内部エネルギーを U_a〔J〕，混合後の内部エネルギーを U_b〔J〕とすると，式（5･14）より，

$$U_a = c_{v1}M_1T_1 + c_{v2}M_2T_2 + \cdots + c_{vN}M_NT_N = \sum_{i=1}^{N} c_{vi}M_iT_i \tag{5・84}$$

$$U_b = T(c_{v1}M_1 + c_{v2}M_2 + \cdots + c_{vN}M_N) = T\sum_{i=1}^{N} c_{vi}M_i \tag{5・85}$$

内部エネルギーの変化はないので，$U_a = U_b$ である．したがって，混合後の温度 T〔K〕は式（5･86）で表される．

$$T = \frac{\sum_{i=1}^{N} c_{vi}M_iT_i}{\sum_{i=1}^{N} c_{vi}M_i} \tag{5・86}$$

演習問題

問題5・1　温度15℃，圧力200 kPaにおける空気の密度を求めよ．ただし，空気の分子量 m_0 を29 kg/kmol，一般気体定数 R_0 を8.3 J/(mol･K) とする．

問題5・2　質量5 kgの空気が大気圧のもとで15℃から30℃に加熱されるとき，エントロピーの増加量 ΔS を求めよ．ただし，空気1 kgを1℃温度上昇させるために必要な熱量を1 kJとする．

問題5・3　圧力 $P_1=500$ kPa，温度 $T_1=25$℃の空気を内容積 $V_1=0.02$ m^3 のシリンダに入れ，その一端に取り付けたピストンを移動させて $P_2=100$ kPaまで膨張した．この変化が，①等温変化，②断熱変化の場合，膨張後の空気の容積 V_2，温度 T_2，空気が行った仕事 L および与えられた熱量 Q を求めよ．ただし，比熱比 κ を1.4とする．

6章

エンジンのサイクル

熱機関（エンジン）は 17 世紀に発明されて以来，現在まで300 年近くもの間，我々の生活の中で広く使われてきた．現在では，自動車や船を動かすのにも，また電力をつくり出すのにも熱機関を利用している．このように，我々の生活において，熱機関は欠かすことができない機械である．一方，エネルギーの有効利用を考えた場合，できるだけ消費する燃料を少なくして，できるだけ多くの仕事を発生できる熱機関が必要になる．その課題を解決するためにも，熱機関を熱力学的に考えることは極めて重要である．

本章では，熱機関の連続した運動，すなわち，同じ運動の繰返しを熱力学的に考えてみる．

6・1 熱機関の連続した運転

熱機関は燃料を補給していれば動き続ける．第 4 章 4･1 節では，ガソリンエンジンの構造について簡単に説明した．本節では，ガソリンエンジンとガスタービンを例にとり，熱機関がどのように連続した運動をしているのか，熱力学的な観点から考えてみる．

〔1〕 ガソリンエンジン

図 6･1 はガソリンエンジンの動作原理を概念的に示している．図（a）では，吸気バルブが開き，燃料と空気がシリンダ内に流れる．図（b）では，吸気バルブが閉じた状態でピストンが上昇し，シリンダ内の気体（混合気体）が圧縮される．図（c）は，ピストンが最も上の位置に達した状態であり，燃料が燃焼することで，気体の圧力および温度が急激に上昇する．熱力学的に考えると，この際に熱エネルギーがシリンダ内の気体に与えられたことになる．図（d）では，気

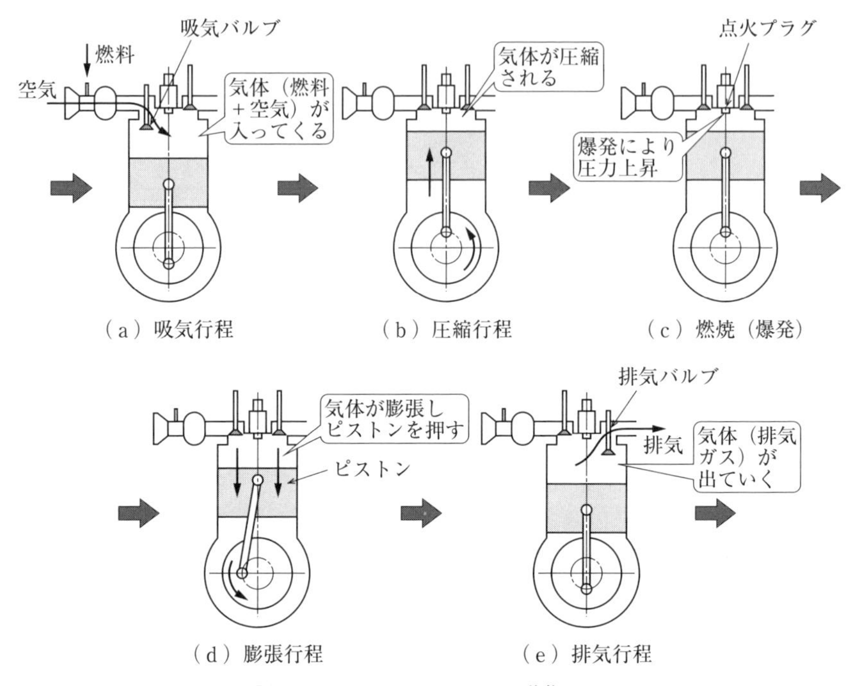

図 6・1　ガソリンエンジンの動作原理

体（燃焼ガス）の圧力とシリンダ外部の圧力（大気圧）との差を利用して，ピストンが押し下げられる．すなわち，気体が膨張したため，気体は外部に対して仕事をしたことになる．図 (e) は，ピストンが最も下の位置に達した状態であり，最初の状態に戻るための余分な熱量を排気ガスあるいは冷却水に捨てる．以上の図 (a) から図 (e) までの過程を繰り返すことでガソリンエンジンは運転している．

なお，実際のガソリンエンジンでは，ピストンの運動を利用して吸気や排気を実現していることや，ピストンを駆動するための機構（クランク機構）やはずみ車の力学的な作用によって，滑らかな回転運動を実現しているため，前記の説明とは若干異なる箇所がある．

〔2〕 ガスタービン

図 6・2 はガスタービンの動作原理を概念的に示している．ガスタービンは，圧縮機，燃焼器およびタービン（羽根車）から構成されており，主としてジェット

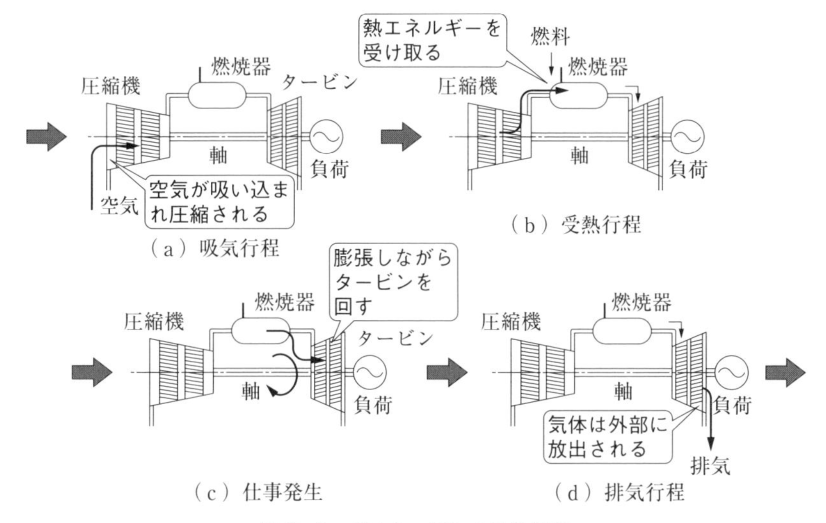

図6・2　ガスタービンの動作原理

飛行機のエンジンとして使われている．図6･1のようなピストン式のエンジンでは，シリンダ内の気体を「ひとまとまり」として見ればよかった．一方，ガスタービン内の気体は常に流れているため，気体の構成粒子になったつもりで，場所を移動しながら動作原理を考える．

図6･2 (a) では，気体（空気）が圧縮機に吸い込まれ，圧縮される．図 (b) では，圧縮された気体は燃焼室に入り，燃料の燃焼による熱エネルギーを与えられる．図 (c) では，高温・高圧となった気体（燃焼ガス）が膨張しながらタービンを回す．この際，気体は外部に仕事をすると同時に，新しい空気を送り込むための圧縮機を駆動する．図 (d) では，タービンを回し終えた気体（排気ガス）が外部に放出される．そして図 (a) に示すように，新しい気体（空気）が圧縮機へと送られる．ここで，外部に放出された気体（排気ガス）の温度は，新しく圧縮機へと送られる気体（空気）の温度よりも高くなっている．図 (d) から図 (a) の過程を熱力学的に見ると，外部の状態が気体を冷やしていると考えることができる．

〔3〕　熱機関におけるエネルギー変換と熱効率

第4章で述べた熱力学第一法則より，熱機関を使って仕事を得るためには，外部から熱を与えなければならない．さらに，連続した運転を実現するためには，気体から与えた熱の一部を奪い，気体を最初の状態に戻す必要がある．実際のエンジンの動作原理を見てもわかるように，気体の熱を外部に捨てなければ，温度や圧力が上昇し続けてしまい，連続した運転ができなくなる．

1サイクル当りに外部にする仕事を L〔J〕，1サイクル当りに外部から供給される熱量を Q_H〔J〕，外部に捨てる熱量 Q_L〔J〕とすると，式（6・1）が成り立つ．

$$L = Q_H - Q_L \tag{6・1}$$

また，このサイクルの熱効率 η は式（6・2）で定義される．

$$\eta = \frac{L}{Q_H} = \frac{Q_H - Q_L}{Q_H} \tag{6・2}$$

前述したように，熱機関におけるエネルギーの有効利用とは，消費する燃料をできるだけ少なくして，しかも多くの仕事を発生させることである．このことは，外部に捨てる熱量をできる限り少なくすること，すなわち熱効率を高めることを意味している．

＋ Tips ＋

熱機関の歴史から熱機関の必要性を考える

17世紀に発明された熱機関は，現在までの300年近くもの間に多くの形式が開発され，さまざまな用途で実際に使われてきた．

1769年　J. ワット，復水器を用いた往復動蒸気エンジンを発明
1816年　R. スターリング，熱を再利用する熱空気エンジン（スターリングエンジン）を発明
1839年　この頃 J. エリクソンがさまざまな熱空気エンジン（エリクソンエンジン）を開発
1876年　N. オットーが火花点火エンジン（ガソリンエンジン）を開発
1883年　C. ラバル，蒸気タービンの開発
1892年　R. ディーゼル，ディーゼルエンジンの原理を発明
1930年　F. ホイットル，航空機用ガスタービンを発明
1944年　ドイツで実用ロケットの完成
1952年　F. ベーコン，現在の燃料電池の基礎となるベーコン電池を発明

初期の熱機関はポンプの駆動源などの動力として利用された．そして，高効率化・高出力化が図られ，自動車や飛行機などの移動機械のために使われた．昨今では，環境問題のため，低公害化が図られている．これからの熱機関は何を目指すべきなのか，考えていただきたい．

+ Tips +　実際のエンジンにおける仕事と効率

実際のエンジンでも，シリンダ内の圧力および容積（ピストンの位置）を測定すれば，P-V 線図を描くことができ，第3章の式（3・8）から仕事を求めることができる．しかし，実際のエンジンでは，外気への熱損失や機構部での摩擦などによる熱損失があるため，エンジンの出力軸から発生する仕事は，P-V 線図から求めた仕事よりも必ず小さくなる．このように仕事にはさまざまな種類があるため，P-V 線図の面積より算出する仕事を**図示仕事**と呼び，出力軸から発生する仕事を**軸仕事**または**正味仕事**と呼ぶ（**図6・3**）．

また，正味仕事と供給熱量との比を**正味熱効率**，図示仕事と供給熱量との比を**図示熱効率**と呼び，区別される．

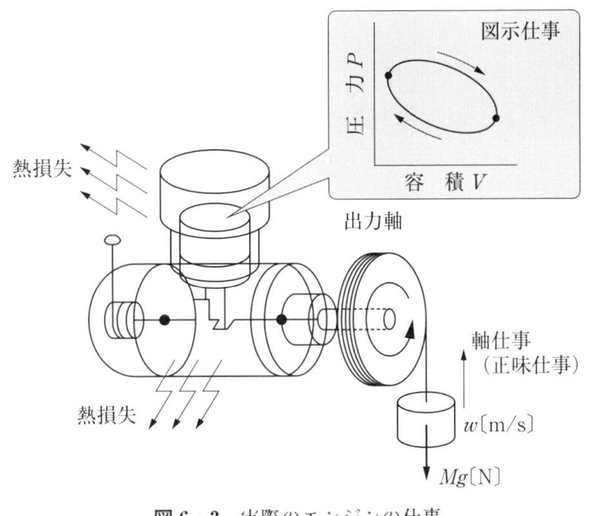

図6・3　実際のエンジンの仕事

6・2　カルノーサイクル

温度 T_H, T_L（$T_H > T_L$）の二つの熱容量が大きな熱源が与えられているとき，熱機関が達成できる最高の熱効率を考える．フランスのカルノーは，**図6･4** に示すような断熱圧縮，等温膨張，断熱膨張，等温圧縮を繰り返すサイクルを考え，以下のような，熱力学を考える上で極めて重要な結果を明らかにした．そのため，図6･4のサイクルは**カルノーサイクル**と呼ばれている．

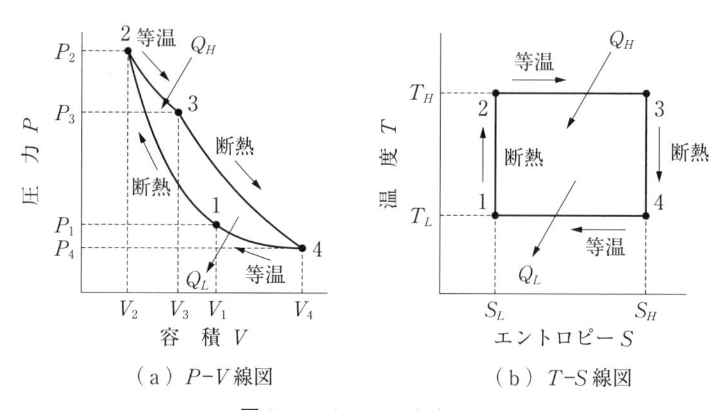

（a）P–V 線図　　（b）T–S 線図

図6・4　カルノーサイクル

理想気体を作動流体とするカルノーサイクルの熱の出入りを考える．温度 T_H, T_L（$T_H > T_L$）の二つの熱容量が大きな熱源があり，その間で図6･4に示すようなサイクルを描くとき，各過程には次のような関係が成り立つ．

状態1から状態2への状態変化は断熱圧縮である．変化の過程における圧力と温度の関係は式（6･3）で表される．

$$\left(\frac{P_2}{P_1}\right)=\left(\frac{T_H}{T_L}\right)^{\frac{\kappa}{\kappa-1}} \tag{6・3}$$

状態2から状態3への状態変化は等温膨張である．この過程で作動流体が高温熱源より受ける熱量 Q_H は，第5章の式（5・31）および式（5・32）より式（6・4）で表される．

$$Q_H = MRT_H \log_e \frac{V_3}{V_2} = MRT_H \log_e \frac{P_2}{P_3} \tag{6・4}$$

状態3から状態4への状態変化は断熱膨張である．変化の過程における圧力と温度の関係は式（6･5）で表される．

$$\left(\frac{P_4}{P_3}\right) = \left(\frac{T_L}{T_H}\right)^{\frac{\kappa}{\kappa-1}} \tag{6・5}$$

状態4から状態1への状態変化が等温圧縮である．この過程で作動流体が低温熱源に捨てる熱量 Q_L は式（6･6）で表される．

$$Q_L = MRT_L \log_e \frac{V_4}{V_1} = MRT_L \log_e \frac{P_1}{P_4} \tag{6・6}$$

式（6･3）および式（6･5）から，式（6･7）の関係がある．

$$\frac{P_2}{P_1} = \frac{P_3}{P_4} \tag{6・7}$$

本サイクルが1サイクル当りに外部にする仕事 L は，高温熱源から受ける熱量 Q_H と低温熱源に捨てる熱量 Q_L との差となる．すなわち，式（6･8）が成り立つ．

$$L = Q_H - Q_L \tag{6・8}$$

式（6･4），式（6･6）および式（6･7）より，

$$L = MR(T_H - T_L)\log_e\left(\frac{P_2}{P_3}\right) \tag{6・9}$$

となる．したがって，カルノーサイクルの熱効率 η は式（6･10）で与えられる．

$$\eta = \frac{L}{Q_H} = 1 - \frac{T_L}{T_H} \tag{6・10}$$

式（6･10）で表されるカルノーサイクルの熱効率は，あらゆる熱機関の中で最も高い熱効率である．

【例題6・1】 温度 $T_H = 400$℃の高温熱源があり，そこから $\dot{Q}_H = 5\times10^6$ kJ/h の熱量を利用できる．低温熱源温度を $T_L = 20$℃とし，この両温度の間にカルノーサイクルを実現できる熱機関を考えるとき，この熱機関の熱効率 η，単位時間当りに発生する仕事 $\dot{L}$ および周囲に捨てる熱量 $\dot{Q}_L$ を求めよ．

〈解 答〉 式（6･10）より，カルノーサイクルの熱効率 η は両熱源の温度だけで決

まるので，

$$\eta = 1 - \frac{T_L}{T_H} = 1 - \frac{20 + 273.2}{400 + 273.2} = 0.565$$

よって，仕事 $\dot{L}$ および熱量 $\dot{Q}_L$ は次のようになる．

$$\dot{L} = \eta \dot{Q}_H = 0.565 \times \frac{5 \times 10^6}{3\,600} = 785\,000 \text{〔W〕} = 785 \text{〔kW〕}$$

$$\dot{Q}_L = \dot{Q}_H - \dot{L} = \dot{Q}_H(1 - \eta) = 5 \times 10^6(1 - 0.565) = 2.18 \times 10^6 \text{〔kJ/h〕}$$

+ Tips +

カルノーサイクルの *T-S* 線図と熱効率

図 6･4（b）に示した *T-S* 線図から，カルノーサイクルの熱効率を考える．*T-S* 線図における横軸の変化は熱の出入りを表しているので，状態 2 から状態 3 への等温変化で外部からの熱量 Q_H を受け取り，状態 4 から状態 1 への等温変化で外部に熱量 Q_L を捨てていることが読み取れる．また，状態 1 および状態 2 のエントロピーを S_L，状態 3 および状態 4 のエントロピーを S_H とすると，熱量 Q_H は状態 2 から状態 3 への等温変化を表した直線の下の面積であり，式（6･11）で表される．

$$Q_H = (S_H - S_L) T_H \tag{6・11}$$

同様に，熱量 Q_L は状態 4 から状態 1 への等温変化を表した直線の下の面積であり，式（6･12）で表される．

$$Q_L = (S_H - S_L) T_L \tag{6・12}$$

また，1 サイクル当りの仕事 $L(= Q_H - Q_L)$ は，閉ループ内の面積であり，式（6･13）で表される．

$$L = (S_H - S_L)(T_H - T_L) \tag{6・13}$$

すなわち，カルノーサイクルの熱効率は式（6･14）となる．

$$\eta = \frac{L}{Q_H} = 1 - \frac{T_L}{T_H} \tag{6・14}$$

このように，等温変化と断熱変化で構成されているカルノーサイクルは，*T-S* 線図からその熱効率を容易に求めることができる．

また，高温熱源の温度 T_H および低温熱源の温度 T_L が決められていて，さらに外部から供給される熱量（*T-S* 線図における横幅）が決められている場合，閉ループが長方形で表されるカルノーサイクルは，供給熱量を最大限に利用でき，最大限の仕事を発生できる．すなわち，同じ高温熱源と低温熱源の間に作用するサイクルの中では，カルノーサイクルの熱効率が最高であることがわかる．

6・3　ガソリンエンジンとディーゼルエンジンの理論サイクル

第5章で述べたように，気体の状態変化の特別な例として，等温変化，等容変化，等圧変化および断熱変化がある．一般的なエンジンの理論サイクルは，これらの基本的な状態変化の組合せにより構成されている．以下，代表的なエンジンの理論サイクルについて説明する．

現在，一般によく使われている往復式の内燃機関には，ピストンとシリンダに囲まれた空間で可燃な混合気体に火花点火して燃焼を行う**火花点火機関**（**ガソリンエンジン**）と，燃料が高圧・高温の空気中に噴射されて自発的に燃焼が行われる**圧縮点火機関**（**ディーゼルエンジン**）とがある（**図6･5**）．前者の理論サイクルはオットーサイクル，後者はディーゼルサイクルである．

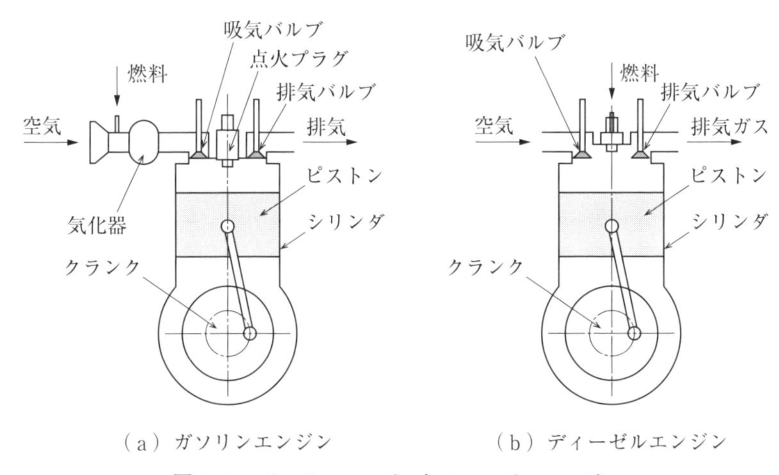

図6・5　ガソリンエンジンとディーゼルエンジン

図6･6に**オットーサイクル**の P-V 線図および T-S 線図を示す．このサイクルは，断熱的に燃料と空気の混合気体が圧縮される過程（1-2），燃焼によって定容的に圧力が上昇する過程（2-3），気体が膨張してピストンを動かして仕事を行う

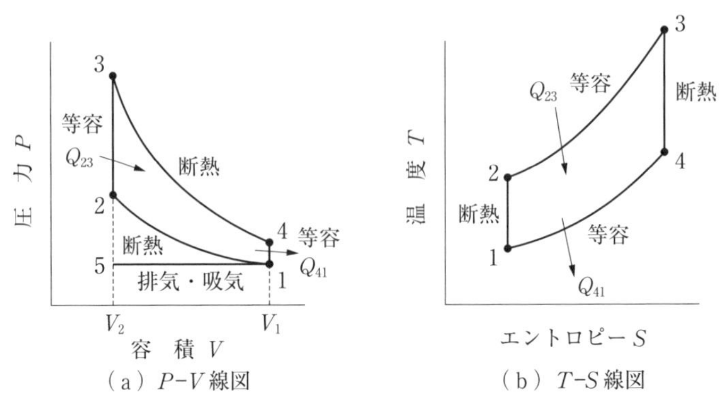

（a）P–V 線図　　（b）T–S 線図

図6・6　オットーサイクル

過程（3-4），排気弁が開いて定容的に圧力が低下する過程（4-1），燃焼ガスを排気する過程（1-5），新たな混合気体がシリンダに流入する過程（5-1）から成り立っている．ここで，排気から吸気までの過程（1-5-1）においては，圧力が常に等しく，外部との間に熱や仕事のやりとりがないと考えるので，熱力学的なサイクルとしてはその過程を除き，1-2-3-4-1 を繰り返すものと考える．

図6·7に**ディーゼルサイクル**の P–V 線図および T–S 線図を示す．ディーゼルエンジンにおいては，空気が断熱的に圧縮される過程（1-2），断熱圧縮によって十分に高温・高圧の状態にある空気中に燃料が噴射され，燃料が自発的に燃焼する定圧的な燃焼の過程（2-3），断熱的に気体が膨張して仕事を行う過程（3-4），

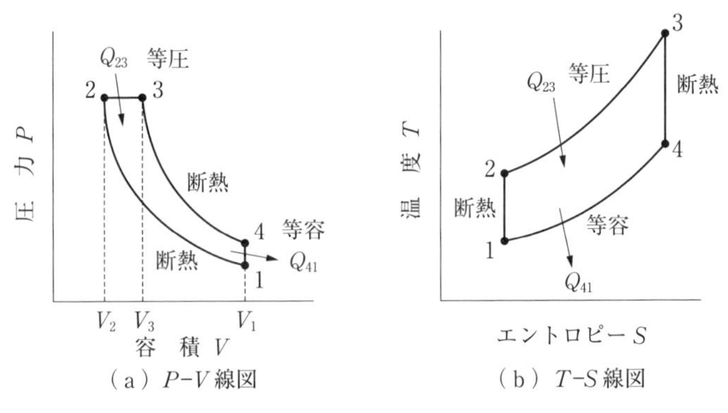

（a）P–V 線図　　（b）T–S 線図

図6・7　ディーゼルサイクル

排気弁が開いて定容的に圧力が低下する過程（4-1）から成り立っている．

ガソリンエンジンとディーゼルエンジンの大きな違いは，ガソリンエンジンが燃料と空気の混合気体を圧縮した後，点火プラグの火花によって燃料を瞬間的に燃焼させるのに対して，ディーゼルエンジンはあらかじめ高温・高圧の状態にした空気に霧状の燃料を吹き込むことで自発的な比較的ゆっくりとした燃焼を行うことである．燃料の燃焼はサイクルにおける気体を加熱する過程に置き換えることができる．ガソリンエンジンの瞬間的な燃焼はピストンが静止している状態での加熱，すなわち等容変化と見なすことができ，そしてディーゼルエンジンのゆっくりとした燃焼はピストンが燃焼の力によって押し下げられながらの加熱，すなわち等圧変化と見なすことができる．

+ Tips +　**実際のガソリンエンジンとディーゼルエンジン**

ガソリンエンジンとディーゼルエンジンはどちらも，燃焼ガスが作動流体であり，仕事を行った流体を外部に放出する開放式のエンジンである．図6･5（a）に示したガソリンエンジンは自動車などの動力源として幅広く使われている．このエンジンの特徴として，他のエンジンより小型・軽量で比較的出力が大きく高い回転数での運転が可能であること，運転維持が容易であることなどがあげられる．

図6･5（b）に示したディーゼルエンジンは，ガソリンエンジンと同様にシリンダ内部で燃料を燃焼させる内燃機関であり，現在，自動車や船舶などの動力源として幅広く使われている．このエンジンの特徴として，ガソリンエンジンと比べて圧縮比を高くすることができ熱効率が高いこと，安価な軽油や重油が使用できて経済的であることなどがあげられる．しかし，シリンダ内の最高圧力が高いため，振動・騒音が大きく，重量が増えること，すす分が多い燃料を使用するため排気ガスの浄化が難しいことなどの問題もある．

6・4　サバテサイクルの熱力学的解析

以上のオットーサイクルおよびディーゼルサイクルに対して，燃焼が行われる過程を等容変化と等圧変化の合成と考えるサイクルを**サバテサイクル**という．実際のエンジンでは，圧縮終了の前後の期間にわたって燃料が噴射されて燃焼が行われ，低速ディーゼルエンジンではディーゼルサイクル，中・高速ディーゼルエンジンではサバテサイクルに近くなる．

図6･8にサバテサイクルの P–V 線図および T–S 線図を示す．オットーサイクルやディーゼルサイクルはサバテサイクルに含めて扱うことができるので，以下サバテサイクルについて熱力学的な解析を行う．解析において，燃料噴射や排気に伴う気体質量の変化はないものとし，作動流体を理想気体として考える．

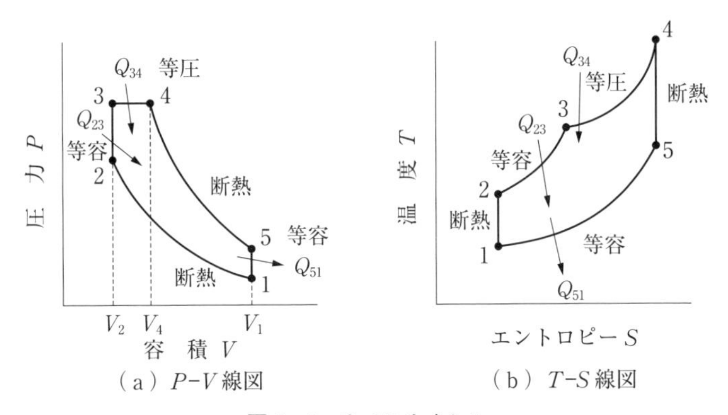

図6・8　サバテサイクル

図6･8において，行程容積 V_S，圧力上昇比 ϕ，締切比 ξ，圧縮比 ε を式（6･15）～式（6･18）で定義する．

$$V_S = V_1 - V_2 \tag{6・15}$$

$$\phi = \frac{P_3}{P_2} \tag{6・16}$$

$$\xi = \frac{V_4}{V_3} \tag{6・17}$$

$$\varepsilon = \frac{V_1}{V_2} \tag{6・18}$$

比熱比を κ とすると，断熱変化（1-2）において式（6・19）が成り立つ．

$$T_2 = T_1\left(\frac{V_1}{V_2}\right)^{\kappa-1} = \varepsilon^{\kappa-1}T_1 \tag{6・19}$$

等容変化（2-3）において式（6・20）が成り立つ．

$$T_3 = T_2\left(\frac{P_3}{P_2}\right) = \phi T_2 = \phi\varepsilon^{\kappa-1}T_1 \tag{6・20}$$

等圧変化（3-4）において式（6・21）が成り立つ．

$$T_4 = T_3\left(\frac{V_4}{V_3}\right) = \xi T_3 = \xi\phi\varepsilon^{\kappa-1}T_1 \tag{6・21}$$

断熱変化（4-5）において式（6・22）が成り立つ．

$$T_5 = T_4\left(\frac{V_4}{V_5}\right)^{\kappa-1} = T_4\left(\frac{\xi V_3}{\varepsilon V_2}\right)^{\kappa-1} = \xi^{\kappa-1}\varepsilon^{-(\kappa-1)}T_4 = \phi\xi^{\kappa}T_1 \tag{6・22}$$

シリンダ内の質量 M の作動流体について，1サイクル当りに外部から受け取る熱量 Q_H，放熱する熱量 Q_L および外部にする仕事 L は式（6・23）～式（6・25）で表される．

$$Q_H = Q_{23} + Q_{34} = Mc_v(T_3 - T_2) + Mc_p(T_4 - T_3) \tag{6・23}$$

$$Q_L = Q_{51} = Mc_v(T_5 - T_1) \tag{6・24}$$

$$L = Q_H - Q_L \tag{6・25}$$

以上の式を整理すると，理論熱効率 η は式（6・26）となる．

$$\eta = 1 - \frac{Q_L}{Q_H} = 1 - \frac{Mc_v(T_5 - T_1)}{Mc_v(T_3 - T_2) + Mc_p(T_4 - T_3)}$$

$$= 1 - \frac{\phi\varepsilon^{\kappa-1}}{\varepsilon^{\kappa-1}\{(\phi-1) + \kappa\phi(\xi-1)\}} \tag{6・26}$$

オットーサイクルは，締切比 $\xi=1$ の場合であり，理論熱効率 η は式（6・27）で表される．

$$\eta = 1 - \frac{1}{\varepsilon^{\kappa-1}} \tag{6・27}$$

ディーゼルサイクルは，圧力上昇比 $\phi=1$ の場合であり，理論熱効率 η は式（6・28）で表される．

$$\eta = 1 - \frac{\xi^{\kappa} - 1}{\varepsilon^{\kappa-1}\kappa(\xi - 1)} \tag{6・28}$$

すなわち，オットーサイクルの熱効率は圧縮比 ε だけの関数であり，圧縮比 ε を大きくするほど高くなることがわかる．また，ディーゼルサイクルの熱効率は圧縮比 ε が大きく，締切比 ξ が小さいほど高くなることがわかる．

6・5　ガスタービンの理論サイクル

ガスタービンの理論サイクルは，**図6･9**に示す**ブレイトンサイクル**である．このサイクルは，断熱圧縮（1-2），等圧加熱（2-3），断熱膨張（3-4），等圧冷却（4-1）から構成されている．以下，作動流体を理想気体とし，質量流量が一定，気体の状態変化は準静的に行われると考えて，熱力学的な解析を行う．

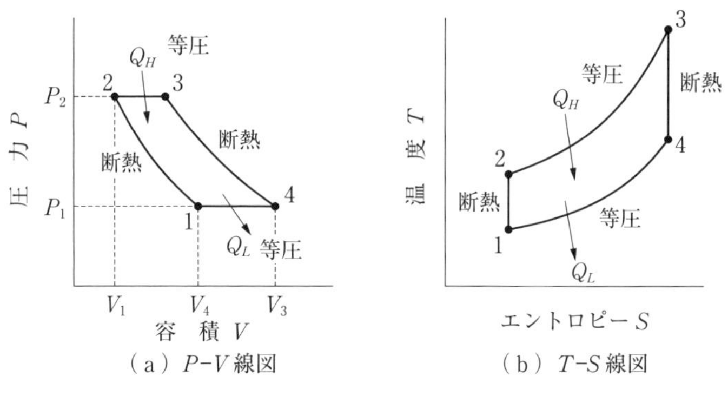

図6・9　ブレイトンサイクル

図6･9において，圧力比 ϕ，温度比 τ を式（6･29），式（6･30）で定義する．

$$\phi = \frac{P_2}{P_1} \tag{6・29}$$

$$\tau = \frac{T_3}{T_1} \tag{6・30}$$

断熱変化については，式（6･31）が成り立つ．

$$\frac{T_2}{T_1}=\frac{T_3}{T_4}=\left(\frac{P_2}{P_1}\right)^{\frac{\kappa-1}{\kappa}}=\phi^{-\frac{\kappa-1}{\kappa}} \tag{6・31}$$

作動流体の単位質量当りについて，等圧加熱（2–3）において外部から受け取る熱量 q_H，等圧冷却（4–1）において放熱する熱量 q_L は式（6･32)，式（6･33）で表される．

$$q_H=c_p(T_3-T_2) \tag{6・32}$$

$$q_L=c_p(T_4-T_1) \tag{6・33}$$

ブレイトンサイクルには二つの等圧変化が含まれているため，サイクルの仕事を考える場合，絶対仕事よりも工業仕事（4 章図 4・12）のほうが扱いやすい．断熱圧縮（1–2）において，外部から受け取る仕事 l_C および断熱膨張（3–4）において外部にする仕事 l_G は式（6･34)，式（6･35）で表される〈**A 6.1**〉.

$$l_C=\int_{P_1}^{P_2}vdP=c_pT_1\left(\phi^{\frac{\kappa-1}{\kappa}}-1\right) \tag{6・34}$$

$$l_G=\int_{P_3}^{P_4}vdP=c_pT_3\left(1-\phi^{-\frac{\kappa-1}{\kappa}}\right) \tag{6・35}$$

外部に行う正味の仕事 l は，式（6･34）および式（6･35）より式（6･36）で表される．

$$\begin{aligned} l=l_G-l_C&=c_p\left[T_3\left(1-\phi^{\frac{\kappa-1}{\kappa}}\right)-T_1\left(\phi^{\frac{\kappa-1}{\kappa}}-1\right)\right]\\ &=c_pT_1\left[\tau\left(1-\phi^{\frac{\kappa-1}{\kappa}}\right)-\left(\phi^{\frac{\kappa-1}{\kappa}}-1\right)\right] \end{aligned} \tag{6・36}$$

これは式（6･32）および式（6･33）からわかるように式（6･37）に等しい．

$$l=c_p\{(T_3-T_2)-(T_4-T_1)\} \tag{6・37}$$

したがって，ブレイトンサイクルの理論熱効率 η は式（6･38）となる．

$$\eta=\frac{l}{q_H}=1-\frac{T_4-T_1}{T_3-T_2}=1-\frac{T_1}{T_2}=1-\frac{1}{\phi^{\frac{\kappa-1}{\kappa}}} \tag{6・38}$$

すなわち，ブレイトンサイクルの熱効率は圧力比 ϕ だけの関数で表され，圧力比が大きいほど高くなることがわかる．

+ Tips +

実際のガスタービン

図6·10のガスタービンは，圧縮機で圧縮した高圧空気中で燃焼し，高温高圧の燃焼ガスをつくり，このガスをタービン（羽根車）に当てて，そのエネルギーを回転運動に変換させて機械的エネルギーを発生している．**図6·11**のように，ガスタービンには内燃式（開放式）と外燃式（密閉式）とがあり，基本的には空気圧縮機，燃焼器，タービンから構成されている．ガスタービンは，作動ガスが定常連続流れであるため，ピストン往復式エンジンと比べて大流量の作動ガスを扱うことができ，大出力を発生させるのに適している．この特徴を生かしているのが航空機用ジェットエンジンである．

また，タービンから排出される高温の気体を利用して，圧縮機出口の気体を加熱することで熱効率を改善することができる．そのように排気ガスの熱を再利用するガスタービンを**再生ガスタービン**と呼ぶ．

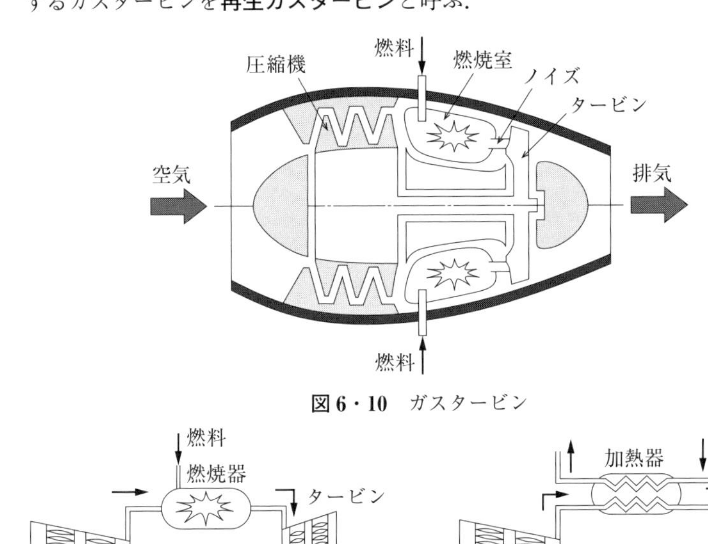

図6・10　ガスタービン

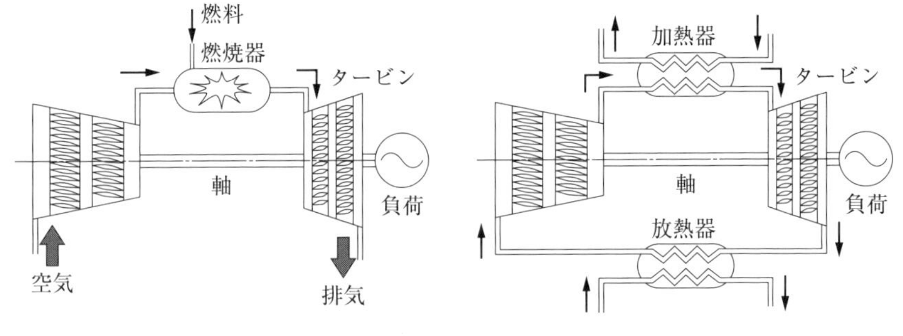

（a）開放サイクルガスタービン　　（b）密閉サイクルガスタービン

図6・11　ガスタービンの種類

6・6　スターリングエンジンとスターリングサイクル

スターリングエンジンは，**図 6･12** に示すように二つのピストンで構成されており，作動ガスを排出することなく，繰り返して用いる密閉式のエンジンである．熱エネルギーを有効に利用し，高効率を達成するために蓄熱式熱交換器（再生器）が採用されているのが大きな特徴である．

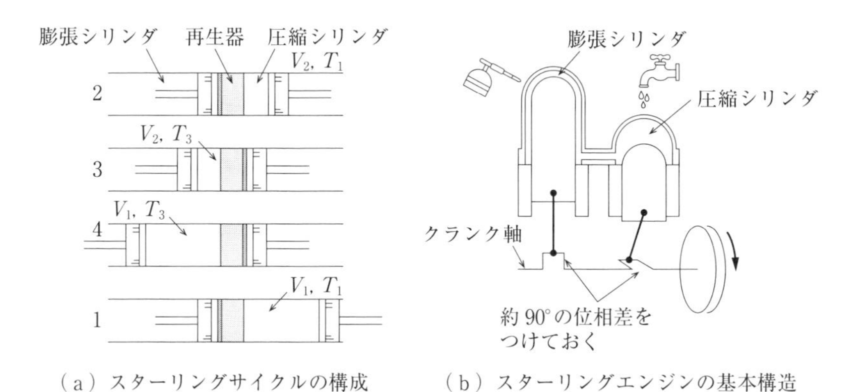

（a）スターリングサイクルの構成　（b）スターリングエンジンの基本構造

図 6・12　スターリングエンジン

スターリングエンジンにおける理想的なサイクルは，**図 6･13** の P–V 線図および T–S 線図で示される**スターリングサイクル**である．このサイクルは等温圧縮（1-2），等容加熱（2-3），等温膨張（3-4），等容冷却（4-1）から構成されている．ここで，作動流体の質量を一定とし，作動流体が理想気体であると仮定し，熱力学的な解析を行う．

等温圧縮（1-2）において，放熱量 Q_{12} および気体が外部からされる仕事 L_{12} は式（6･39），式（6･40）で表される．

$$Q_{12} = -MRT_1 \log_e \frac{V_1}{V_2} \tag{6・39}$$

$$L_{12} = Q_{12} = -MRT_1 \log_e \frac{V_1}{V_2} \tag{6・40}$$

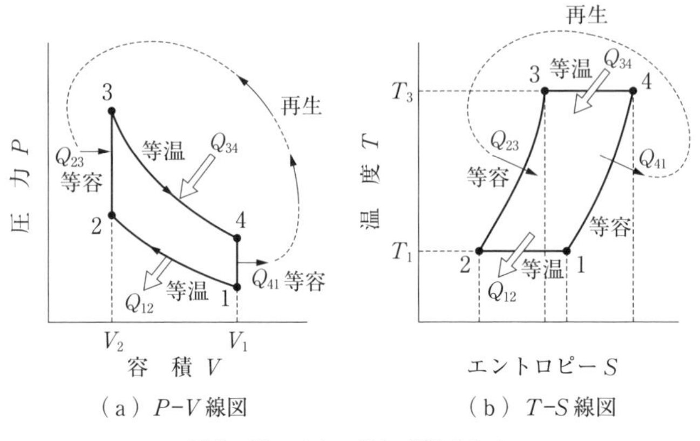

図 6・13　スターリングサイクル

等容加熱（2–3）において，供給される熱量 Q_{23} および仕事 L_{23} は式（6・41），式（6・42）となる．

$$Q_{23}=Mc_v(T_3-T_1) \tag{6・41}$$

$$L_{23}=0 \tag{6・42}$$

等温膨張（3–4）において，供給される熱量 Q_{34} および仕事 L_{34} は式（6・43），式（6・44）となる．

$$Q_{34}=MRT_3\log_e\frac{V_1}{V_2} \tag{6・43}$$

$$L_{34}=Q_{34}=MRT_3\log_e\frac{V_1}{V_2} \tag{6・44}$$

等容冷却（4–1）において，放熱量 Q_{41} および仕事 L_{41} は式（6・45），式（6・46）となる．

$$Q_{41}=-Mc_v(T_3-T_1) \tag{6・45}$$

$$L_{41}=0 \tag{6・46}$$

ここで，再生器を取り付けることによって，4–1 間で放出した熱量 Q_{41} をすべて 2–3 間で受け取る熱量 Q_{23} に利用できるものと考える．この場合，1 サイクル当りに外部から供給される全熱量 Q_H は Q_{34} に等しくなる．また，1 サイクル当りの仕事 L は式（6・47）で表される．

$$L = L_{12} + L_{34} \tag{6・47}$$

したがって，熱効率ηは式（6･48）で表される．

$$\eta = \frac{L}{Q_H} = \frac{L_{12} + L_{34}}{Q_{34}} = \frac{T_3 - T_1}{T_3} = 1 - \frac{T_1}{T_3} \tag{6・48}$$

式（6･48）は熱効率として理論上最も高いカルノーサイクルの熱効率と同一である．

+ Tips +　スターリングエンジンとエリクソンエンジン

発明当時のスターリングエンジンは，作動流体に空気を用いたもので，以下に説明する**エリクソンエンジン**とともに**熱空気エンジン**と呼ばれていた．その後，さまざまな開発がなされ，現在の高性能スターリングエンジンは，作動ガスに高圧のヘリウムや水素などを用いることで高出力化・高効率化がなされている．しかし，スターリングエンジンは，出力当りの重量が大きいこと，製作コストが高いことなどの問題があるため，民生レベルでの実用化にはあと一歩の段階である．

J. エリクソンはスターリングエンジン（当時の熱空気エンジン）を改良して，さまざまなエンジンを開発した．**図6･14**に示すエンジンもその一つである．供給シリンダと作動シリンダの二つの空間にそれぞれ二つのバルブを用いた開放式の外燃機関である．**図6･15**に示すように，エリクソンエンジンの理論サイクルは，等温圧縮（1-2），等圧加熱（2-3），等温膨張（3-4），等圧冷却（4-1）から

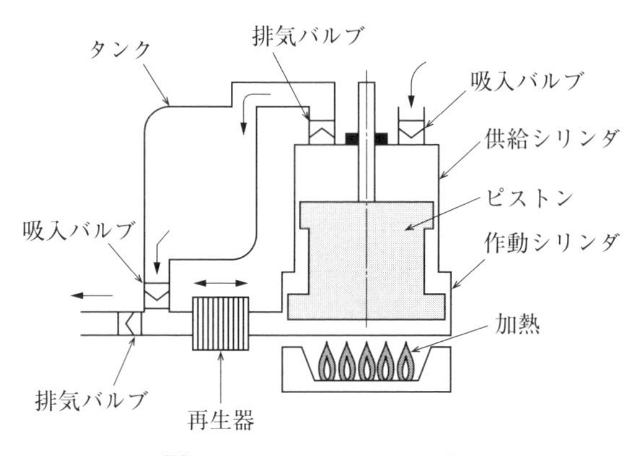

図6・14　エリクソンエンジン

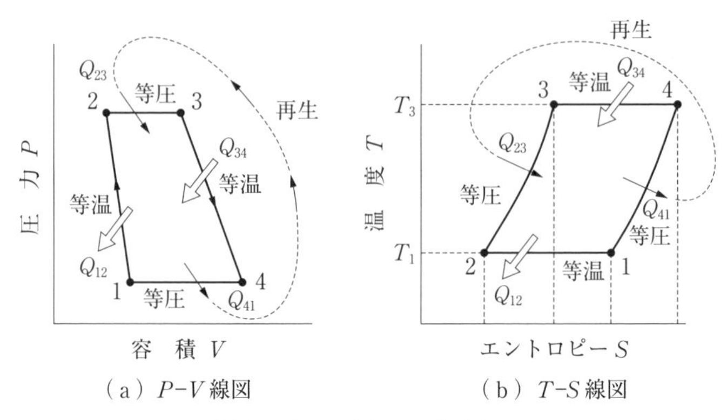

（a）P–V 線図　（b）T–S 線図

図 6・15　エリクソンサイクル

構成されている．また，エリクソンが発明したエンジンの多くは蓄熱式熱交換器（再生器）を使用しており，スターリングサイクルと同様，等圧冷却（4-1）で放出される熱を等圧加熱（2-3）で利用することによってカルノーサイクルに等しい熱効率を達成する．

+ Tips +　蒸気を利用したエンジン

①　往復動蒸気エンジン

往復動蒸気エンジンは人類が最初に実用化したエンジンである．このエンジンは，蒸気が持っている静的な圧力を利用して有効な機械的エネルギーを発生する．産業革命以後，産業用・輸送用の動力源として長らく使用されたが，現在では蒸気タービンや内燃機関に取って代わられ，ほとんど使われることはない．一般的な往復動蒸気エンジンは，**図 6・16** のようにボイラ，過熱器，ピストン，シリンダ，復水器および吸水ポンプから構成されており，シリンダの上部には吸気バルブと排気バルブが取り付けられている．

②　蒸気タービン

往復動蒸気エンジンのピストン，シリンダの代りにタービン（羽根車）としたのが**図 6・17** に示す蒸気タービンであり，火力発電所や原子力発電所などで使われている．往復動蒸気エンジンでは蒸気の静的な圧力を利用しているのに対して，蒸気タービンでは主として蒸気の熱エネルギーを直接運動エネルギーに変換して有効な機械的エネルギーを発生している．どちらの場合も，蒸気が膨張するときに生じるエネルギーを利用している．

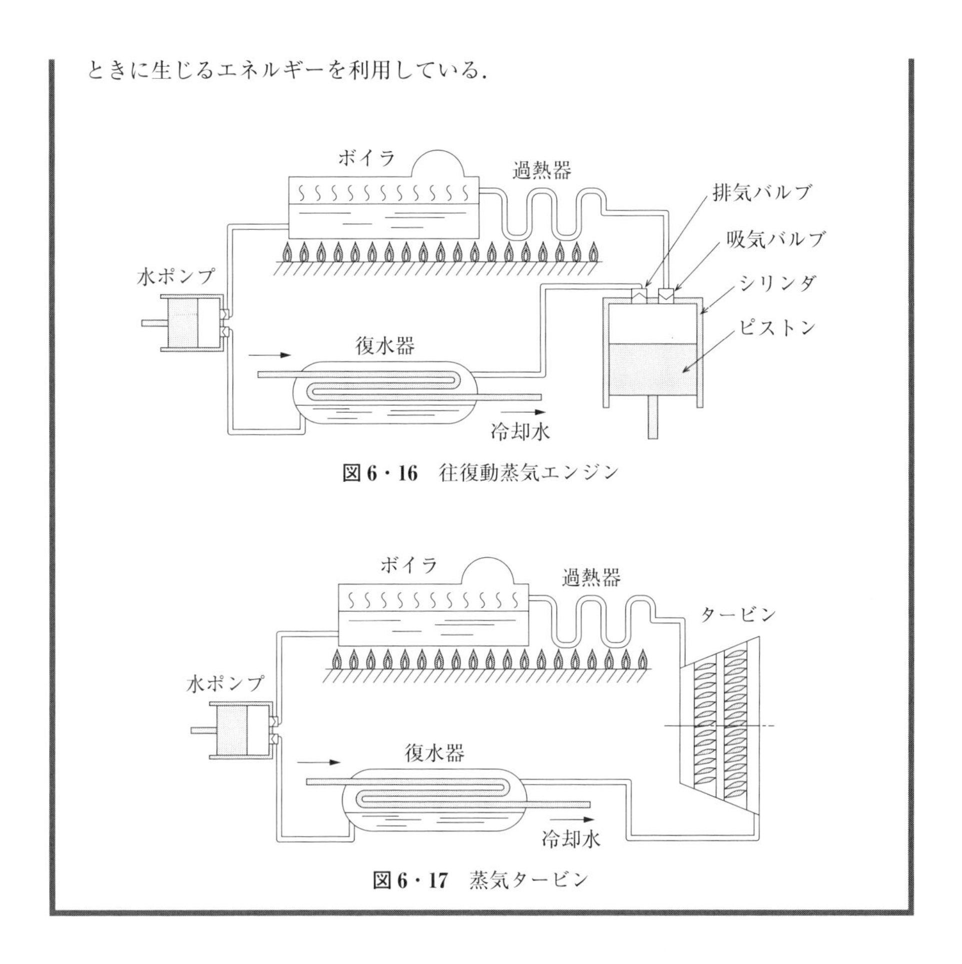

図 6・16 往復動蒸気エンジン

図 6・17 蒸気タービン

6・7 圧縮機のサイクル

気体を圧縮し，高い圧力にする機械を圧縮機という．**図 6・18** に示すように，圧縮機には，往復式や回転式などさまざまな種類がある．圧縮機は熱の出入りを行わせるための熱機器ではないが，内部の気体は状態変化を繰り返すため，熱力学的なサイクルの知識を利用することによって高効率化が可能になる．以下，往復式圧縮機の一例をあげて，熱力学的な解析を行う．

図 6・19 は往復式圧縮機のサイクルを示している．このサイクルは，前節に述

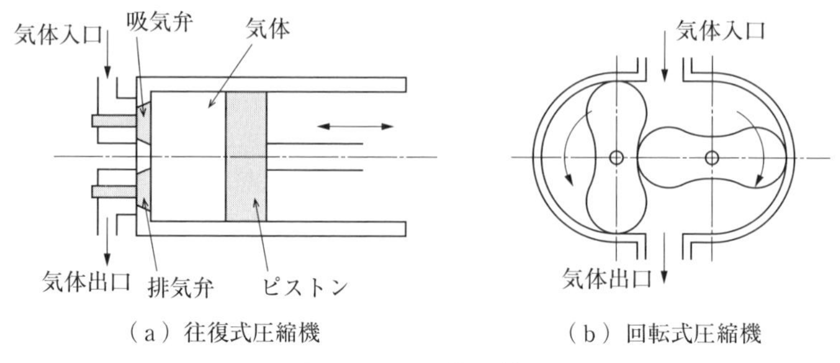

図 6・18　圧縮機の種類

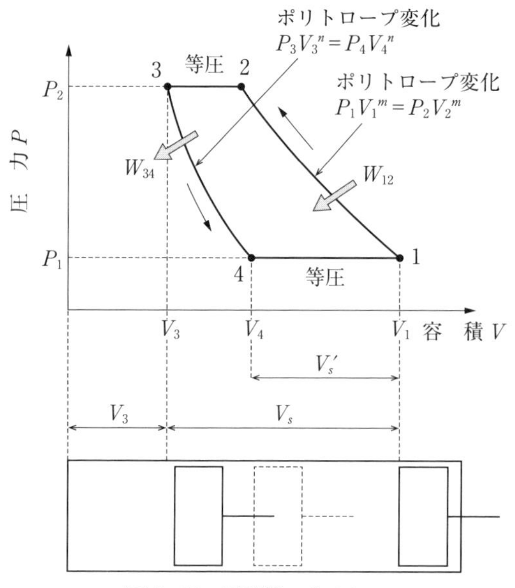

図 6・19　圧縮機のサイクル

べたエンジンのサイクルの逆サイクルで構成され，ポリトロープ変化による圧縮(1-2)，等圧圧縮（2-3)，ポリトロープ変化による膨張（3-4)，等圧膨張（4-1)で構成されている．往復式圧縮機は，外部からの仕事によってピストンが引かれる場合に吸気弁から気体を吸い込み，ピストンが押される場合に気体が圧縮され，排気弁から放出される．しかし，往復式圧縮機は構造上，ピストンの上死点

で隙間 V_3 が存在し．気体の最小容積を 0 にすることはできない．そのため，図 6･19 の過程 3-4 でピストンは引かれているにもかかわらず，シリンダ内に残された気体が膨張するだけで吸気弁からの気体の出入りはない．そして，実際にはシリンダ内の圧力 P_1 に等しくなってから吸入を始める．すなわち，実際の吸入は過程 4-1 で行われることになり，その容積は図 6･19 の V_s' となる．この有効行程容積 V_s' とピストンの行程容積 V_s との比を容積効率 η_v と呼ぶ．また，過程 3-4 はポリトロープ変化であるため $P_3V_3{}^n=P_4V_4{}^n$ が成り立ち，さらに $P_3=P_2$, $P_4=P_1$ であるため，容積効率 η_v は式（6･49）のように導かれる．

$$\eta_v=\frac{V_s'}{V_s}=\frac{V_1-V_4}{V_1-V_3}=1-\frac{V_3}{V_S}\left\{\left(\frac{P_2}{P_1}\right)^{\frac{1}{n}}-1\right\} \tag{6・49}$$

二つの等圧変化を含む図 6･19 のサイクルは，1 サイクル当りに外部からの仕事 L を求める場合，工業仕事を使うと扱いやすい，過程 1-2 において，外部からされる工業仕事は式（6・50）で表される．

$$L_{12}=\frac{n}{n-1}MR(T_2-T_1)=\frac{n}{n-1}P_1V_1\left\{\left(\frac{P_2}{P_1}\right)^{\frac{n-1}{n}}-1\right\} \tag{6・50}$$

同様に，過程 3-4 において，ポリトロープ指数を m とすると，気体が外部にする工業仕事は式（6･51）で表される．

$$L_{34}=\frac{m}{m-1}MR(T_4-T_3)=\frac{m}{m-1}P_1V_4\left\{\left(\frac{P_2}{P_1}\right)^{\frac{m-1}{m}}-1\right\} \tag{6・51}$$

したがって，1 サイクル当りに外部から行われる仕事 L は式（6･52）となる．

$$L=L_{12}-L_{34} \tag{6・52}$$

特に，過程 1-2 と過程 3-4 のポリトロープ指数が等しい場合（$m=n$），式（6･53）のように整理される．

$$L=\frac{n}{n-1}P_1(V_1-V_4)\left\{\left(\frac{P_2}{P_1}\right)^{\frac{n-1}{n}}-1\right\}=\frac{n}{n-1}\eta_vP_1V_S\left\{\left(\frac{P_2}{P_1}\right)^{\frac{n-1}{n}}-1\right\} \tag{6・53}$$

演習問題

問題6・1　カルノーサイクルにおいて，温度 $T_H=600$℃の高温熱源から作動流体1 kg当り熱量 $q_H=50$ kJ/kgを受け取った．このときの比エントロピーの変化 Δs を求めよ．また，低温熱源への放熱量が $q_L=18$ kJ/kgのとき，低温熱源の温度 T_L を求めよ．

問題6・2　比熱比 $\kappa=1.4$ として圧縮比 $\varepsilon=5$ のオットーサイクルの理論熱効率を求めよ．また，このサイクルの理論熱効率を0.20上昇させるための圧縮比を求めよ．

問題6・3　ディーゼルサイクルにおいて，最低温度 $T_L=30$℃，最高温度 $T_H=1\,500$℃，最低圧力 $P_{\min}=0.1$ MPa，最高圧力 $P_{\max}=3.5$ MPaとするとき，圧縮比 ε，締切比 ξ および理論熱効率 η を求めよ．ただし，作動流体の比熱比 κ を1.4とする．

問題6・4　空気を作動流体とする最大容積 $V_{\max}=500$ cm^3，最小容積 $V_{\min}=250$ cm^3 のスターリングサイクルが高温熱源 $T_H=600$℃と低温熱源 $T_L=30$℃の間で動作する場合，①再生器が完全に機能する場合の理論熱効率，②再生器が全く機能しない場合の理論熱効率を求めよ．ただし，空気の気体定数を $R=0.29$ kJ/(kg·K)，定容比熱を $c_v=0.72$ kJ/(kg·K) とする．

7章

熱エネルギーの運動エネルギーへの変換

蒸気タービン，ジェットエンジン（ガスタービン）そしてロケットの場合，図７・１，図７・２に示すように蒸気や燃焼ガスの有する熱エネルギーをノズル，タービンなどを通して運動エネルギーに変換，そして各エンジンの仕事として外部に取り出す．

本章ではこの蒸気やガスの流れについて，定常１次元流れとして扱い，ノズル内の流れを述べる．

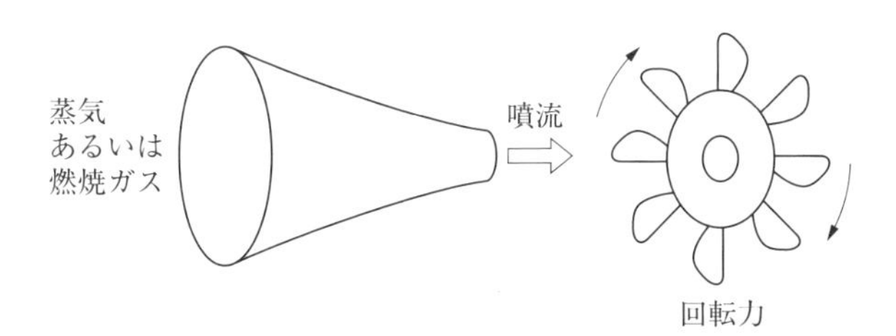

図７・１　蒸気タービンやガスタービンの動作原理

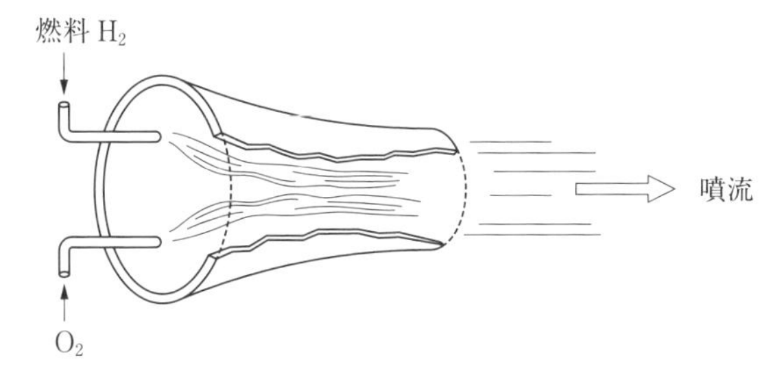

図７・２　ジェットエンジンやロケットの動作原理

7・1　気体の定常流れ

図7·3に示す開いた流路系について気体の1次元定常流れ状態におけるエネルギー保存の式を考える．流路系のエネルギーには，内部エネルギー $\dot{M}u$，機械的エネルギー $\dot{M}Pv$，運動エネルギー $\dot{M}w^2/2$，位置エネルギー $\dot{M}gz$，流入する加熱量 $\dot{Q}$ そして得られる出力 $\dot{L}$ がある．ただし，$\dot{M}$ は作動流体の質量流量〔kg/s〕，u は比内部エネルギー〔kJ/kg〕，P は圧力〔Pa〕，v は比容積〔m³/kg〕，w は流速〔m/s〕，g は重力加速度〔m/s²〕そして z は高さ〔m〕を表す．

流路系に入るエネルギー（単位：W）は，

$$\dot{M}\left(u_1 + P_1 v_1 + \frac{1}{2} w_1{}^2 + g z_1\right) + \dot{Q} \tag{7・1}$$

そして，出るエネルギーは，

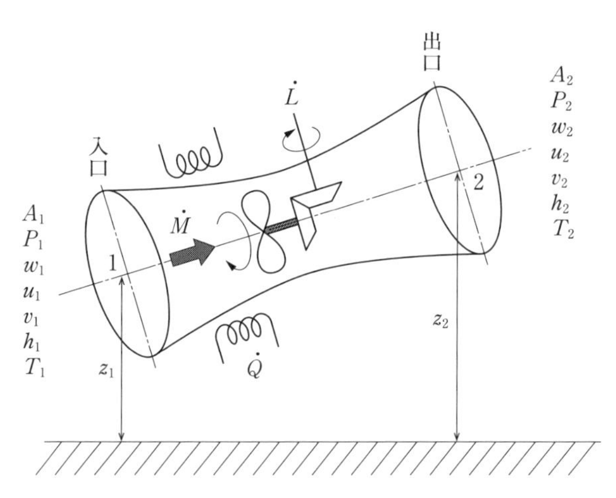

図7・3　気体の定常流れ

$$\dot{M}\left(u_2 + P_2 v_2 + \frac{1}{2} w_2{}^2 + g z_2\right) + \dot{L} \tag{7・2}$$

により表される．

したがって，この流路系を出入りするエネルギー保存の式は，式（7･3）のようになる．

$$\dot{M}\left(u_1 + P_1 v_1 + \frac{1}{2} w_1{}^2 + g z_1\right) + \dot{Q}$$
$$= \dot{M}\left(u_2 + P_2 v_2 + \frac{1}{2} w_2{}^2 + g z_2\right) + \dot{L} \tag{7・3}$$

ここで，$h = u + Pv$，$q = \dot{Q}/\dot{M}$，$l = \dot{L}/\dot{M}$ の関係を導入すると，式（7･3）は式（7･4）の質量 1 kg 当りのエネルギー保存の式（単位：J/kg）になる．

$$h_1 + \frac{1}{2} w_1{}^2 + g z_1 + q = h_2 + \frac{1}{2} w_2{}^2 + g z_2 + l \tag{7・4}$$

この式が作動流体の流動に関する熱力学第一法則を満足するエネルギー式となる．

式（7･4）において，作動流体が気体の場合，位置エネルギー gz は無視できるので，式（7･5）のように簡略化できる．

$$h_1 + \frac{1}{2} w_1{}^2 + q = h_2 + \frac{1}{2} w_2{}^2 + l \tag{7・5}$$

一方，熱の流入 q や出力 l がなく，内部エネルギー u が変化しない場合，

$$P_1 v_1 + \frac{1}{2} w_1{}^2 + g z_1 = P_2 v_2 + \frac{1}{2} w_2{}^2 + g z_2$$

となる．

さらに，密度 ρ と比容積 v との関係ならびに非圧縮性流体を考えると，$\rho = 1/v_1 = 1/v_2$ より式（7･6）が成り立つ．

$$P_1 + \frac{1}{2} \rho w_1{}^2 + \rho g z_1 = P_2 + \frac{1}{2} \rho w_2{}^2 + \rho g z_2 \tag{7・6}$$

同式は，非圧縮性流体の理想的な**ベルヌーイの式**であり，流体力学の基礎式になっている．

7・2　理想気体の等エントロピー流れ

気体に外部との間で熱の出入りがない（断熱流れ），摩擦損失や摩擦による発熱もない，可逆断熱変化そして気体が外部に仕事をしない等エントロピー流れでは，式（7･5）のエンタルピーと運動エネルギーの和が保存され，式（7･7）になる．

$$h_1 + \frac{1}{2}{w_1}^2 = h_2 + \frac{1}{2}{w_2}^2 \tag{7・7}$$

式（7･7）より，出口流速 w_2 について整理すると，式（7･8）になる．

$$w_2 = \sqrt{2(h_1 - h_2) + {w_1}^2} \tag{7・8}$$

式（7･8）は，理想気体および蒸気のいずれにも成り立ち，$(h_1 - h_2)$ を**断熱熱落差**という．

ところで，$(h_1 - h_2)$ は式（7･9）で定義される．

$$h_1 - h_2 = c_p(T_1 - T_2) = \frac{\kappa}{\kappa - 1}R(T_1 - T_2) \tag{7・9}$$

また，断熱変化の関係式 $T_2 = T_1\left(\frac{P_2}{P_1}\right)^{\frac{\kappa-1}{\kappa}}$ と状態方程式 $P_1 v_1 = RT_1$ より，

$$h_1 - h_2 = \frac{\kappa}{\kappa - 1}RT_1\left\{1 - \left(\frac{P_2}{P_1}\right)^{\frac{\kappa-1}{\kappa}}\right\} = \frac{\kappa}{\kappa - 1}P_1 v_1\left\{1 - \left(\frac{P_2}{P_1}\right)^{\frac{\kappa-1}{\kappa}}\right\} \tag{7・10}$$

が成り立つ．この関係式を式（7･8）に代入すると，出口流速 w_2〔m/s〕が式（7･11）のように求まる．

$$w_2 = \sqrt{\frac{2\kappa}{\kappa - 1}P_1 v_1\left\{1 - \left(\frac{P_2}{P_1}\right)^{\frac{\kappa-1}{\kappa}}\right\} + {w_1}^2} \tag{7・11}$$

一方，出口質量流量 $\dot{M}_2$〔kg/s〕は，$\dot{M}_2 = \frac{w_2 A_2}{v_2}$ ならびに断熱変化の関係式 $P_1 {v_1}^\kappa = P_2 {v_2}^\kappa$ を式（7･11）に代入することにより式（7･12）のように求まる．

$$\dot{M}_2 = A_2\sqrt{\frac{2\kappa}{\kappa - 1}\cdot\frac{P_1}{v_1}\left\{\left(\frac{P_2}{P_1}\right)^{\frac{2}{\kappa}} - \left(\frac{P_2}{P_1}\right)^{\frac{\kappa+1}{\kappa}}\right\} + \left(\frac{w_1}{v_1}\right)^2\left(\frac{P_2}{P_1}\right)^{\frac{2}{\kappa}}} \tag{7・12}$$

+ Tips +　比エンタルピーの単位

$J/kg = N \cdot m/kg = kg \cdot m/s^2 \cdot m/kg = m^2/s^2$

したがって，比エンタルピー h_1，h_2 に〔kJ/kg〕の単位を使用して，式(7・8)，式（7・13）の計算をする場合には，あらかじめ $\sqrt{\ }$ 中の $(h_1 - h_2)$ に 10^3 を乗じておく必要がある．

7・3　蒸気のノズル内の流れ

蒸気のタービン内での流れは，断熱膨張の流れである．この流れについて**図7・4**の *h*-*s* 線図より考えよう．

図7・4において，圧力 P_1 の過熱蒸気が点1から圧力 P_2 まで断熱膨張すると，点1から点2へ比エントロピー *s* 一定の状態のまま変化する．

式（7・8）において，タービン入口の流速 w_1 が出口流速 w_2 と比較して十分小さい $(w_2 \gg w_1)$ ので，式（7・13）のように簡略化される．

$$w_2 = \sqrt{2(h_1 - h_2)} \tag{7・13}$$

したがって，タービン出口流速 w_2〔m/s〕は式（7・13）に図7・4における点1

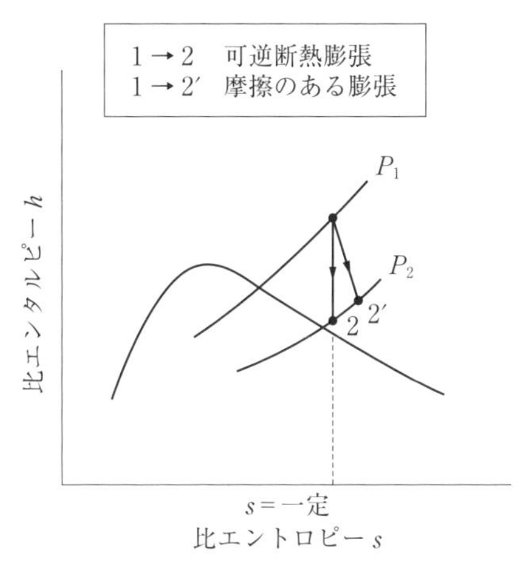

図7・4　蒸気の *h*-*s* 線図上での断熱膨張

と点2の比エンタルピー差 (h_1-h_2) を代入することにより算出できる.

ところで，蒸気は，断熱熱落差 (h_1-h_2) が気体よりも大きいので，高速な蒸気噴流が得られ，タービンにより大きな出力を得ることができる.

なお，実際の膨張に際しては摩擦損失などによるエネルギー損失が生じ，点1からの膨張は点2ではなく点2′への膨張になり，その熱落差 (h_1-h_2') は断熱熱落差 (h_1-h_2) より減少し，出口流速は減少そしてタービン仕事も減少する．そこで，理想的な断熱熱落差に対する実際の熱落差の比をノズル効率 η_N で式(7･14)のように定義する.

$$\eta_N=\frac{h_1-h_2'}{h_1-h_2} \tag{7・14}$$

同様に，断熱熱落差により得られた出口流速と実際の熱落差により得られた出口流速の比を速度係数 ϕ として式（7･15）のように定義する.

$$\phi=\sqrt{\frac{h_1-h_2'}{h_1-h_2}} \tag{7・15}$$

その結果，実際の出口流速 w_2' は，式（7･16）のように表現できる.

$$w_2'=\sqrt{\eta_N(h_1-h_2)}=\phi w_2 \tag{7・16}$$

7・4 先細ノズル内の断熱流れ

図7･5に示す先細ノズルにおける理想気体の流れについて考えよう．ノズルの

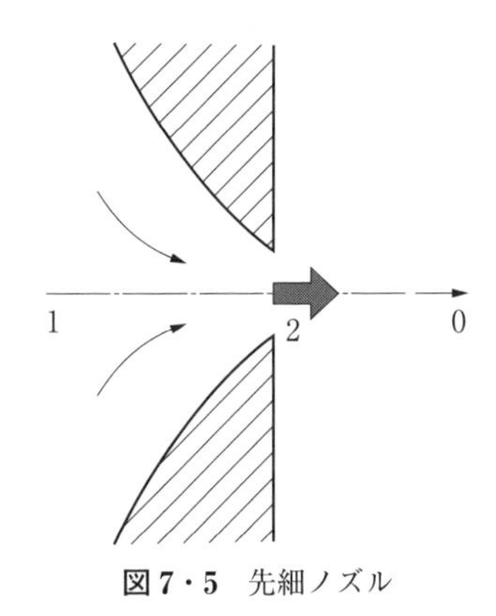

図7・5 先細ノズル

入口を添字1，出口を添字2そして十分出口から離れた雰囲気を添字0で表す．

式（7･11）と式（7･12）において，ノズル入口速度は出口速度と比較して小さいので，$w_1=0$ を代入して出口速度 w_2 ならびに出口質量流量 $\dot{M}_2$ を表すと式（7･17）になる．

$$w_2=\sqrt{\frac{2\kappa}{\kappa-1}P_1v_1\left\{1-\left(\frac{P_2}{P_1}\right)^{\frac{\kappa-1}{\kappa}}\right\}} \tag{7・17}$$

$$\dot{M}_2=A_2\sqrt{\frac{2\kappa}{\kappa-1}\cdot\frac{P_1}{v_1}\left\{\left(\frac{P_2}{P_1}\right)^{\frac{2}{\kappa}}-\left(\frac{P_2}{P_1}\right)^{\frac{\kappa+1}{\kappa}}\right\}} \tag{7・18}$$

ノズル入口の条件 κ，P_1，v_1 が与えられると，式（7･17）と式（7･18）はそれぞれ式（7･19），式（7･20）の比例関係式が成り立つ．

$$w_2\propto\sqrt{1-\left(\frac{P_2}{P_1}\right)^{\frac{\kappa-1}{\kappa}}} \tag{7・19}$$

$$\frac{\dot{M}_2}{A_2}\propto\sqrt{\left(\frac{P_2}{P_1}\right)^{\frac{2}{\kappa}}-\left(\frac{P_2}{P_1}\right)^{\frac{\kappa+1}{\kappa}}} \tag{7・20}$$

式（7･19）より，ノズル出口流速 w_2 は $P_2/P_1=0$ のときに最大，そして $P_2/P_1=1$ のときに最小0になることがわかる．

一方，式（7･20）より，ノズル出口における単位面積当りの質量流量 $\dot{M}_2/A_2$ は $P_2/P_1=0$ と1において最小値0，

$$\frac{P_2}{P_1}=\left(\frac{2}{\kappa+1}\right)^{\frac{\kappa}{\kappa-1}} \tag{7・21}$$

において最大値が得られる．ここで，式（7･21）の P_2 を P_c に置き換え，同式を臨界圧力比 P_c/P_1 という．この臨界圧力比は気体により異なり，$\kappa=1.40$ の空気の場合，$P_c/P_1=0.528$ になる．これらの関係を図示すると，**図7･6**のノズルから流出する単位面積当りの質量流量 $\dot{M}_2/A_2$ と圧力比 P_2/P_1 の関係になる．図中の実線が，$P_2/P_1=0$，1において $\dot{M}_2/A_2=0$，そして $P_c/P_1=0.5$ 近傍において $(\dot{M}_2/A_2)_{\max}$ の得られることを示す．しかし，実際には，P_2/P_1 が P_c/P_1 から0になるまでは，破線のように $(\dot{M}_2/A_2)_{\max}$ 値のままである．このときの $\dot{M}_2$ を**臨界流量** $\dot{M}_c$ と呼び，$(\dot{M}_2/A_2)_{\max}=\dot{M}_c/A_2$ により表す．

臨界圧力時の流速と質量流量は，式（7･17）と式（7･18）に式（7･21）を代入することにより，式（7･22），式（7･23）のように求まる．

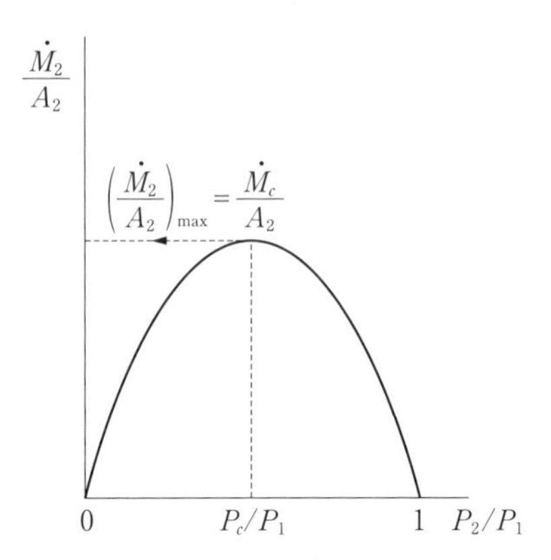

図7・6　先細ノズルからの流出量 $\dot{M}_2/A_2$ と圧力比 P_2/P_1 の関係

$$w_2 = \sqrt{\frac{2\kappa}{\kappa+1}P_1 v_1} \tag{7・22}$$

$$\dot{M}_2 = A_2\sqrt{\kappa\frac{P_1}{v_1}\left(\frac{2}{\kappa+1}\right)^{\frac{\kappa+1}{\kappa-1}}\Bigg\}} \tag{7・23}$$

ここで，式（7･22）で得られる流速 w_2 を臨界流速 w_c，式（7･23）で得られる流量 $\dot{M}_2$ を臨界流量 $\dot{M}_c$ に置き換える．

ところで，式（7･21）ならびに断熱変化を表す関係式，

$$\frac{P_c}{P_1} = \left(\frac{2}{\kappa+1}\right)^{\frac{\kappa}{\kappa-1}},\quad P_1 v_1{}^{\kappa} = P_c v_c{}^{\kappa}$$

より，P_1 と v_1 について整理すると式（7･24）が得られる．

$$P_1 = P_c\left(\frac{2}{\kappa+1}\right)^{\frac{\kappa}{\kappa-1}},\quad v_1 = v_c\left(\frac{2}{\kappa+1}\right)^{\frac{\kappa}{\kappa-1}} \tag{7・24}$$

これらの式を式（7･22）の臨界流速 w_c に代入すると式（7･25）のようになる．

$$w_c = \sqrt{\frac{2\kappa}{\kappa+1}P_1 v_1} = \sqrt{\kappa P_c v_c} = \sqrt{\kappa R T_c} \tag{7・25}$$

この式は，先細ノズルにおける臨界流速が音速になることを示している．また，先細ノズルでは音速を超えないことも示す．

+ Tips +　**$(\dot{M}/A_2)_{max}$ が得られる式（7・21）の算出**

式（7・20）の平方根内の P_2/P_1 に関する次の関数の最大値をとる P_2/P_1 を求めることにより得られる〈**A 7.1**〉.

$$f\left(\frac{P_2}{P_1}\right)=\left(\frac{P_2}{P_1}\right)^{\frac{2}{\kappa}}-\left(\frac{P_2}{P_1}\right)^{\frac{\kappa+1}{\kappa}} \qquad (7\cdot26)$$

+ Tips +　**音　　速**

気体中の微小な変動が伝播する速度 c〔m/s〕を表し，圧縮性流体の流れの重要なパラメータになっている．理想気体の場合，比熱比 κ，気体定数 R〔J/(kg・K)〕，温度 T〔K〕とすると，音速 c は次式で表される．

$$c=\sqrt{\kappa RT}=w_c \qquad (7\cdot27)$$

【例題 7・1】 300 K の空気の音速を求めよ．ただし，$\kappa=1.4$，$R=287$〔J/(kg・K)〕とする．

〈解　答〉 $c=\sqrt{\kappa RT}=\sqrt{1.4\times287\times300}=347$〔m/s〕

7・5　末広ノズル内の断熱流れ

先細ノズルでは音速を超えないことがわかった．そこで，超音速を出すために考えられたノズルを**図 7・7** に示す**末広ノズル**あるいは**ド・ラバルノズル**という．図中の最小断面積部を「のど」という．理想球体が等エントロピー流れをするとき，のど部の圧力は臨界圧力 P_c そして流速は臨界流速 w_c になる．その下流側では，高流速による摩擦損失などのエネルギー損失を少なくするためにノズル断面積を徐々に広げる末広部においてさらに加速そして出口では超音速に達する．

ここで，ノズル入口 1 より出口 2 に向かって圧力が次第に減少する等エントロピー流れを考え，出口流速 w_2 とのど部における臨界流速 w_c（音速）の関係を求める．式（7・17）と式（7・22）より，式（7・28）の関係が得られる．

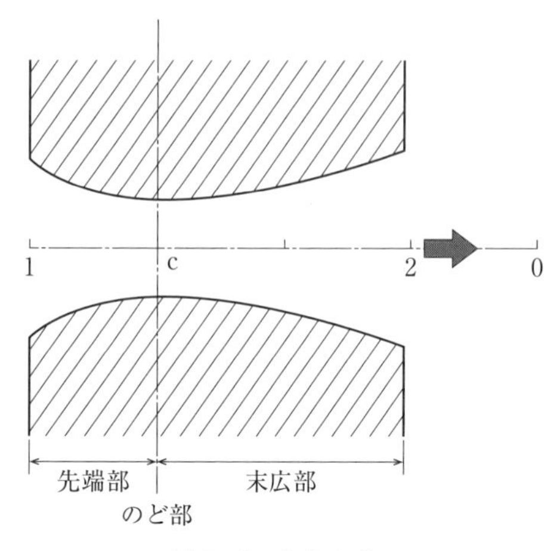

図7・7　末広ノズル

$$\frac{w_2}{w_c}=\sqrt{\frac{\kappa+1}{\kappa-1}\left\{1-\left(\frac{P_2}{P_1}\right)^{\frac{\kappa-1}{\kappa}}\right\}} \qquad (7\cdot28)$$

ここで，ある状態における流速と音速との比を**マッハ数** M といい，式（7･28）において，w_c は音速であるから，その左辺はマッハ数 $M=w_2/w_c$ を表す．$M=1$ は音速，$M<1$ は亜音速，そして $M>1$ は超音速の流れを表す．

一方，のど部断面積に対する出口断面積の比 A_2/A_c をノズルの拡大率という．式（7･18）ならびに式（7･23）の A_2 を A_c に置き換え，両式の流量が等しいとし，A_2/A_c について整理すると式（7･29）が得られる．

$$\frac{A_2}{A_c}=\sqrt{\frac{\frac{\kappa-1}{2}\left(\frac{2}{\kappa+1}\right)^{\frac{\kappa+1}{\kappa-1}}}{\left(\frac{P_2}{P_1}\right)^{\frac{2}{\kappa}}-\left(\frac{P_2}{P_1}\right)^{\frac{\kappa+1}{\kappa}}}}$$

$$=\sqrt{\frac{\kappa-1}{\kappa+1}\cdot\frac{\left(\frac{2}{\kappa+1}\right)^{\frac{2}{\kappa-1}}}{\left(\frac{P_2}{P_1}\right)^{\frac{2}{\kappa}}-\left(\frac{P_2}{P_1}\right)^{\frac{\kappa+1}{\kappa}}}} \qquad (7\cdot29)$$

式（7･29）は，比熱比 κ および入口圧力 P_1 が与えられると，出口圧力 P_2 が低くなればなるほど A_2/A_c が増大し，出口断面積が増加することを示している

〈A 7.2〉.

【例題 7・2】 末広ノズルにおいて，ノズル内に圧力 1.0 MPa，温度 500℃の空気が静止していた．これを 100 kPa まで断熱膨張させるとき，①ノズルからの流出量，②流速，③マッハ数，④出口直径を求めよ．ただし，のど断面の直径を 5 cm，空気の比熱比 $\kappa=1.4$，気体定数 $R=0.287$〔kJ/(kg・K)〕とする．

〈解 答〉

$$\frac{P_c}{P_1}=\left(\frac{2}{\kappa+1}\right)^{\frac{\kappa}{\kappa-1}}=\left(\frac{2}{1.4+1}\right)^{\frac{1.4}{1.4-1}}=0.528\rightarrow\frac{P_2}{P_1}=\frac{0.1}{1.0}=0.1<0.528$$

より臨界流れ．

ノズル内の比容積

$$v_1=\frac{RT_1}{P_1}=\frac{0.287\times(273.15+500)}{1.0\times10^3}=0.222\ 〔\mathrm{m^3/kg}〕$$

① 出口流量 $\dot{M}_2$ は式（7・23）より次のように求まる．

$$\dot{M}_2=A_2\sqrt{\kappa\frac{P_1}{v_1}\left(\frac{2}{\kappa+1}\right)^{\frac{\kappa+1}{\kappa-1}}}=\frac{\pi0.05^2}{4}\sqrt{1.4\frac{1.0\times10^6}{0.222}\left(\frac{2}{1.4+1}\right)^{\frac{1.4+1}{1.4-1}}}$$

$$=2.85\ 〔\mathrm{kg/s}〕$$

② 流速 w_2 は式（7・17）より次のように求まる．

$$w_2=\sqrt{\frac{2\kappa}{\kappa-1}P_1v_1\left\{1-\left(\frac{P_2}{P_1}\right)^{\frac{\kappa-1}{\kappa}}\right\}}$$

$$=\sqrt{\frac{2\times1.4}{1.4-1}1.0\times10^6\times0.222\left\{1-\left(\frac{0.1}{1.0}\right)^{\frac{1.4-1}{1.4}}\right\}}=865.5\ 〔\mathrm{m/s}〕$$

③

$$T_2=T_1\left(\frac{P_2}{P_1}\right)^{\frac{\kappa-1}{\kappa}}=(273.15+500)\left(\frac{0.1}{1.0}\right)^{\frac{1.4-1}{1.4}}=400.5\ 〔\mathrm{K}〕$$

$$M=\frac{w_2}{\sqrt{\kappa RT_2}}=\frac{865.5}{\sqrt{1.4\times287\times400.5}}=2.16$$

④

$$v_2=\frac{RT_2}{P_2}=\frac{287\times400.5}{0.1\times10^6}=1.149\ 〔\mathrm{m^3/kg}〕\rightarrow\dot{M}_2=\frac{A_2w_2}{v_2}$$

$$\rightarrow A_2=\frac{\dot{M}_2v_2}{w_2}=\frac{2.85\times1.149}{865.5}=3.78\times10^{-3}\ 〔\mathrm{m^2}〕\rightarrow\frac{\pi D^2}{4}=3.78\times10^{-3}\rightarrow$$

$D=6.9$〔cm〕

演習問題

問題7・1 過熱水蒸気（分子量 18，$\kappa = 1.3$ の理想気体）が 400℃で 800 m/s の流速を持っているときのマッハ数を求めよ．ただし，一般気体定数 $R_0 = 8.31433$〔J/(mol・K)〕.

問題7・2 ノズルを通して空気を加速し，350 m/s の噴出速度を得るために必要な熱落差を求めよ．また，ノズル入口温度と圧力を 200℃，0.5 MPa とし，等エントロピー膨張した場合のノズル出口における温度，圧力，マッハ数を求めよ．ただし，空気の $\kappa = 1.4$，$c_p = 1.005$〔kJ/(kg・K)〕，$R = 287$〔J/(kg・K)〕.

問題7・3 ロケットのノズルにおいて燃焼ガス噴出による推力 F が 50 ton であった．ノズル内での熱損失，熱発生がなく，燃焼ガスの入口速度が無視できるとすると，ノズル出入口における燃焼ガスのエンタルピー降下すなわち熱落差を求めよ．ただし，ロケットの燃料は 25 秒間 10 ton すべて燃焼してその燃焼ガスを噴出する．なお，燃焼ガスの質量流量 $\dot{M}$，噴出速度 w_2，重力加速度 g とすると，推力は次式で与えられる．

$$F = \dot{M} w_2 / g$$

問題7・4 先細ノズルにおいて，空気が等エントロピー流れ状態にある．ノズル内の圧力と温度が 1.0 MPa，150℃であり，外圧が 0.6 MPa のとき，ノズル出口での流速を求めよ．また，ノズルからの流出量が 1.0 kg/s のとき，ノズル出口断面積の直径を求めよ．ただし，空気の $\kappa = 1.4$，気体定数 $R = 0.287$〔kJ/(kg・K)〕とする．

8章

蒸気の状態変化

主に水について状態変化を考える．水蒸気を冷やすと液体の水になり，水を冷やすと氷になるように，一般に物質は温度，圧力によって気相になったり，液相になったり，固相になったりする．大気圧のもと，100℃の水を加熱すると100℃の水蒸気が発生する．相の変化と圧力，温度の関係は重要であるが，水の液体と蒸気が共存する湿り蒸気中の水蒸気の割合（乾き度）も気相，液相の変化における大事な指標である．水や水蒸気の特性を比エントロピーと比エンタルピーを座標軸にとって表した *h-s* 線図はボイラで水が等圧的に加熱される際の加熱量，タービンで水蒸気が断熱膨張する際の仕事などを扱うのに便利である．

水は身近でごく普通の物質に感じられようが，他の物質と比べると特異な性質を持っていることに注意しよう．

8・1　気体・液体・固体の３相

物質はおおよそ気体，液体，固体に分けることができる．固体は形状が変わらないが，気体，液体は容器の形に従って変わり，流動する．地上で液体は容器の底にたまるが，気体は容器いっぱいに広がってしまう．

一般に物質は温度を上げていくと固体から液体，液体から気体へと変化する．液体の水を温めると水蒸気になり，冷やすと氷になる，氷でも水でも水蒸気でも分子の組成は H_2O と変わらないのに形態が違うのは分子の配置や運動が異なるからである．気体では分子の運動は活発であるが，固体では分子同士の配置はほぼ一定，液体では両者の中間の状態にあり，その結果，見た目にも異なる様相を示す．

では，容器内の水は場所によって水分子の集まり具合が違うだろうか．どこを比べても一様（均質）である．水蒸気，氷もそれぞれ一様なことは同様である．このように分子の一様な集合状態を**相**と呼ぶ（**図8･1**）．固体，液体，気体はそれぞれ固相，液相，気相であるが，たとえば，同じ固体であっても原子や分子の集合が異なる状態，異なる結晶構造があれば複数の相があることに注意しよう（例：硫黄（単射硫黄，斜方硫黄），氷（氷Ⅰ，氷Ⅱ：後述の図8･15），合金中のいろいろな相）．

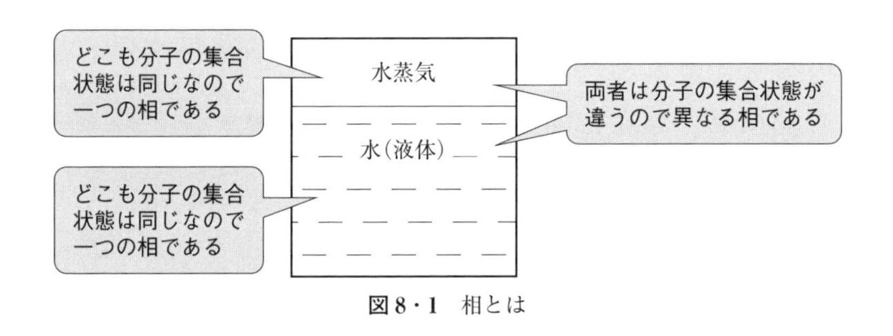

図8・1　相とは

8・2　相変化と飽和状態

蓋のない容器に水（液体）を入れて放置すると水が減っていく（**図8･2**）．これは水が**蒸発**して大気に混ざり，容器の外へ出ていくからである．容器に蓋をしてみよう．水は蒸発するが，蒸発量には上限があり，それからは水（液体）の量は変わらない．水が容器の外へ逃げないからである．この場合には水の上部の空間では空気と水蒸気が混じっている．真空ポンプで気体を排除するにつれ水が蒸発してくる．そこでポンプを止めると水の蒸発が続いた後，やがて水の上部は水蒸気で充ち足りた状態となって蒸発が止まる（**図8･3**）．この状態を**飽和状態**という．

やかんに入れた水を加熱するとどうなるだろうか（**図8･4**）．水温が100℃になると**沸騰**し，水の上の空間では空気は追い出されて**水蒸気**だけになる．その水蒸気の温度は100℃であり，圧力は大気圧に等しいと考えられる．大気圧（0.1013 MPa）のもとで100℃の水，100℃の水蒸気は混合しても熱したり，冷やしたりしなければ状態は変わらず，共存する．このように蒸気と液体が共存する圧力と

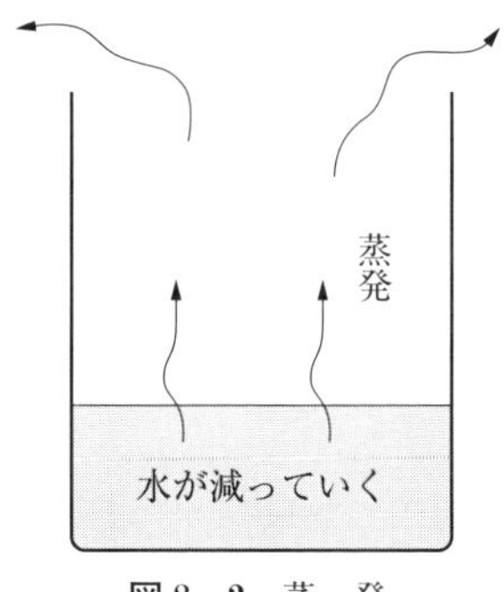

図 8・2 蒸　発

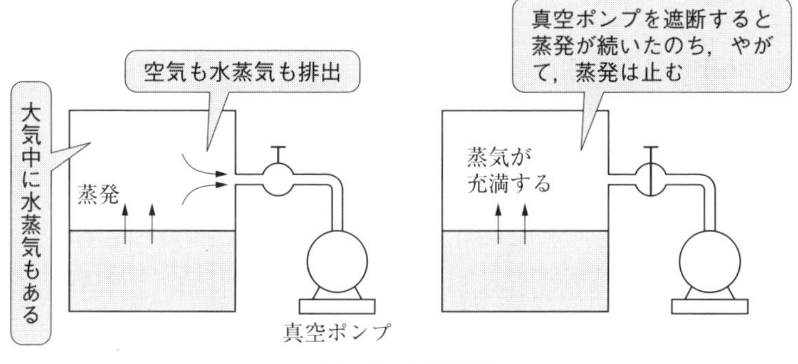

図 8・3 飽和状態

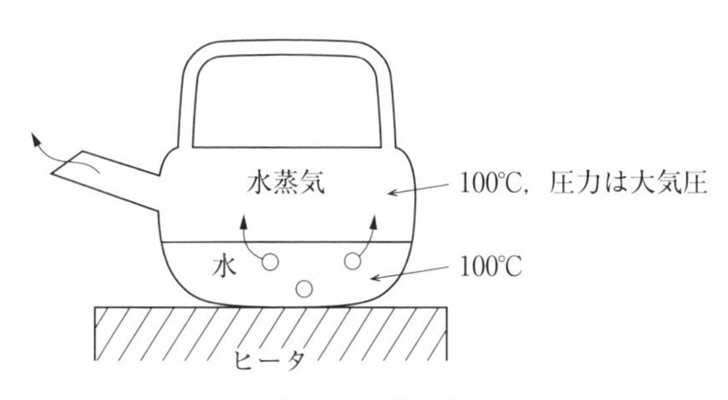

図 8・4 沸　騰

温度の関係について，100℃の水の**飽和蒸気圧**は 0.1013 MPa である，あるいは 0.1013 MPa の水の**飽和温度**は 100℃であるという．

次に圧力を一定に保って変化を調べてみよう．**図 8･5** に示されるシリンダでは，仮想的に質量を無視できるピストンが摩擦を受けずに自由に動けるものとする．シリンダの底部にはヒータがあるが，シリンダの側面およびピストンからの熱の出入りはないと考える．シリンダとピストンの間は常温の水（液体）で満たされている．大気圧のもとで水をどこも一様な温度になるようにゆっくりと加熱していくと，わずかな体積膨張を伴いながら水の温度が上昇し，100℃（大気圧のもとでの飽和温度）になる．

さらに加熱を続けると液相から気相への相変化，すなわち沸騰が始まる．沸騰が進行するにつれ気相と液相を合わせた体積は著しく増加するが，沸騰が終了するまで液相も気相も温度は100℃一定に保たれる．液体の水がすべて水蒸気になるときの体積は元の液体の体積の1 600倍ほどになる．さらに加熱していくと水

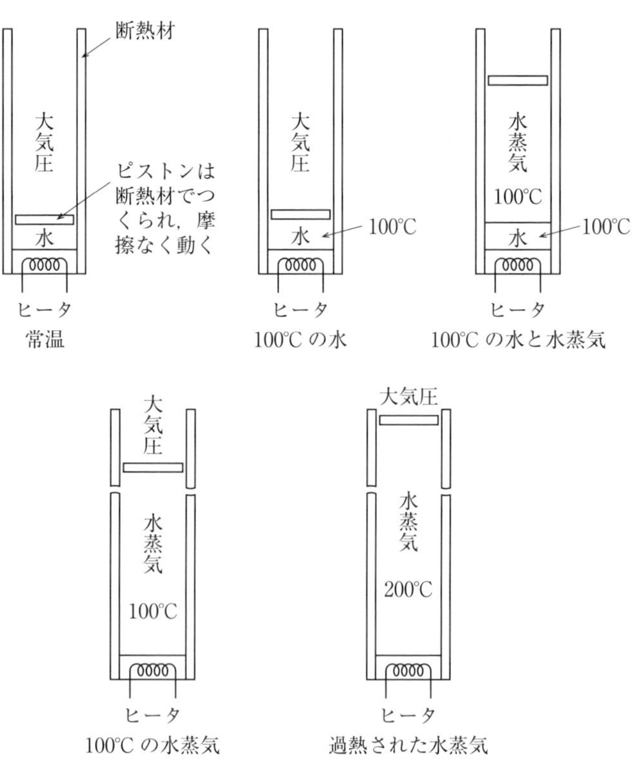

図8・5 相変化

蒸気の温度は上昇し，体積は膨張していく．逆に圧力を大気圧に保って高温の水蒸気を冷却していくと温度が下がり，100℃になると水蒸気の凝縮が始まる．すなわち液化が始まり，水蒸気がすべて液化するまで温度は100℃に保たれる．

飽和状態の圧力と温度にはどのような関係があるのだろうか．圧力の上昇とともに飽和温度は上昇し，温度の上昇とともに**飽和圧力**は上昇する．たとえば，大気圧の約2倍の0.2 MPaにすると飽和温度は120℃になる．また，200℃の水の飽和圧力は1.35 MPaである．一方，100℃より低い温度，たとえば30℃では飽和圧力は0.0042 MPaというかなり低い圧力になる．また，0℃の水と0℃の氷も共存できる．これらのように水（液体）と水蒸気，水と氷というように異なる相が共存する状態にあることを**相平衡の状態**にあるともいう．平衡とは，変化が停止して釣り合っていることを意味する．

図8·6に気液2相の共存状態を例示するが，気体と液体の密度が異なるので重力の場では分離しやすい傾向があることに注意しよう．宇宙船におけるように，無重力の状態では液体も空間に漂うことができる．

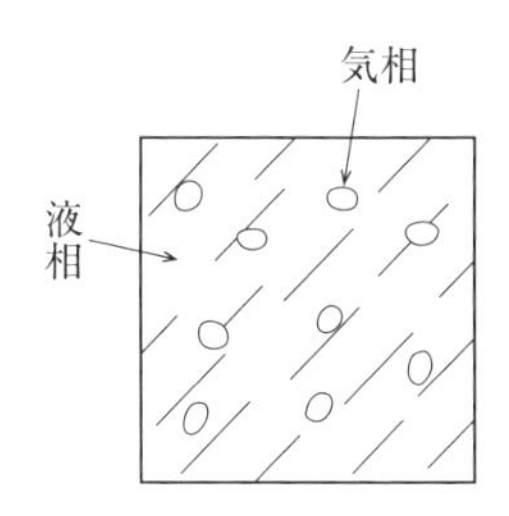

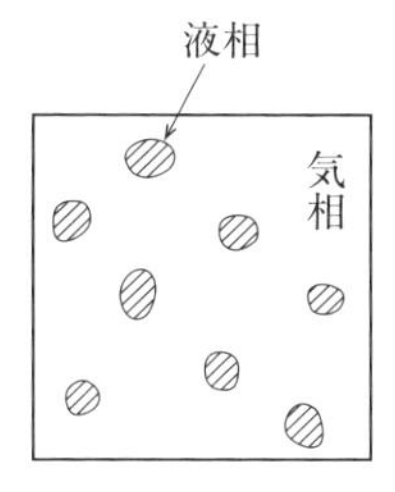

図8・6　気液2相の共存

8・3　相律と臨界点

水は分子式がH_2Oで示される単一成分の物質であるが，塩水は塩と水の2成分からなる物質である．C種類の成分が混合した物質について気相，液相などP種の相が共存するとき，圧力，温度のうち指定しうる変数の数をFとすると式(8·1)が成り立つ．

$$F = C - P + 2 \qquad (8 \cdot 1)$$

これを**相律**という．たとえば水（$C=1$）の気相，液相の共存（$P=2$）についてはF＝1－2＋2＝1である．自由度Fが1であることは「圧力か温度のいずれか1変数は勝手に指定できる．圧力を指定すると共存できる温度が定まる．逆に温度を指定すると共存しうる圧力が定まる」ことを意味する．

それでは水について気相，液相，固相の3相が共存することはありうるのか．この場合（$C=1$，$P=3$），式（8･1）によれば$F=0$であるから「ありうる」のであるが，自由度はない．すなわち圧力も温度も勝手に選べず，決まってしまうのである．これを**三重点**という．水では611.2 Pa，0.01℃の状態である．

相平衡の状態の概要は圧力P，温度Tを座標軸にとって示すと**図8･7**のようになる．ここに，点T_rが三重点，T_rAは固気平衡線，T_rB（またはT_rB'）は固液平衡線，T_rCは気液平衡線である．たとえば水の大気圧，100℃というような気液平衡状態は図8･7の曲線T_rC上の1点に対応する．固液平衡線は液体が凍ると体積が増す水のような物質では実線のように左上がり（T_rB）であるが，凍ると体積が減少する多くの物質では点線のように右上がり（T_rB'）である（8･6節参照）．

ところで，気液平衡線には一般に高温，高圧の限界がある．この限界点Cを**臨界点**という．臨界点はどのような状態だろうか．

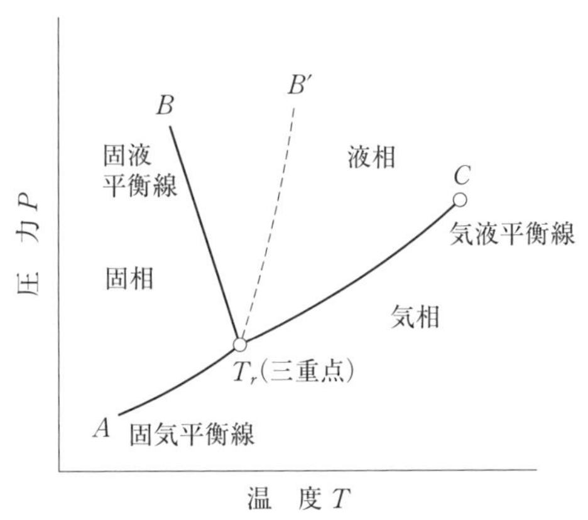

図8・7　3相の平衡関係

図8·5の装置でシリンダ内に液体の水を満たし，ピストンにおもりをのせて圧力18 MPaに保って水を加熱していくと357℃で沸騰が始まる．相変化が続いている間，温度は変わらず，357℃に保たれる．この温度では沸騰終了時の蒸気体積は沸騰開始時の水の体積に比べおよそ4倍になる．圧力を変えて沸騰開始点，終了点を調べてP-v線図に表すと**図8·8**のような関係になる．圧力とともに変わる沸騰開始点を連ねた曲線を**飽和液線**，沸騰終了点を連ねた曲線を**飽和蒸気線**と呼ぶ．臨界点は両線が一致する限界状態なのである．水の場合，臨界圧力P_cは22.12 MPa，臨界温度は647.30 K（374.15℃），臨界比容積は0.003170 m^3/kgである．このような関係は一般的には**図8·9**のように表せる．飽和液線と飽和蒸気線で囲まれた領域の状態を**湿り蒸気**と呼ぶ，P-v線図上では図8·9に示されるように等温線は右下がりの曲線になる．ある圧力P_1のもと，飽和温度T_{s1}〔K〕以上の温度T_2〔K〕にある蒸気を過熱蒸気と呼び，$(T_2 - T_{s1})$〔K〕を**過熱度**という．

試験管に水を入れて眺めると水の界面が管壁に沿ってわずかに高くなることに気付くであろう．この界面の高まりを**メニスカス**という．臨界圧力以下では**図8·10**のように気液界面にメニスカスが存在するが，臨界圧力に達すると気相と液相の区別がなくなるのでメニスカスが消滅する．また，臨界点付近で乳白色

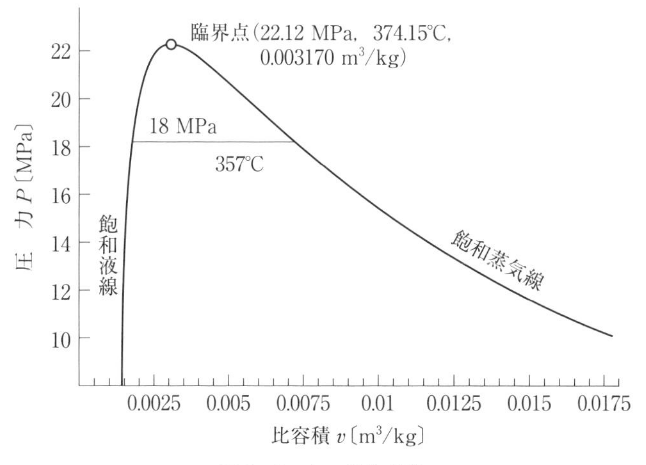

図8·8 水の飽和状態

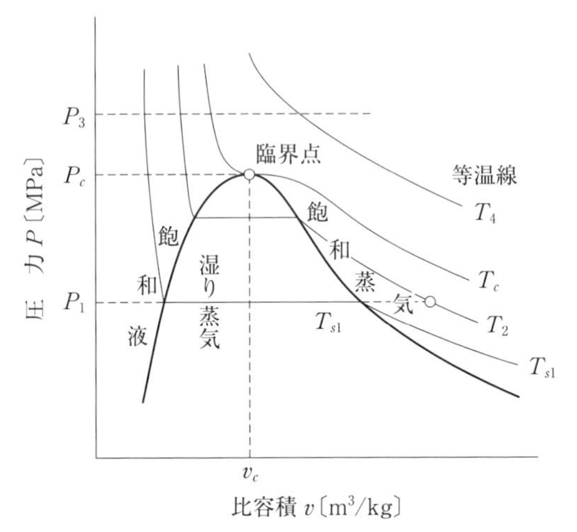

図 8・9　物質の状態変化（P–v 線図）

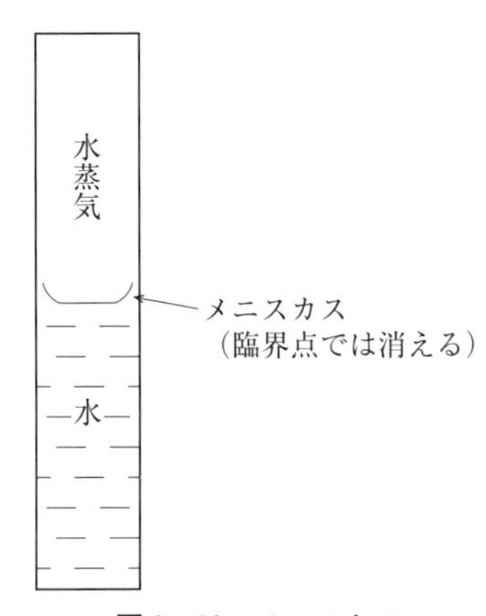

図 8・10　メニスカス

（蛋白光）になる場合がある．これは密度変化の揺らぎが大きいためである．

臨界圧力以上の圧力に保って加熱しても沸騰現象が見られず，冷却しても凝縮は起こらない．臨界温度以上であれば等温変化でも相変化は起こらない．図 8･9 で圧力 P_3 の等圧線，温度 T_4 の等温線は湿り蒸気の範囲を横切らないことに注意して欲しい．

諸物質の臨界点を含む熱物性を**表 8･1** に示す．

表 8・1 種々の物質の熱物性

		三重点		臨界点			融点	沸点	融解熱	蒸発熱
		圧力〔Pa〕	温度〔K〕	圧力〔MPa〕	温度〔K〕	密度〔kg/m³〕	〔K〕	〔K〕	〔kJ/kg〕	〔kJ/kg〕
水素（*n*-）	H_2	7 200	14.0	1.32	33.2	31.6	14.0	20.4	58	448
ヘリウム 4	He	5 035	2.18	0.228	5.2	69.6		4.2	3.5	20.3
窒素	N_2	12 500	63.1	3.40	126.2	314	63.2	77.4	25.7	1 365
酸素	O_2	100	54.4	5.04	154.6	436	54.4	90.0	13.9	213
空気				3.77	132.5	313		78.8		213.3
水	H_2O	611.2	273.16	22.12	647.30	315.46	273.15	373.15	333.5	2 257
二酸化炭素	CO_2	518 000	216.6	7.38	304.2	466		194.7（昇）	180.7	368
アンモニア	NH_3	6 477	195.4	11.28	405.6	235	195.4	239.8	338	199.1
メタン	CH_4	11 720	90.7	4.60	190.6	162.2	90.7	111.6	58.4	510.0
エタン	C_2H_6	1.13	90.3	4.87	305.3	205	90.4	184.6	95.1	489.1
プロパン	C_3H_8		85.45	4.25	369.8	217	85.5	231.1	80.0	425.9
n-ブタン	C_4H_{10}			3.80	425.2	228	134.9	272.7	80.3	385.3
イソブタン	C_4H_{10}			3.65	408.1	221	113.6	261.5	79.3	366.4
アセチレン	C_2H_2	128 300	192.4	6.14	308.3	231		189.6（昇）		749.7（309 K）
エチレン	C_2H_4	120	104.0	5.08	282.7	218	104.0	169.2		482.8
メタノール	CH_3OH			8.10	512.58	272	175.47	337.8	99.16	1 190（273 K）
R-22	$CHClF_2$			5.00	369.3	515	113.0	232.3		233.8（273 K）
R-32	CH_2F_2			5.78	351.3	424	136.0	221.5		381.9
R-125	C_2HF_5			3.62	339.2	568	170.0	225.1		164.1
R-134a	$C_2H_2F_4$			4.05	374.3	509	172.2	247.1		217.0

（流体の熱物性値集：技術資料，日本機械学会（1983）より一部流用）

8・4 水の性質（状態図など）

水は我々の周りに大量にあるため物質の代表であるように感じるが，特異な性質が少なくない．一般的には物質は温度が高くなると膨張するため密度は温度が高くなると小さくなる傾向があるが，水では 4℃で最大密度になり，4℃から 0℃

に温度が下がるとかえって密度が低くなる．さらに，0℃の氷は0℃の水の中で浮くことからもわかるように，0℃の氷は0℃の水よりも密度が低いのである．

+ Tips + 水素結合

原子が電子を引きつける能力を電気陰性度といい，元素により**表 8･2** のように異なる．電気陰性度の高い元素と結合した水素化合物では水素原子中の 1 個の電子は電気陰性度の高い元素に引き寄せられて分子に極性（δ^-，δ^+）ができる（**図 8･11**）．この状態の水素原子は隣の分子における原子電気陰性度の高い元素との間に一種の結合状態をつくる．このように，水素原子が仲立ちとなってできる結合を**水素結合**という．水素結合の強さは共有結合やイオン結合などに比べる

表 8・2 元素の電気陰性度

周期＼族	1A	4B	5B	6B	7B
1	H 2.1				
2		C 2.5	N 3.0	O 3.5	F 4.0
3		Si 1.8	P 2.1	S 2.5	Cl 3.0
4		Ge 1.8	As 2.0	Se 2.4	Br 2.8
5		Sn 1.5	Sb 1.9	Te 2.1	I 2.5

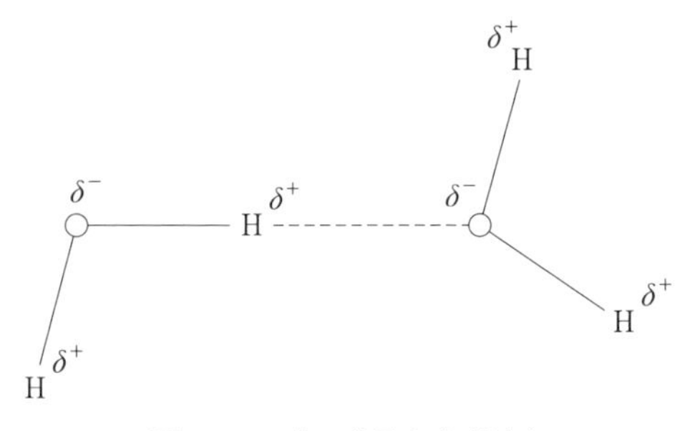

図 8・11 水の分子と水素結合

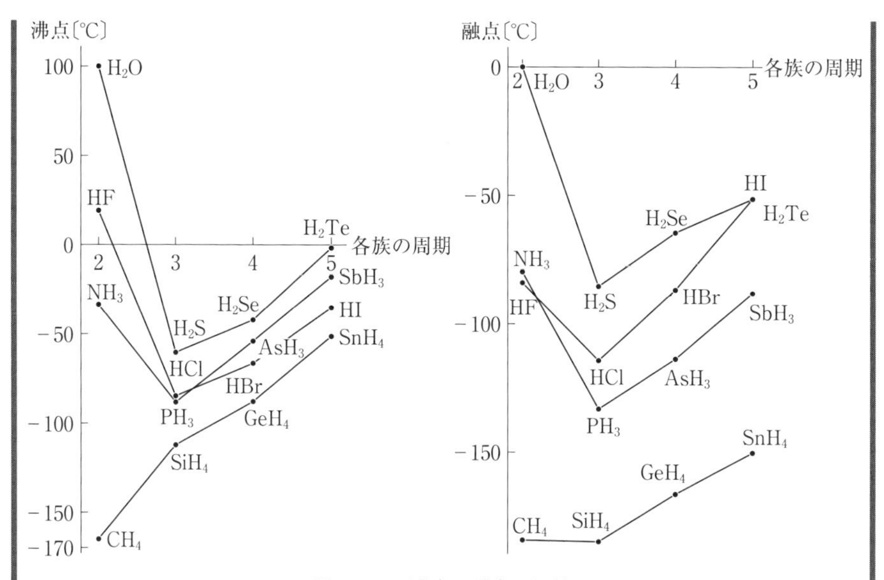

図 8・12　沸点，融点の比較

と極めて弱いが，極性のない分子間の力よりは強い．水素と第 4B 族〜7B 族元素との化合物の融点と沸点を**図 8・12** に示す．図 8・12 と表 8・2 を比べると電気陰性度の高い N（5B 族），O（6B 族），F（7B 族）と水素化合物（NH_3，H_2O，HF）の沸点，融点は同じ族の他の水素化合物と比べると異常に高いが，これは水素結合によるものである．C（4B 族）にはこの傾向は見られない．

蒸発熱，融解熱，比熱，表面張力についても水の値は他の物質に比べてかなり大きい．また，水の分子は O-H 間に距離が 0.96 Å，H-O-H のなす角度が 105 度である（1 Å = 10^{-10} m = 0.1 nm）．氷は水の分子が水素結合によって 4 面体の頂点に位置する構造をとっている．そのため，隙間が多いので氷の密度は液体の水よりも小さく，氷は水の中で浮く．

水の状態図の概要を**図 8・13** に，凝固すると体積が小さくなる一般の物質については**図 8・14** に示す．3 変数 v，P，T に関する状態式は（v，P，T）の 3 次元座標における一つの曲面に対応している．湿り蒸気の範囲は飽和液線，飽和蒸気線で囲まれた領域である．状態面を（T，P）座標に投影した左の図を見ると飽和液線，飽和蒸気線，湿り蒸気の領域は皆重なって 1 本の曲線になっている．

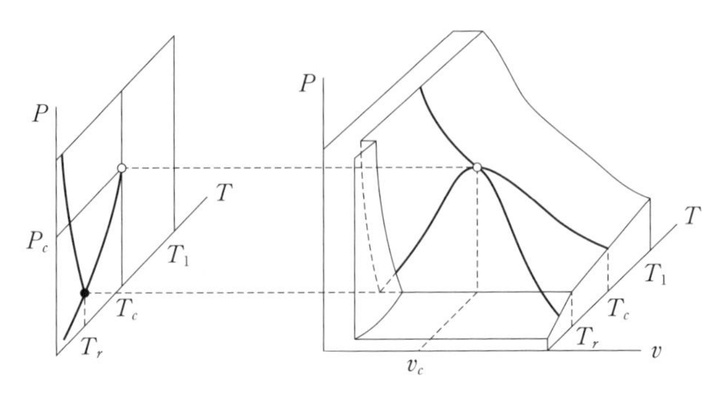

図 8・13 状態図概要（水など）

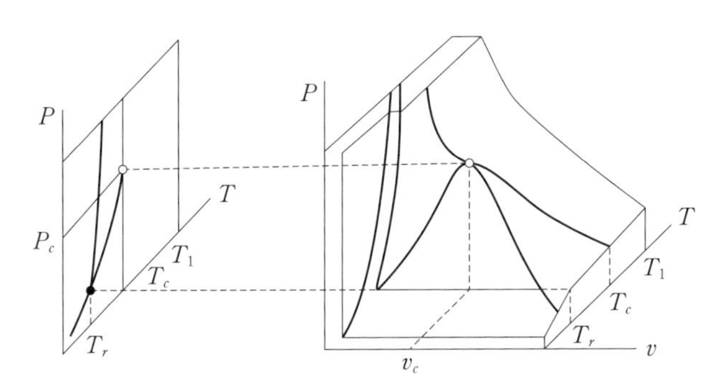

図 8・14 状態図概要（二酸化炭素など）

$(T,\ P)$ 座標では三重点 T_r は点で表されているが $(v,\ P,\ T)$ 曲面では線に対応することに注意しよう．ただし，臨界点は $(v,\ P,\ T)$ 曲面上でも点である．

氷には**図 8・15** のように種々の相があるのも興味深い．氷Ⅶの相では 2 400 MPa という高圧のもと，80℃を超す状態が存在する．

8・5 乾き度

8・3 節で見たように飽和状態では圧力が指定されれば温度が定まり，温度が指定されれば圧力が定まる関係にあるが，比容積などは図 8・13，図 8・14 からもわ

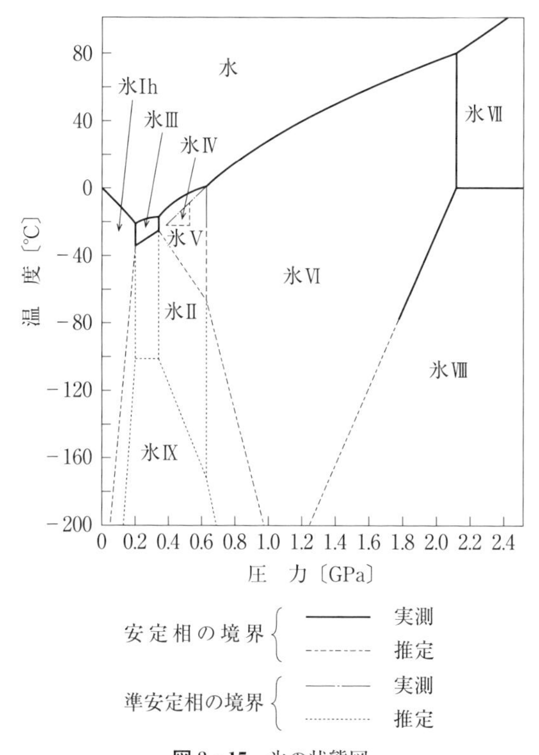

図 8・15　氷の状態図

（氷Ⅳは氷Ⅴの安定領域で準安定に存在．準安定な氷 Ic とガラス質氷は記入されていない）

（E. Whalley, Structure problems of ice ; Physics of ice : proceedings of the international symposium on physics of ice, Munich, Germany, September 9-14, 1968. Edited by N. Riehl, B. Bullemer, H. Engelhardt. New York, Plenum Press, 1969）

（前野紀一：氷の科学（新版），北海道大学出版会（2004））

かるように液相，気相の割合を別に指定しないと定まらない．

1kg の湿り蒸気中に飽和蒸気が x〔kg〕，飽和液が（$1-x$）〔kg〕含まれているときその湿り蒸気の乾き度が x であるという．したがって，乾き度 x が大きくなると湿り蒸気の比容積 v は**図 8・16** のように直線的に増える．乾き度が x の湿り蒸気の比容積は飽和液の比容積 v'，および飽和蒸気の比容積 v'' に対して，

$$(v''-v')\ :\ (v-v')=1:x \qquad (8\cdot2)$$

の関係がある．v'，v'' の $'$，$''$ はそれぞれ飽和液，飽和蒸気の状態であることを示

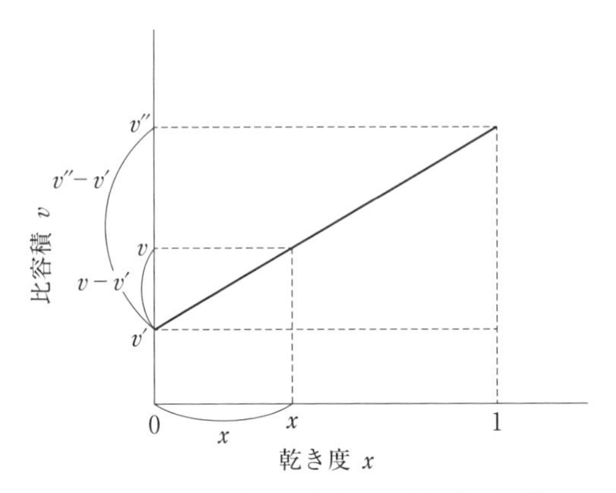

図 8・16　湿り蒸気の乾き度と比容積の関係

す．比エンタルピー h，比エントロピー s についても同様の関係があり，式（8・3）〜式（8・5）が成り立つ．

$$x = \frac{v - v'}{v'' - v'} \tag{8・3}$$

$$x = \frac{h - h'}{h'' - h'} \tag{8・4}$$

$$x = \frac{s - s'}{s'' - s'} \tag{8・5}$$

8・6　水の蒸気表と *h*-*s* 線図

水の飽和状態を**表 8・3**，圧縮水と過熱水蒸気の状態を**表 8・4** に示す（例題 8・1 を参照）．**図 8・17** のように横軸に比エントロピー，縦軸に比エンタルピーをとる h-s 線図は出入りする熱量や仕事を求めるのに便利である．日本機械学会作成の水蒸気の h-s 線図を巻末の折込み図に示してある．これら水の蒸気表や線図では水の三重点（温度 0.01℃）を基準点に取り，基準点における飽和液の比内部エネルギー，比エントロピーを 0 kJ/kg，0 kJ/(kg・K) と定めている．ちなみに，0.01℃で比エンタルピーは h'（飽和液）= 0.001 kJ/kg である．

表8・3　水の飽和表

(a) 温度基準

温度 [°C]	温度 [K]	圧力 [MPa]	比体積 [m³/kg] v'	比体積 [m³/kg] v''	密度 [kg/m³] ρ''	比エンタルピー [kJ/kg] h'	比エンタルピー [kJ/kg] h''	比エンタルピー [kJ/kg] $r = h'' - h'$	比エントロピー [kJ/(kg・K)] s'	比エントロピー [kJ/(kg・K)] s''	比エントロピー [kJ/(kg・K)] $r/T = s'' - s'$
*0	273.15	0.000 610 8	0.001 000 22	206.305	0.004 847 2	−0.042	2 501.6	2 501.6	−0.000 15	9.157 73	9.157 88
0.01	273.16	0.000 611 2	0.001 000 22	206.163	0.004 850 5	0.001	2 501.6	2 501.6	0.000 00	9.157 46	9.157 46
5	278.15	0.000 871 8	0.001 000 03	147.163	0.006 795 2	21.007	2 510.7	2 489.7	0.076 21	9.026 90	8.950 69
10	283.15	0.001 227 0	0.001 000 25	106.430	0.009 395 9	41.994	2 519.9	2 477.9	0.150 99	8.901 96	8.750 97
15	288.15	0.001 703 9	0.001 000 83	77.977 9	0.012 824	62.941	2 529.1	2 466.1	0.224 32	8.782 57	8.558 25
20	293.15	0.002 336 6	0.001 001 72	57.838 3	0.017 290	83.862	2 538.2	2 454.3	0.296 30	8.668 40	8.372 10
25	298.15	0.003 166 0	0.001 002 89	43.401 7	0.023 041	104.767	2 547.3	2 442.5	0.367 01	8.559 16	8.192 15
30	303.15	0.004 241 5	0.001 004 31	32.928 9	0.030 368	125.664	2 556.4	2 430.7	0.436 51	8.454 56	8.018 05
35	308.15	0.005 621 6	0.001 005 95	25.244 9	0.039 612	146.557	2 565.4	2 418.8	0.504 86	8.354 34	7.849 48
40	313.15	0.007 375 0	0.001 007 81	19.546 1	0.051 161	167.452	2 574.4	2 406.9	0.572 12	8.258 26	7.686 13
50	323.15	0.012 335	0.001 012 11	12.045 7	0.083 017	209.256	2 592.2	2 382.9	0.703 51	8.077 57	7.374 06
60	333.15	0.019 920	0.001 017 14	7.678 53	0.130 23	251.091	2 609.7	2 358.6	0.830 99	7.910 81	7.079 82
70	343.15	0.031 162	0.001 022 85	5.046 27	0.198 17	292.972	2 626.9	2 334.0	0.954 82	7.756 47	6.801 65
80	353.15	0.047 360	0.001 029 19	3.409 09	0.293 33	334.916	2 643.8	2 308.8	1.075 25	7.613 22	6.537 96
90	363.15	0.070 109	0.001 036 15	2.361 30	0.423 50	376.939	2 660.1	2 283.2	1.192 53	7.479 87	6.287 34
100	373.15	0.101 325	0.001 043 71	1.673 00	0.597 73	419.064	2 676.0	2 256.9	1.306 87	7.355 38	6.048 51
110	383.15	0.143 27	0.001 051 87	1.209 94	0.826 49	461.315	2 691.3	2 230.0	1.418 49	7.238 80	5.820 31
120	393.15	0.198 54	0.001 060 63	0.891 524	1.121 7	503.719	2 706.1	2 202.2	1.527 59	7.129 28	5.601 69
130	403.15	0.270 13	0.001 070 02	0.668 136	1.496 7	546.305	2 719.9	2 173.6	1.634 36	7.026 06	5.391 70
140	413.15	0.361 38	0.001 080 06	0.508 493	1.966 6	589.104	2 733.1	2 144.0	1.738 99	6.928 44	5.189 45
150	423.15	0.476 00	0.001 090 78	0.392 447	2.548 1	632.149	2 745.4	2 113.2	1.841 64	6.835 78	4.994 14
160	433.15	0.618 06	0.001 102 23	0.306 756	3.259 9	675.474	2 756.7	2 081.3	1.942 47	6.747 49	4.805 02
170	443.15	0.792 02	0.001 114 46	0.242 553	4.122 8	719.116	2 767.1	2 047.9	2.041 64	6.663 03	4.621 39
180	453.15	1.002 7	0.001 127 52	0.193 800	5.159 9	763.116	2 776.3	2 013.1	2.139 29	6.581 89	4.442 60
190	463.15	1.255 1	0.001 141 51	0.156 316	6.397 3	807.517	2 784.3	1 976.7	2.235 58	6.503 61	4.268 03
200	473.15	1.554 9	0.001 156 50	0.127 160	7.864 1	852.371	2 790.9	1 938.6	2.330 66	6.427 76	4.097 10
210	483.15	1.907 7	0.001 172 60	0.104 239	9.593 4	897.734	2 796.2	1 898.5	2.424 67	6.353 93	3.929 26
220	493.15	2.319 8	0.001 189 96	0.086 037 8	11.623	943.673	2 799.9	1 856.2	2.517 79	6.281 72	3.763 93
230	503.15	2.797 6	0.001 208 72	0.071 449 8	13.996	990.265	2 802.0	1 811.7	2.610 17	6.210 74	3.600 57
240	513.15	3.347 8	0.001 229 08	0.059 654 4	16.763	1 037.60	2 802.2	1 764.6	2.702 00	6.140 59	3.438 59
250	523.15	3.977 6	0.001 251 29	0.050 037 4	19.985	1 085.78	2 800.4	1 714.7	2.793 48	6.070 83	3.277 34
260	533.15	4.694 3	0.001 275 63	0.042 133 8	23.734	1 134.94	2 796.4	1 661.5	2.884 85	6.000 97	3.116 12
270	543.15	5.505 8	0.001 302 50	0.035 588 0	28.099	1 185.23	2 789.9	1 604.6	2.976 35	5.930 45	2.954 10
280	553.15	6.420 2	0.001 332 39	0.030 126 0	33.194	1 236.84	2 780.4	1 543.6	3.068 30	5.858 63	2.790 33
290	563.15	7.446 1	0.001 365 95	0.025 535 1	39.162	1 290.01	2 767.6	1 477.6	3.161 08	5.784 78	2.623 70
300	573.15	8.592 7	0.001 404 06	0.021 648 7	46.192	1 345.05	2 751.0	1 406.0	3.255 17	5.708 12	2.452 95
310	583.15	9.870 0	0.001 447 97	0.018 333 9	54.544	1 402.39	2 730.0	1 327.6	3.351 19	5.627 76	2.276 57
320	593.15	11.289	0.001 499 50	0.015 479 8	64.600	1 462.60	2 703.7	1 241.1	3.450 00	5.542 33	2.092 33
330	603.15	12.863	0.001 561 47	0.012 989 4	76.986	1 526.52	2 670.2	1 143.6	3.552 83	5.449 01	1.896 18
340	613.15	14.605	0.001 638 72	0.010 780 4	92.761	1 595.47	2 626.2	1 030.7	3.661 62	5.342 74	1.681 12
350	623.15	16.535	0.001 741 12	0.008 799 1	113.65	1 671.94	2 567.7	895.7	3.780 04	5.217 66	1.437 62
360	633.15	18.675	0.001 895 9	0.006 939 8	144.10	1 764.2	2 485.4	721.3	3.921 02	5.060 03	1.139 01
370	643.15	21.054	0.002 213 6	0.004 972 8	201.10	1 890.2	2 342.8	452.6	4.110 80	4.814 39	0.703 59
374.15	647.30	22.120	0.003 170 0	0.003 170 0	315.46	2 170.4	2 170.4	0.0	4.442 86	4.442 86	0.0

・この温度における状態は準安定な状態である．

「機械工学便覧 A6 熱工学」日本機械学会(1980)より

(b) 圧力基準

圧力〔MPa〕	温度〔°C〕	比体積〔m³/kg〕		密度〔kg/m³〕	比エンタルピー〔kJ/kg〕			比エントロピー〔kJ/(kg·K)〕		
		v'	v''	ρ''	h'	h''	$r=h''-h'$	s'	s''	$r/T=s''-s'$
0.001 0	6.983	0.001 000 07	129.209	0.007 739 4	29.335	2 514.4	2 485.0	0.106 04	8.976 67	8.870 62
0.001 5	13.036	0.001 000 57	87.982 1	0.011 366	54.715	2 525.5	2 470.7	0.195 67	8.828 83	8.633 16
0.002 0	17.513	0.001 001 24	67.006 1	0.014 924	73.457	2 533.6	2 460.2	0.260 65	8.724 56	8.463 90
0.002 5	21.096	0.001 001 96	54.256 2	0.018 431	88.446	2 540.2	2 451.7	0.311 91	8.644 03	8.332 13
0.003 0	24.100	0.001 002 66	45.667 3	0.021 898	101.003	2 545.6	2 444.6	0.354 36	8.578 48	8.224 12
0.005	32.90	0.001 005 23	28.194 4	0.035 468	137.772	2 561.6	2 423.8	0.476 26	8.395 96	7.919 70
0.01	45.83	0.001 010 23	14.674 6	0.068 145	191.832	2 584.8	2 392.9	0.649 25	8.151 08	7.501 83
0.02	60.09	0.001 017 19	7.649 77	0.130 72	251.453	2 609.9	2 358.4	0.832 07	7.909 43	7.077 35
0.03	69.12	0.001 022 32	5.229 30	0.191 23	289.302	2 625.4	2 336.1	0.944 11	7.769 53	6.825 42
0.04	75.89	0.001 026 51	3.993 42	0.250 41	317.650	2 636.9	2 319.2	1.026 10	7.670 89	6.644 80
0.05	81.35	0.001 030 09	3.240 22	0.308 62	340.564	2 646.0	2 305.4	1.091 21	7.594 72	6.530 52
0.07	89.96	0.001 036 12	2.364 73	0.422 88	376.768	2 660.1	2 283.3	1.192 05	7.480 40	6.288 34
0.10	99.63	0.001 043 42	1.693 73	0.590 41	417.510	2 675.4	2 257.9	1.302 71	7.359 82	6.057 11
0.101 325	100.00	0.001 043 71	1.673 00	0.597 73	419.064	2 676.0	2 256.9	1.306 87	7.355 38	6.048 51
0.15	111.37	0.001 053 03	1.159 04	0.862 79	467.125	2 693.4	2 226.2	1.433 61	7.223 37	5.789 76
0.2	120.23	0.001 060 84	0.885 441	1.129 4	504.700	2 706.3	2 201.6	1.530 08	7.126 83	5.596 75
0.3	133.54	0.001 073 50	0.605 562	1.651 4	561.429	2 724.7	2 163.2	1.671 64	6.990 90	5.319 26
0.4	143.62	0.001 083 87	0.462 224	2.163 5	604.670	2 737.6	2 133.0	1.776 40	6.894 33	5.117 93
0.5	151.84	0.001 092 84	0.374 676	2.669 0	640.115	2 747.5	2 107.4	1.860 36	6.819 19	4.958 83
0.6	158.84	0.001 100 86	0.315 474	3.169 8	670.422	2 755.5	2 085.0	1.930 83	6.757 54	4.826 71
0.8	170.41	0.001 114 98	0.240 257	4.162 2	720.935	2 767.5	2 046.5	2.045 72	6.659 60	4.613 88
1.0	179.88	0.001 127 37	0.194 293	5.146 9	762.605	2 776.2	2 013.6	2.138 17	6.582 81	4.444 64
1.2	187.96	0.001 138 58	0.163 200	6.127 4	798.430	2 782.7	1 984.3	2.216 06	6.519 36	4.303 31
1.4	195.04	0.001 148 93	0.140 721	7.106 3	830.073	2 787.8	1 957.7	2.283 66	6.465 09	4.181 43
1.6	201.37	0.001 158 64	0.123 686	8.085 0	858.561	2 791.7	1 933.2	2.343 61	6.417 53	4.073 91
1.8	207.11	0.001 167 83	0.110 317	9.064 8	884.573	2 794.8	1.910.3	2.397 62	6.375 07	3.977 46
2.0	212.37	0.001 176 61	0.099 536 1	10.047	908.588	2 797.2	1 888.6	2.446 86	6.336 65	3.889 79
2.5	223.94	0.001 197 18	0.079 905 3	12.515	961.961	2 800.9	1 839.0	2.554 29	6.253 61	3.699 32
3.0	233.84	0.001 216 34	0.066 626 1	15.009	1 008.35	2 802.3	1 793.9	2.645 50	6.183 72	3.538 22
3.5	242.54	0.001 234 54	0.057 025 5	17.536	1 049.76	2 802.0	1 752.2	2.725 27	6.122 85	3.397 58
4	250.33	0.001 252 06	0.049 749 3	20.101	1 087.40	2 800.3	1 712.9	2.796 52	6.068 51	3.271 98
5	263.91	0.001 285 82	0.039 428 5	25.362	1 154.47	2 794.2	1 639.7	2.920 60	5.973 49	3.052 89
6	275.55	0.001 318 68	0.032 437 8	30.828	1 213.69	2 785.0	1 571.3	3.027 30	5.890 79	2.863 49
7	285.79	0.001 351 32	0.027 373 3	36.532	1 267.41	2 773.5	1 506.0	3.121 89	5.816 16	2.694 27
8	294.97	0.001 384 24	0.023 525 3	42.507	1 317.10	2 759.9	1 442.8	3.207 62	5.747 10	2.539 47
9	303.31	0.001 417 86	0.020 495 3	48.792	1 363.73	2 744.6	1 380.9	3.286 66	5.682 01	2.395 35
10	310.96	0.001 452 56	0.018 041 3	55.428	1 408.04	2 727.7	1 319.7	3.360 55	5.619 80	2.259 26
12	324.65	0.001 526 76	0.014 283 0	70.013	1 491.77	2 689.2	1 197.4	3.497 18	5.500 22	2.003 04
14	336.64	0.001 610 63	0.011 495 0	86.994	1 571.64	2 642.4	1 070.7	3.624 24	5.380 26	1.756 01
16	347.33	0.001 710 31	0.009 307 5	107.44	1 650.54	2 584.9	934.3	3.747 10	5.253 14	1.506 04
18	356.96	0.001 839 9	0.007 497 7	133.37	1 734.8	2 513.9	779.1	3.876 54	5.112 77	1.236 23
20	365.70	0.002 037 0	0.005 876 5	170.17	1 826.5	2 418.3	591 9	4.014 87	4.941 20	0.926 34
22	373.69	0.002 670 9	0.003 726 5	268.35	2 011.0	2 195.4	184.4	4.294 51	4.579 57	0.285 06
22.12	374.15	0.003 170 0	0.003 170 0	315.46	2 107.4	2 107.4	0.0	4.442 86	4.442 86	0.0

「機械工学便覧 A6 熱工学」日本機械学会(1980)より

表 8・4　(a) 圧縮水，過熱水蒸気表

圧力〔MPa〕(飽和温度°C)		温度〔°C〕								
		100	200	300	350	400	500	600	700	800
0.01 (45.83)	v	17.195	21.825	26.445	28.754	31.062	35.679	40.295	44.910	49.526
	h	2 687.5	2 879.6	3 076.6	3 177.3	3 279.6	3 489.1	3 705.5	3 928.8	4 158.7
	s	8.448 6	8.904 5	9.282 0	9.450 4	9.608 3	9.898 4	10.161 6	10.403 6	10.628 4
0.02 (60.09)	v	8.585	10.907	13.219	14.374	15.529	17.838	20.146	22.455	24.762
	h	2 686.3	2 879.2	3 076.4	3 177.1	3 279.4	3 489.0	3 705.4	3 928.7	4 158.7
	s	8.126 1	8.583 9	8.961 8	9.130 3	9.288 2	9.578 4	9.841 6	10.083 6	10.308 5
0.05 (81.35)	v	3.418	4.356	5.284	5.747	6.209	7.133	8.057	8.981	9.904
	h	2 682.6	2 877.7	3 075.7	3 176.6	3 279.0	3 488.7	3 705.2	3 928.5	4 158.5
	s	7.695 3	8.158 7	8.538 0	8.706 8	8.864 9	9.155 2	9.418 5	9.660 6	9.885 5
0.1 (99.63)	v	1.696	2.172	2.639	2.871	3.102	3.565	4.028	4.490	4.952
	h	2 676.2	2 875.4	3 074.5	3 175.6	3 278.2	3 488.1	3 704.8	3 928.2	4 158.3
	s	7.361 8	7.834 9	8.216 6	8.385 8	8.544 2	8.834 8	9.098 2	9.340 5	9.565 4
0.2 (120.23)	v	0.001 043 7	1.080	1.316	1.433	1.549	1.781	2.013	2.244	2.475
	h	419.1	2 870.5	3 072.1	3 173.8	3 276.7	3 487.0	3 704.0	3 927.6	4 157.8
	s	1.306 8	7.507 2	7.893 7	8.063 8	8.222 6	8.513 9	8.777 6	9.020 1	9.245 2
0.3 (133.54)	v	0.001 043 6	0.716 4	0.875 3	0.953 5	1.031	1.187	1.341	1.496	1.650
	h	419.2	2 865.5	3 069.7	3 171.9	3 275.2	3 486.0	3 703.2	3 927.0	4 157.3
	s	1.306 7	7.311 9	7.703 4	7.874 4	8.033 8	8.325 7	8.589 8	8.832 5	9.057 7
0.4 (143.62)	v	0.001 043 6	0.534 3	0.654 9	0.713 9	0.772 5	0.889 2	1.005	1.121	1.237
	h	419.3	2 860.4	3 067.2	3 170.0	3 273.6	3 484.9	3 702.3	3 926.4	4 156.9
	s	1.306 6	7.170 8	7.567 5	7.739 5	7.899 4	8.191 9	8.456 3	8.699 2	8.924 6
0.5 (151.84)	v	0.001 043 5	0.425 0	0.522 6	0.570 1	0.617 2	0.710 8	0.803 9	0.896 8	0.989 6
	h	419.4	2 855.1	3 064.8	3 168.1	3 272.1	3 483.8	3 701.5	3 925.8	4 156.4
	s	1.306 6	7.059 2	7.461 4	7.634 3	7.794 8	8.087 9	8.352 6	8.595 7	8.821 3
0.6 (158.84)	v	0.001 043 4	0.352 0	0.434 4	0.474 2	0.513 6	0.591 8	0.669 6	0.747 1	0.824 5
	h	419.4	2 849.7	3 062.3	3 166.2	3 270.6	3 482.7	3 700.7	3 925.1	4 155.9
	s	1.306 5	6.966 2	7.374 0	7.547 9	7.709 0	8.002 7	8.267 8	8.511 1	8.736 8
0.7 (164.96)	v	0.001 043 4	0.299 9	0.371 4	0.405 7	0.439 6	0.506 9	0.573 7	0.640 2	0.706 6
	h	419.15	2 844.2	3 059.8	3 164.3	3 269.0	3 481.6	3 699.9	3 924.5	4 155.5
	s	1.306 4	6.885 9	7.299 7	7.474 5	7.636 2	7.930 5	8.195 9	8.439 5	8.665 3
0.8 (170.41)	v	0.001 043 3	0.260 8	0.324 1	0.354 3	0.384 2	0.443 2	0.501 7	0.560 0	0.618 1
	h	419.6	2 838.6	3 057.3	3 162.4	3 267.5	3 480.5	3 699.1	3 923.9	4 155.0
	s	1.306 3	6.814 8	7.234 8	7.410 7	7.572 9	7.867 8	8.133 6	8.377 3	8.603 3
0.9 (175.36)	v	0.001 043 3	0.230 3	0.287 4	0.314 4	0.341 0	0.393 6	0.445 8	0.497 6	0.519 3
	h	419.7	2 832.7	3 054.7	3 160.5	3 265.9	3 479.4	3 698.2	3 923.3	4 154.5
	s	1.306 2	6.750 8	7.177 1	7.354 0	7.516 9	7.812 4	8.078 5	8.322 5	8.548 6
1.0 (179.88)	v	0.001 043 2	0.205 9	0.258 0	0.282 4	0.306 5	0.354 0	0.401 0	0.147 7	0.494 3
	h	419.7	2 826.8	3 052.1	3 158.5	3 264.4	3 478.3	3 697.4	3 922.7	4 154.1
	s	1.306 2	6.692 2	7.125 1	7.303 1	7.466 5	7.762 7	8.029 2	8.273 4	8.499 7
1.5 (198.29)	v	0.001 043 0	0.132 4	0.169 7	0.186 5	0.202 9	0.235 0	0.266 7	0.298 0	0.329 2
	h	420.1	2 794.7	3 038.9	3 148.7	3 256.6	3 472.8	3 693.3	3 919.6	4 151.7
	s	1.305 8	6.450 8	6.920 7	7.104 4	7.270 9	7.570 3	7.838 5	8.083 8	8.310 8
2.0 (212.37)	v	0.001 042 7	0.001 156 0	0.125 5	0.138 6	0.151 1	0.175 6	0.199 5	0.223 2	0.246 7
	h	420.5	852.6	3 025.0	3 138.6	3 248.7	3 467.3	3 689.2	3 916.5	4 149.4
	s	1.305 4	2.330 0	6.769 6	6.959 6	7.129 5	7.432 3	7.702 2	7.948 8	8.176 3

v：体積比〔m³/kg〕，h：比エンタルピー〔kJ/kg〕，s：比エントロピー〔kJ/(kg・K)〕
「機械工学便覧 A6 熱工学」日本機械学会(1980)より

表 8・4　(b)　つづき

圧力〔MPa〕(飽和温度°C)		温度〔°C〕250	300	350	400	450	500	600	700	800
3 (233.84)	v	0.070 55	0.081 16	0.090 53	0.099 31	0.107 8	0.116 1	0.132 3	0.148 3	0.164 1
	h	2 854.8	2 995.1	3 117.5	3 232.5	3 344.6	3 456.2	3 681.0	3 910.3	4 144.7
	s	6.285 7	6.542 2	6.747 1	6.924 6	7.085 4	7.234 5	7.507 9	7.756 4	7.985 7
4 (250.33)	v	0.001 251 2	0.058 83	0.066 45	0.073 38	0.079 96	0.086 34	0.098 76	0.110 9	0.122 9
	h	1 085.8	2 962.0	3 095.1	3 215.7	3 331.2	3 445.0	3 672.8	3 904.1	4 140.0
	s	2.793 4	6.364 2	6.587 0	6.773 3	6.938 8	7.090 9	7.368 0	7.618 7	7.849 5
5 (263.91)	v	0.001 249 4	0.045 30	0.051 94	0.057 79	0.063 25	0.068 49	0.078 62	0.088 45	0.098 09
	h	1 085.8	2 925.5	3 071.2	3 198.3	3 317.5	3 433.7	3 664.5	3 897.9	4 135.3
	s	2.791 0	6.210 5	6.454 5	6.650 8	6.821 7	6.977 0	7.257 8	7.510 8	7.743 1
6 (275.55)	v	0.001 247 6	0.036 14	0.042 22	0.047 38	0.052 10	0.056 59	0.065 18	0.073 48	0.081 59
	h	1 085.8	2 885.0	3 045.8	3 180.1	3 303.5	3 422.2	3 656.2	3.891.7	4 130.7
	s	2.788 6	6.069 2	6.338 6	6.546 2	6.723 0	6.881 8	7.166 4	7.421 7	7.655 4
8 (294.97)	v	0.001 244 1	0.024 26	0.029 95	0.034 31	0.038 14	0.041 70	0.048 39	0.054 77	0.060 96
	h	1 085.8	2 786.8	2 989.9	3 141.6	3 274.3	3 398.8	3 639.5	3 879.2	4 121.3
	s	2.783 9	5.794 2	6.134 9	6.369 4	6.559 7	6.726 2	7.019 1	7.279 0	7.515 8
10 (310.96)	v	0.001 240 6	0.001 397 9	0.022 42	0.026 41	0.029 74	0.032 76	0.038 32	0.043 55	0.048 58
	h	1 085.8	1 343.4	2 925.8	3 099.9	3 243.6	3 374.6	3 622.7	3 866.8	4 112.0
	s	2.779 2	3.248 8	5.948 9	6.218 2	6.424 3	6.599 4	6.901 3	7.166 0	7.405 8
15 (342.13)	v	0.001 232 4	0.001 377 9	0.011 46	0.015 66	0.018 45	0.020 80	0.024 88	0.028 59	0.032 09
	h	1 086.2	1 338.3	2 694.8	2 979.1	3 159.7	3 310.6	3 579.8	3 835.4	4 088.6
	s	2.768 0	3.227 8	5.446 7	5.887 6	6.146 8	6.348 7	6.676 4	6.953 6	7.201 3
20 (365.70)	v	0.001 224 7	0.001 360 6	0.001 666	0.009 947	0.012 71	0.014 77	0.018 16	0.021 11	0.023 85
	h	1 086.7	1 334.3	1 647.2	2 820.5	3 064.3	3 241.1	3 535.5	3 803.8	4 065.3
	s	2.757 4	3.208 9	3.730 8	5.558 5	5.908 9	6.145 6	6.504 3	6.795 3	7.051 1
25	v	0.001 217 5	0.001 345 3	0.001 600	0.006 014	0.009 171	0.011 13	0.014 13	0.016 63	0.018 91
	h	1 087.5	1 331.1	1 625.1	2 582.0	2 954.3	3 165.9	3 489.9	3 771.9	4 041.9
	s	2.747 2	3.191 6	3.682 4	5.145 5	5.682 1	5.965 5	6.360 4	6.666 4	6.930 6
30	v	0.001 210 7	0.001 331 6	0.001 554	0.002 831	0.006 735	0.008 681	0.011 44	0.013 65	0.015 62
	h	1 088.4	1 328.7	1 610.0	2 161.8	2 825.6	3 085.0	3 443.0	3 739.7	4 018.5
	s	2.737 3	3.175 7	3.645 5	4.489 6	5.449 5	5.797 2	6.234 0	6.556 0	6.828 8
40	v	0.001 198 1	0.001 307 7	0.001 490	0.001 909	0.003 675	0.005 616	0.008 088	0.009 930	0.011 52
	h	1 090.8	1 325.4	1 589.7	1 934.1	2 515.6	2 906.8	3 346.4	3 674.8	3 971.7
	s	2.718 8	3.146 9	3.588 5	4.119 0	4.951 1	5.476 2	6.013 5	6.370 1	6.660 6
50	v	0.001 186 6	0.001 287 4	0.001 444	0.001 729	0.002 492	0.003 882	0.006 111	0.007 720	0.009 076
	h	1 093.6	1 323.7	1 576.4	1 877.7	2 293.2	2 723.0	3.248.3	3 610.2	3 925.3
	s	2.701 5	3.121 3	3.543 6	4.008 3	4.602 6	5.178 2	5.820 7	6.213 8	6.522 2
60	v	0.001 176 1	0.001 269 8	0.001 408	0.001 632	0.002 084	0.002 952	0.004 835	0.006 269	0.007 460
	h	1 096.9	1 323.2	1 567.1	1 847.3	2 187.1	2 570.6	3 151.6	3 547.0	3 879.6
	s	2.685 1	3.098 1	3.505 9	3.938 3	4.424 6	4.937 4	5.64 77	6.077 5	6.403 1
80	v	0.001 157 3	0.001 240 1	0.001 355	0.001 518	0.001 772	0.002 188	0.003 379	0.004 519	0.005 480
	h	1 104.4	1 324.7	1 555.9	1 814.2	2 094.1	2 397.4	2 980.3	3 428.7	3 792.8
	s	2.655 0	3.057 0	3.443 6	3.842 5	4.243 4	4.648 8	5.359 5	5.847 0	6.203 4
100	v	0.001 140 7	0.001 215 5	0.001 315	0.001 446	0.001 629	0.001 893	0.002 668	0.003 536	0.004 341
	h	1 113.0	1 328.6	1 550.6	1 797.6	2 051.2	2 316.1	2 857.5	3 324.4	3 714.3
	s	2.627 5	3.021 0	3.392 2	3.773 8	4.137 3	4.491 3	5.150 5	5.657 9	6.039 7

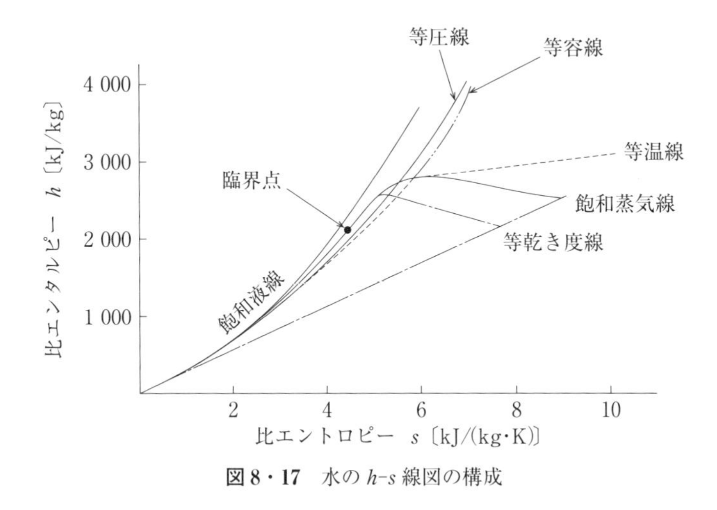

図 8・17　水の h-s 線図の構成

詳しくは巻末の折込み図を参照するとして，日本機械学会発行の「蒸気表」の表より練習用に作成した水の h-s 線図を**図 8・18** に示す．図 8・18 は図 8・17 の $s>4.0$ kJ/(kg・K)，$h>1\,000$ kJ/(kg・K) の範囲に対応している．圧力範囲は 0.001 MPa～100 MPa，温度範囲では 7℃（0.001 MPa の飽和温度）～800℃である，h-s 線図の構成は図 8・17 より理解して欲しい．

可逆変化におけるエネルギー保存則は式（8・6）で表される（第 4 章式（4・15），第 3 章式（3・9）参照）．

$$Tds = dh - vdP \tag{8・6}$$

式（8・6）で $dP=0$（圧力一定）をおけばわかるように，h-s 線図上では等圧線の勾配 $(\partial h/\partial s)_P$ には，

$$\left(\frac{\partial h}{\partial s}\right)_P = T \tag{8・7}$$

の関係がある．

湿り蒸気は飽和状態にあるので圧力が指定されれば温度が定まる．したがって，湿り蒸気の等圧線は等温線でもある．式（8・7）より，等圧線の勾配はその圧力の飽和温度（絶対温度）に等しい，湿り蒸気域の最高温度は臨界温度であるので臨界点は飽和蒸気線，飽和液線の勾配が最も大きい点に対応する．過熱蒸気

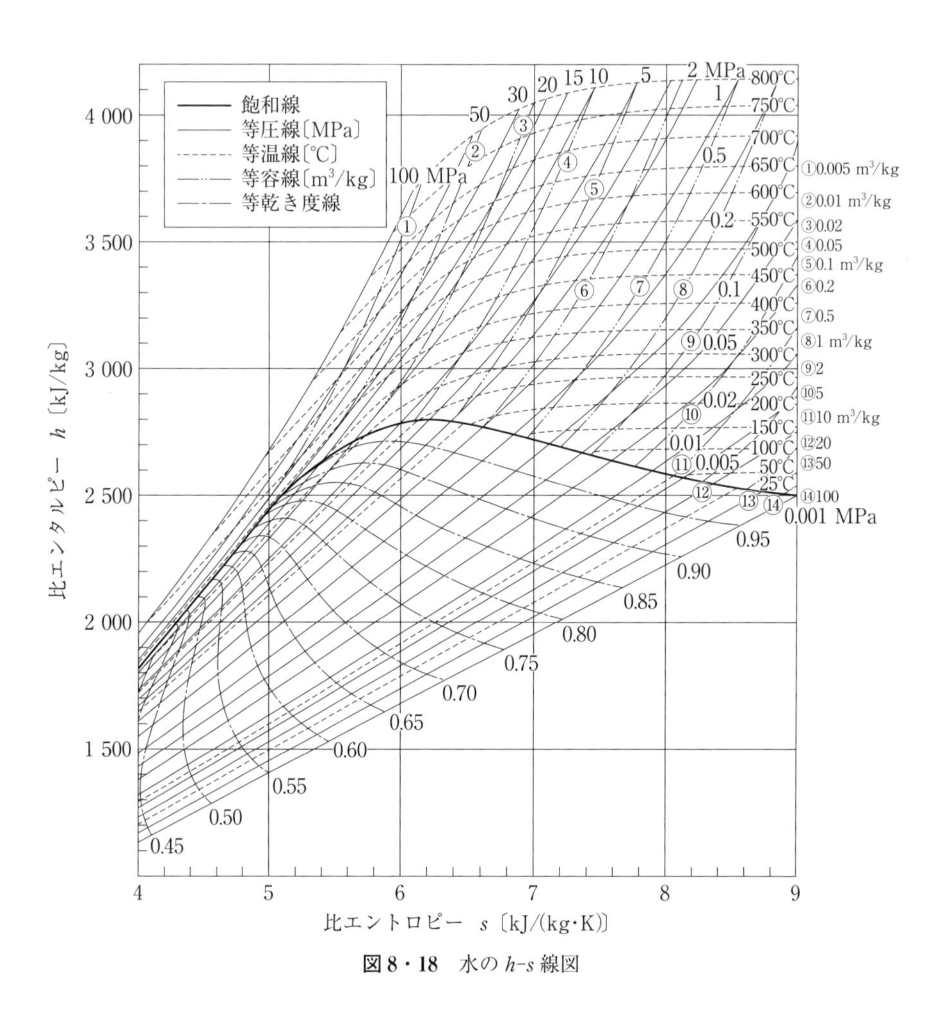

図 8・18　水の h-s 線図

の範囲で等容線の勾配 $(\partial h/\partial s)_V$ は，等圧線の勾配よりも大きい.

水の場合，飽和蒸気のエンタルピーはおよそ 250℃（4 MPa）で，最大値（2 800 kJ/kg）をとる.

【例題 8・1】 250℃の水の 3 MPa と 4 MPa の状態を比べよ.

〈解 答〉 表 8･3 より，3 MPa の飽和温度は 233.84℃，4 MPa の飽和温度は 250.33℃であるから 3 MPa の場合は過熱度 16.16℃（＝250－233.84）の過熱蒸気，4

MPa の場合は過冷却度 0.33℃（＝250.33－250）の過冷却液である．表 8・4（b）で 250℃の列を見ると 3 MPa と 4 MPa の間に太い線があるが，この線は過熱蒸気（線の右，上）と過冷却液（線の左，下）の境を意味している（表 8・4（a）の太い線も同様な意味である）．表 8・4（b）でこの線は臨界点（20 MPa と 25 MPa の間，350℃と 400℃の間）までである．

【例題 8・2】　圧力 0.005 MPa，乾き度 0.85 の湿り蒸気の状態を求めよ．

〈解　答〉　図 8・18 からおよそ飽和温度 33℃，比エンタルピー 2 190 kJ/(kg・K)，比エントロピー 7.2 kJ/(kg・K）と読み取れる（比容積は表 8・3 を用いて計算する）．詳しくは表 8・3，表 8・4 を用いる．

表 8・3 より飽和温度は 32.90℃．

$s' = 0.47626$ kJ/(kg・K)，$s'' = 8.39596$ kJ/(kg・K)，$h' = 137.772$ kJ/kg，$h'' = 2\,561.6$ kJ/kg，$v' = 0.00100523$ m^3/kg，$v'' = 28.1944$ m^3/kg である．

比エントロピー：$s = (1 - x)s' + xs'' = 7.2080$〔kJ/(kg・K)〕

比エンタルピー：$h = (1 - x)h' + xh'' = 2\,198.0$〔kJ/kg〕

比体積：$v = (1 - x)v' + xv'' = 23.965$〔m^3/kg〕

【例題 8・3】　状態 1（5 MPa，500℃）の水蒸気が可逆断熱膨張した場合，以下の状態量を求めよ．

①　1 MPa になった状態 2 の比エンタルピー

②　0.5 MPa になった状態 3 の比エンタルピー

〈解　答〉　①　図 8・18 より状態 1 は $h_1 = 3\,440$ kJ/kg，$s_1 = 6.92$ kJ/(kg・K）である．可逆断熱膨張では比エントロピーは変わらないので $s_2 = s_1$ であり，1 MPa の等圧線との交点よりおよそ 2 970 kJ/kg と読み取れる．

②　$s_3 = s_1$ であり，0.5 MPa の等圧線との交点よりおよそ $h_3 = 2\,810$ kJ/kg と読み取れる．s_3 は，表 8・3 より，0.5 MPa の飽和蒸気の値 $s'' = 6.81919$ kJ/(kg・K）より大きいので状態 3 は過熱水蒸気である．

＋ Tips ＋　表より補間して求める

例題 8・3 において

①　表 8・4 より状態 1 は $s = 6.9770$ kJ/(kg・K)，$h = 3\,433.7$ kJ/kg である．表 8・4 には $P = 1.0$ MPa において比エントロピーが $s = 6.9770$ kJ/(kg・K）であ

る条件は記されてないので，6.9770 kJ/(kg·K) を挟む近い状態（**図 8·19** (a)）の状態 A（200℃，1.0 MPa），状態 B（300℃，1.0 MPa）の値から補間する．表 8·4 より，

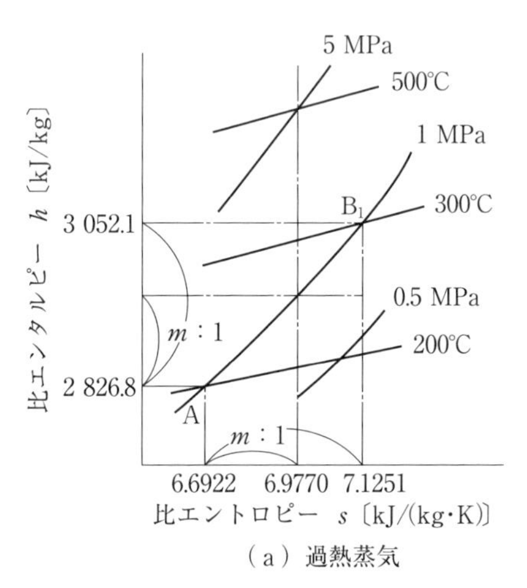

（a）過熱蒸気

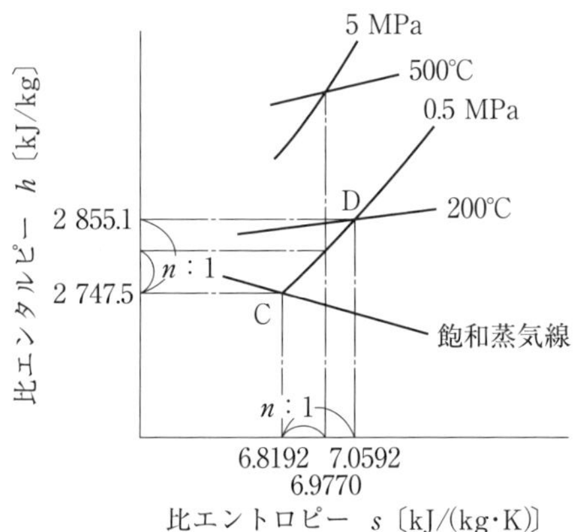

（b）飽和蒸気に近い過熱蒸気

図 8・19 補間法

状態 A：1 MPa，200℃で　$s = 6.6922$ kJ/(kg·K)，$h = 2\,826.8$ kJ/kg

状態 B：1 MPa，300℃で　$s = 7.1251$ kJ/(kg·K)，$h = 3\,052.1$ kJ/kg

求める点の状態を（s，h）とする．1 MPa の等圧線は A，B の間では直線と見なせば，

$$(s_B - s_A):(s - s_A) = 1:m$$

ならば，

$$(h_B - h_A):(h - h_A) = 1:m$$

が成り立つ．

$$m = \frac{6.9770 - 6.6922}{7.1251 - 6.6922} = 0.6579$$

であるので，

$$m = \frac{h - 2\,826.8}{3\,052.1 - 2\,826.8}$$

より，

$$h = 2\,975.0\ 〔\mathrm{kJ/kg}〕$$

② ①と同様，補間して求める．図 8･19（b）において，状態 C（0.5 MPa の飽和水蒸気）は表 8･3（b）より，

$$s'' = 6.8192\ \mathrm{kJ/(kg \cdot K)},\ h'' = 2\,747.5\ \mathrm{kJ/kg}$$

状態 D（0.5 MPa，200℃）は表 8･4 より，$s = 7.0592$ kJ/(kg･K)，$h = 2\,855.1$ kJ/kg である．求める状態は CD 間を直線的に 1 : n に内分する点とすれば，

$$n = \frac{6.9770 - 6.8192}{7.0592 - 6.8192} = 0.6575$$

$$n = \frac{h - 2\,747.5}{2\,855.1 - 2\,747.5}$$

より，

$$h = 2\,818.2\ 〔\mathrm{kJ/kg}〕$$

8・7 飽和状態の変化（クラペイロンの式）

ギッブスの比自由エネルギー g は，

$$g = h - Ts \qquad (8 \cdot 8)$$

で表される（第 4 章式（4・30）参照），微小変化 dg については，

$$dg = dh - Tds - sdT \qquad (8 \cdot 9)$$

となり，式（8･6）を代入すれば式（8･10）が得られる．

$$dg = vdP - sdT \qquad (8 \cdot 10)$$

単一成分の物質の相Ⅰと相Ⅱの間に圧力一定（P = 一定，したがって $dP = 0$）のもとで相変化が生じている間は温度も一定（T = 一定，したがって $dT = 0$）で

あるから式（8･10）より，

$$dg = 0 \tag{8・11}$$

であり，ギッブスの比自由エネルギーは一定である．相変化でギッブスの比自由エネルギーは変わらないので相Ⅰと相Ⅱでは等しい．

$$g^{\mathrm{I}} = g^{\mathrm{II}} \tag{8・12}$$

したがって，微小変化についても等しい．

$$dg^{\mathrm{I}} = dg^{\mathrm{II}} \tag{8・13}$$

式（8･10）を式（8･13）に代入すれば，

$$v^{\mathrm{I}}dP - s^{\mathrm{I}}dT = v^{\mathrm{II}}dP - s^{\mathrm{II}}dT$$

となるので，

$$\frac{dP}{dT} = \frac{s^{\mathrm{II}} - s^{\mathrm{I}}}{v^{\mathrm{II}} - v^{\mathrm{I}}} \tag{8・14}$$

が成り立つ．これを**クラペイロンの式**という．

〔1〕 気液平衡

相Ⅰが液相（l），相Ⅱが気相（g）の場合，沸騰温度を T_{lg}，蒸発熱を L_{lg} とすると，

$$s^{\mathrm{II}} - s^{\mathrm{I}} = \frac{L_{lg}}{T_{lg}} \tag{8・15}$$

$$v^{\mathrm{II}} - v^{\mathrm{I}} = v_g - v_l \tag{8・16}$$

であるので，

$$\frac{dP}{dT} = \frac{L_{lg}}{T_{lg}(v_g - v_l)} \tag{8・17}$$

が成り立つ．

〔2〕 固液平衡

相Ⅰが固相（s），相Ⅱが液相（l）の場合，融解温度を T_{sl}，融解熱が L_{sl} とすると，

$$s^{\mathrm{II}} - s^{\mathrm{I}} = \frac{L_{sl}}{T_{sl}} \tag{8・18}$$

であるので，

$$\frac{dP}{dT}=\frac{L_{sl}}{T_{sl}(v_l-v_s)} \qquad (8\cdot19)$$

が成り立つ．

(dP/dT)は単一成分の物質の相平衡状態（飽和状態）における圧力と温度の関係における変化率（図8•7の曲線の勾配）を与える．

固相・液相の平衡の場合，多くの物質では融解すると体積が増加するので，

$$v_l-v_s>0 \qquad (8\cdot20)$$

である．したがって，その勾配は正，

$$\frac{dP}{dT}>0 \qquad (8\cdot21)$$

である（図8•7のT_rB'）．これに対し，水および少数の物質では融解すると体積が減少するので，

$$v_l-v_s<0 \qquad (8\cdot22)$$

したがって，その勾配は負，

$$\frac{dP}{dT}<0 \qquad (8\cdot23)$$

である（図8•7のT_rB）．

【例題8・4】　大気圧（0.101325 MPa）における水の沸点は100℃である．100℃における飽和圧力の温度に対する変化率を求めよ．

〈解答〉　式（8・17）に大気圧における値（表8•3（b））$T_{lg}=373.15$ K，$L_{lg}=2\,256.9$ kJ/kg，$v_g=1.673$ m^3/kg，$v_l=0.00104$ m^3/kgを代入すると，

$$\frac{dP}{dT}=\frac{2\,256.9\times10^3\,〔\mathrm{J/kg}〕}{373.15\,〔\mathrm{K}〕\times(1.673\,〔\mathrm{m^3/kg}〕-0.001\,〔\mathrm{m^3/kg}〕)}=3\,617\,〔\mathrm{Pa/K}〕$$

［参考］　表8•3より，飽和温度は0.10 MPaで99.63℃，0.101325 MPaで100.00℃であるから，この範囲での(dP/dT)の平均値は3 581 Pa/Kである．

演習問題

問題8・1　6 MPa の水蒸気の飽和蒸気温度から 300℃，および飽和蒸気温度から 500℃の間のそれぞれの平均比熱を求めよ．

問題8・2　湿り蒸気中に飽和液が占める体積が 1% である．飽和温度が 25℃，100℃，300℃の場合，それぞれの乾き度を求めよ（飽和液の体積割合を式（8･3）より得られる $v'(1-x)$ と v の比で考えよ）．

問題8・3　液体の水と水蒸気は大気圧のもと 100℃で相平衡するというが，コップに入れ 25℃の大気中に置いた 25℃の水は平衡状態にないのだろうか．

問題8・4　**図 8･20** のように内径 20 cm のシリンダ内に水が入っている．ピストンのように滑る蓋におもりを乗せて加熱したところ 110℃で沸騰した．このとき，蓋に働く内外の圧力差はどれくらいか．蓋とおもりを合わせた質量を求めよ．

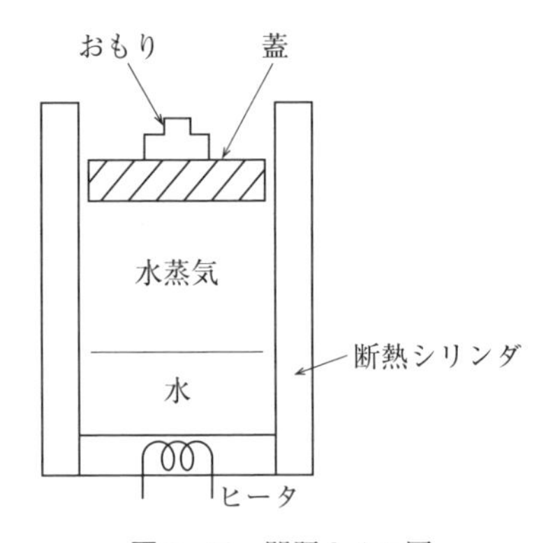

図 8・20　問題 8･4 の図

問題8・5　管路に圧力 $P_1 = 4.0$ MPa の湿り水蒸気が流れている．管路からしぼり部を通して蒸気を導き出したところ，圧力 $P_2 = 0.1$ MPa，温度 $T_2 = 120$℃（比エンタルピーは 2 716.5 kJ/kg）であった．管路内の湿り水蒸気の乾き度を求めよ．

9章

蒸気サイクル

電力は最も使いやすいエネルギー形態である．電力を得るには水力で発電する方法もあるが，主として燃料の発熱量で得られる高温高圧の水蒸気でタービンを回して発電する方式（火力・原子力発電プラント）が行われている．

水を作動流体とする動力発生の基本サイクルはランキンサイクルであり，ボイラで発生した高温，高圧の水蒸気がタービン・発電機を回して電力を発生する．タービンを出た水蒸気は冷やされて液体の水になってボイラに送られて循環する．このサイクルの熱効率はどのような性質を持っているかを調べる．さらにランキンサイクルの改良である再熱サイクル，再生サイクルおよびガスタービンと蒸気サイクルの複合サイクルを取り上げて熱効率の改善について考えよう．

9・1　蒸気タービンの仕事

蒸気タービンは，高温・高圧の蒸気で翼車を回転させて動力を与える機械であり，静翼と動翼の対を一つの段として，これを何段か配列した構造である（**図 9・1**）．蒸気の流れを動翼に導く静翼は固定されている．動翼は，蒸気の流れから衝撃的な力，反動的な力を受けて回転し，接続された機器に回転エネルギーを与える．

タービンにおける仕事を第4章式（4.12）から調べよう．

タービンは外部との間で熱交換しない（$\dot{Q}=0$）とすると，

$$\dot{L}=\dot{M}(h_1-h_2)$$

が成り立つ．質量流量（$\dot{M}=1\,\mathrm{kg/s}$）当たりの仕事 l は

$$l=h_1-h_2 \qquad (9\cdot1)$$

となる．

（a）外　観(動翼)
(提供：三菱重工業(株))

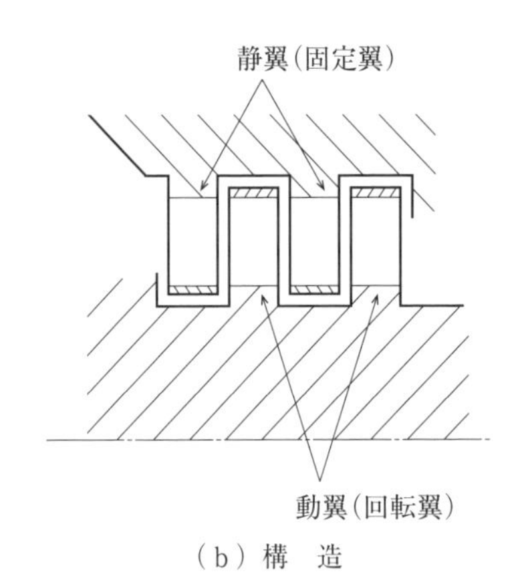

（b）構　造

図 9・1　タービンの翼（写真は動翼）

蒸気がタービンで入口状態Ⅰ(圧力 P_{I}, 比エンタルピー h_{I}, 比エントロピー s_{I}）から出口圧力 P_{E} まで膨張する場合を h-s 線図上で考える（図 8･18 参照).

状態Ⅰからの変化が理想的な可逆断熱変化である場合には，s＝一定なので**図 9･2** において，出口の状態は E となる.

$$s_{\mathrm{E}} = s_{\mathrm{I}} \qquad (9 \cdot 2)$$

実際には，タービンには摩擦，洩れなどの種々の損失があるので，出口の圧力は同じ P_{E} で比べると，比エントロピーは増加する．この状態を圧力 P_{E} の等圧線上に F で表すと，比エンタルピー h_{F} は h_{E} よりも大きい.

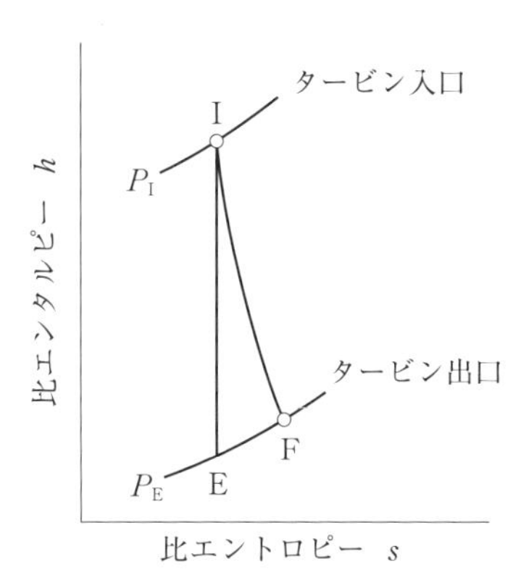

図9・2 タービンにおける変化

$$h_F > h_E \tag{9・3}$$

理想的な場合に得られる仕事,

$$\Delta h_{IE} = h_I - h_E \tag{9・4}$$

に対して，実際に得られる仕事は,

$$\Delta h_{IF} = h_I - h_F \tag{9・5}$$

である.

両者の比，タービン効率ηは次式で表される.

$$\eta = \frac{\Delta h_{IF}}{\Delta h_{IE}} = \frac{h_I - h_F}{h_I - h_E} \tag{9・6}$$

式（9·3）より$\eta < 1$である.

+ Tips +

ボイラと蒸気タービン

蒸気サイクルを構成する機器のうち，ボイラと蒸気タービンについて解説する.

ボイラ（boiler：国語辞典ではボイラー，JISではボイラと表記）は高温，高圧の水蒸気，温水を生成する装置である．炉で燃料が燃えて発生する熱が炉内，炉壁の管路を流れる水を加熱する方式，燃焼ガスが管路を流れて周りの缶内の水を加熱する方式（蒸気機関車）などがある.

タービン（turbine：ラテン語 turbo 渦巻き，こま）は，ヘロンの回転機械が発祥と言われている．ヘロンは三角形の３辺の長さから面積を求めるヘロンの公式でも有名なアレキサンドリア（1 世紀ごろ？）の科学者で，回転軸をもつ球状の容器に軸を通して水蒸気を入れ，ノズルから噴出させて，噴出する水蒸気の反動で容器が回転する構造を考案した．

タービンは，一般に図 9･1 のように翼付きの円盤を回転させる構造である．噴出蒸気によって翼の出口に生じる反動的な力，翼に当たる蒸気の衝動的な力の両者が回転力になっている．

歴史的に，反動式はパーソンズ（イギリス），衝動式はド・ラバル（スウェーデン）による発明が名高い（1880 年代）．末広ノズルは，ド・ラバルノズルとも呼ばれる（図 7･7 参照）．

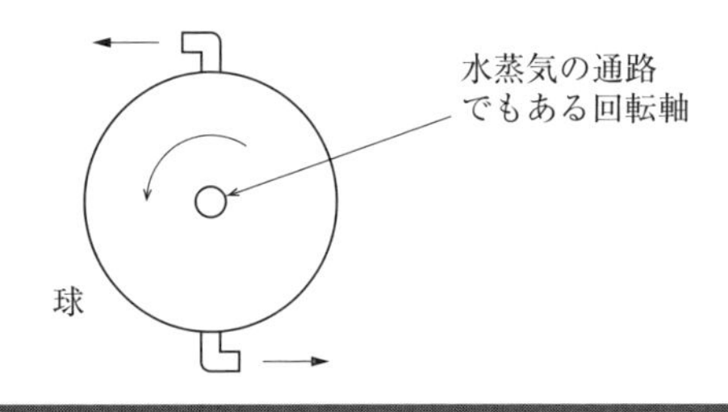

【例題 9・1】 5 MPa，500℃の状態Ⅰからタービンにて 0.005 MPa まで膨張する．

① 可逆断熱膨張した場合の状態 E，および熱落差を求めよ．

② タービン効率が 0.85 の場合について，タービン出口の状態 F を求めよ．

〈解 答〉 表 8･3，表 8･4 を使用する．

① 5 MPa，500℃の水蒸気は，

$$s_{\mathrm{I}} = 6.9770\ \mathrm{kJ/(kg \cdot K)},\quad h_{\mathrm{I}} = 3\,433.7\ \mathrm{kJ/kg}$$

0.005 MPa の飽和状態は

$$s' = 0.4763\ \mathrm{kJ/(kg \cdot K)},\quad h' = 137.8\ \mathrm{kJ/kg}$$

$$s'' = 8.3960\ \mathrm{kJ/(kg \cdot K)},\quad h'' = 2\,561.6\ \mathrm{kJ/kg}$$

可逆断熱膨張なので $s_{\mathrm{E}} = s_{\mathrm{I}}$ である．

状態 E の乾き度は，

$$x_{\mathrm{E}} = \frac{s_{\mathrm{I}} - s'}{s'' - s'} = \frac{6.9770 - 0.4763}{8.3960 - 0.4763} = 0.8208$$

比エンタルピーは，

$$h_E = h' + x_E(h'' - h') = 137.8 + 0.8208 \times (2\,561.6 - 137.8) = 2\,127.3\ \text{〔kJ/kg〕}$$

可逆断熱膨張での断熱熱落差は，

$$h_1 - h_E = 3\,433.7 - 2\,127.3 = 1\,306.4\ \text{〔kJ/kg〕}$$

②　タービン効率が 0.85 であるので熱落差は，

$$1\,306.4 \times 0.85 = 1\,110.4\ \text{〔kJ/kg〕}$$

したがって，タービン出口の比エンタルピー h_F は，

$$h_F = 3\,433.7 - 1\,110.4 = 2\,323.3\ \text{〔kJ/kg〕}$$

状態 F は湿り蒸気の状態にあり，乾き度 x_F は，

$$x_F = \frac{2\,323.3 - 137.8}{2\,561.6 - 137.8} = 0.9017$$

比エントロピー s_F は，

$$s_F = s' + x_F(s'' - s') = 0.4763 + 0.9017 \times (8.3960 - 0.4763) = 7.6175\ \text{〔kJ/(kg·K)〕}$$

9・2　ランキンサイクルの性質

蒸気原動所は基本的にボイラ，蒸気タービン，復水器，ポンプによって構成される（**図 9・3**（a））．ボイラは火炉をその壁面に設置された多数の伝熱管が取り囲むような構造になっている．燃料が火炉にて燃焼し，燃焼熱が伝熱管内の高圧の水に放射，対流によって伝わり，水が高温高圧の水蒸気に変化する．高温高圧の水蒸気がタービン・発電機を回し，電力が発生する．復水器は多数の伝熱管内を通る冷却水によって低圧の水蒸気を冷却し，凝縮させる熱交換器である．

圧力 P_1 の水（液体）がポンプで昇圧されて P_2 になりボイラに入る．水は伝熱管内で等圧的に加熱されて飽和液，飽和蒸気，さらに加熱されて温度 T_3 の過熱蒸気となる．この蒸気がタービンに入って圧力 P_4 まで断熱膨張しタービンの翼車を回して仕事を行う．タービンを出た低圧の（湿り）蒸気は復水器で冷却されて圧力 P_1 の飽和液になり，ポンプに入る．このサイクルを**ランキンサイクル**という．作動流体の単位質量当りについて考える（第 4 章参照）．

仕事や熱量とエンタルピーの関係は第 4 章に説明されている．作動流体 1 kg 当りについて考えよう．

ポンプで受け取る仕事 l_{T12} は，

$$l_{T12} = h_2 - h_1 \tag{9・7}$$

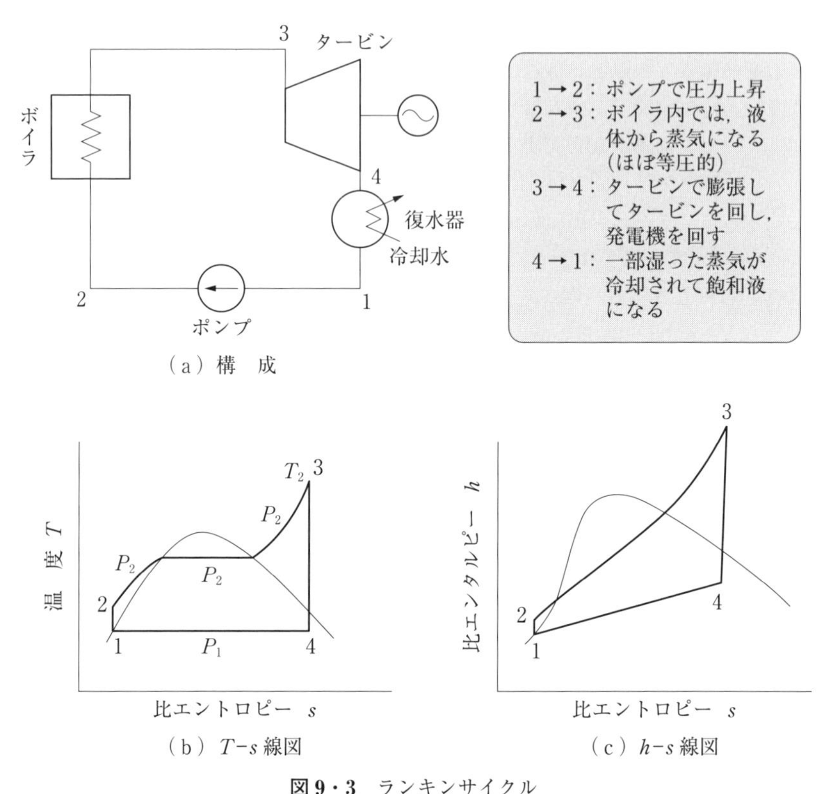

図 9・3　ランキンサイクル

ボイラ（蒸気発生器）で受け取る熱量 q_{23} は，

$$q_{23} = h_3 - h_2 \tag{9・8}$$

同様に，復水器（凝縮器）で捨てる熱量 q_{41} は，

$$q_{41} = h_4 - h_1 \tag{9・9}$$

タービンで行う仕事 l_{T34} は，

$$l_{T34} = h_3 - h_4 \tag{9・10}$$

である．

全体として，受け取る熱量は q_{23}，行う仕事はタービン仕事からポンプ仕事を差し引いて $(l_{T34} - l_{T12})$ となる．したがって，ランキンサイクルの理論熱効率 η_{th} は，

$$\eta_{th}=\frac{l_{T34}-l_{T12}}{q_{23}}=\frac{(h_3-h_4)-(h_2-h_1)}{h_3-h_2} \qquad (9\cdot11)$$

で与えられる．

圧縮過程 1-2 では，液体（比容積が小さい）の圧縮であるから，その仕事は小さくてすむ．これがランキンサイクルの特徴の一つとなっている．

ポンプ仕事(h_2-h_1)をタービン仕事(h_3-h_4)と比べ，

$$0<h_2-h_1\ll h_3-h_4 \qquad (9\cdot12)$$

として無視し，式（9･11）で $h_2\fallingdotseq h_1$ とすれば，

$$\eta_{th}\cong\frac{h_3-h_4}{h_3-h_1} \qquad (9\cdot13)$$

となる．**図 9･4** にタービン入口の蒸気圧力，温度と熱効率の関係を示す．

タービン入口蒸気圧力が高いほど効率は一般に高くなる傾向にあるが，効率を高めるには圧力とともに入口蒸気温度も高くする必要がある．

タービンを出た蒸気は復水器で冷却されて凝縮し，水（復水）になる．その圧力はその水の温度の飽和圧力である．温度（凝縮温度），したがって，復水圧力

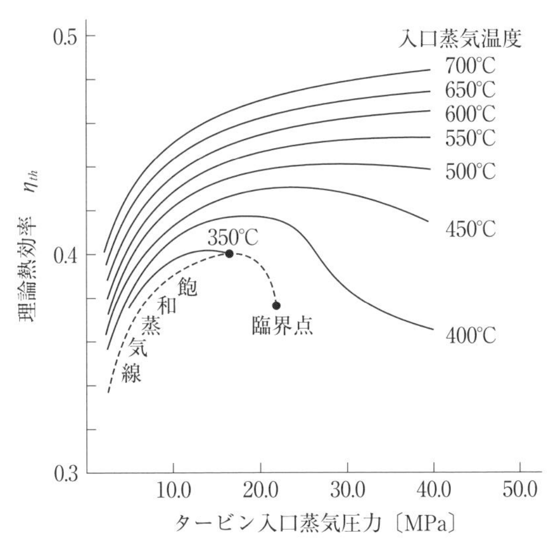

図 9・4　ランキンサイクルの熱効率
（復水器圧力 0.005 MPa）
（齋藤孝基：応用熱力学，東京大学出版会（1987）より）

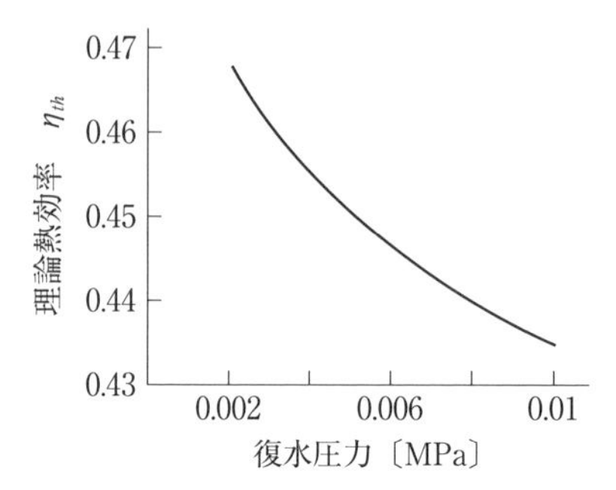

図 9・5　復水器圧力によるランキンサイクル熱効率の変化
（タービン入口蒸気圧力 25.0 MPa，温度 550℃）
（齋藤孝基：応用熱力学，東京大学出版会（1987）より）

（凝縮圧力）冷却流体（海水，河川水，大気など）の温度に依存する．ランキンサイクルの熱効率は，**図 9・5** に示されるように復水圧力が低いほど高いので夏期より冬期のほうが熱効率は高い傾向がある．これはタービンではできるだけ低い圧力まで膨張させれば仕事が大きくなるからである．その一方，より低い圧力まで膨張させるとタービン出口蒸気の乾き度が小さくなる恐れがある．タービン出口の乾き度が小さくなると蒸気流中の液滴がタービンの羽根に高速で衝突して損傷（**エロージョン**）を与えるため，通常乾き度は 80% 以上に保つ必要がある．

【例題 9・2】　タービン入口蒸気が 500℃，5 MPa，復水器圧力 0.005 MPa のランキンサイクル（図 9・3）において蒸気はタービンでは可逆断熱膨張するとして理論熱効率を求めよ．電気出力 10 万 kW の場合，作動流体への熱入力は何 kW か．海水に与える排熱は何 kW か．タービン効率，発電機効率は 1 とする．

〈解 答〉　例題 9・1 ①を参照して，$h_4 = 2\,127.3$ kJ/kg

タービンでの仕事 l_T,

$$l_T = h_3 - h_4 = 3\,433.7 - 2\,127.3 = 1\,306.4 \text{〔kJ/kg〕}$$

$h_1 = h_4'$（状態 4 の飽和液），

$$v_1 = v_1' = 0.00100 \text{〔m}^3\text{/kg〕}$$

状態 2 の圧力は，

$$P_2 = 5 \text{ MPa}$$

ポンプ仕事 $l_P \fallingdotseq (P_2 - P_1)v_1' = (5 - 0.005)$〔MPa〕$\times 0.00100$〔$m^3/kg$〕

$= (5 - 0.005) \times 10^6$〔Pa〕$\times 0.00100$〔$m^3/kg$〕$= 5.0$〔kJ/kg〕

状態2の比エンタルピーは，

$h_2 = h_1 + (P_2 - P_1)v_1' = 137.8 + 5.0 = 142.8$〔kJ/kg〕

本サイクルの熱力学的効率は，

$$\eta_{th} = \frac{\text{タービン仕事} - \text{ポンプ仕事}}{\text{ボイラで受け取る熱量}}$$

$$= \frac{(h_3 - h_4) - (h_2 - h_1)}{h_3 - h_2} = \frac{1\,306.4 - 5.0}{3\,433.7 - 142.8} = \frac{1\,301.4}{3\,290.9} = 0.395$$

作業流体の質量流量が $\dot{M}$〔kg/s〕のとき出力が10万kWとすると，

$$\dot{M} = \frac{(\text{電気出力})}{(h_3 - h_4) - (h_2 - h_1)} = \frac{1.0 \times 10^5\ \text{〔kJ/s〕}}{1\,301.4\ \text{〔kJ/kg〕}} = 76.84\ \text{〔kg/s〕}$$

ポンプ仕事は，

$\dot{L} = \dot{M}(h_2 - h_1) = 76.84$〔kg/s〕$\times 5.0$〔kJ/kg〕$= 384$〔kW〕

ボイラで受け取る熱量は，

$\dot{Q}_{23} = \dot{M}(h_3 - h_2) = 76.84$〔kg/s〕$\times 3\,290.9$〔kJ/kg〕$= 2.53 \times 10^5$〔kW〕

海水に与える熱量，

$\dot{Q}_{41} = \dot{M}(h_4 - h_1) = 76.84$〔kg/s〕$\times (2\,127.3 - 137.8)$〔kJ/kg〕$= 1.53 \times 10^5$〔kW〕

これは，ボイラで受け取る熱量の60%に当たる．

+ Tips + 自然の利用

地熱発電は地中のマグマによって熱された地下水，すなわち熱水を地上に取り出して利用する方式である．圧力0.1～2 MPa，温度100～240℃程度の熱水（含蒸気）あるいは熱水から水分を分離して得る水蒸気でタービン・発電機を回して発電する．本方式の一例を**図9·6**に示す．

海水温度差発電は熱帯の海の表面水を高温熱源，深水を低温熱源として発電しようとするもので両熱源の温度差が小さいので高い効率を期待できないが，自然の利用として望ましい面がある．作動流体は低い温度でも飽和圧力が比較的高いことが望ましいので，アンモニアやフロン系などの媒体が選ばれる．**図9·7**はランキンサイクルであって，29.5℃の海水で作動流体を24℃とし，タービンで13℃の飽和蒸気まで膨張させて発電するというものである．海水の供給管路は長距離，凝縮器で使用する海水は500～600 mの深さから汲み上げることになるので海水ポンプの必要仕事はかなり大きくなる．

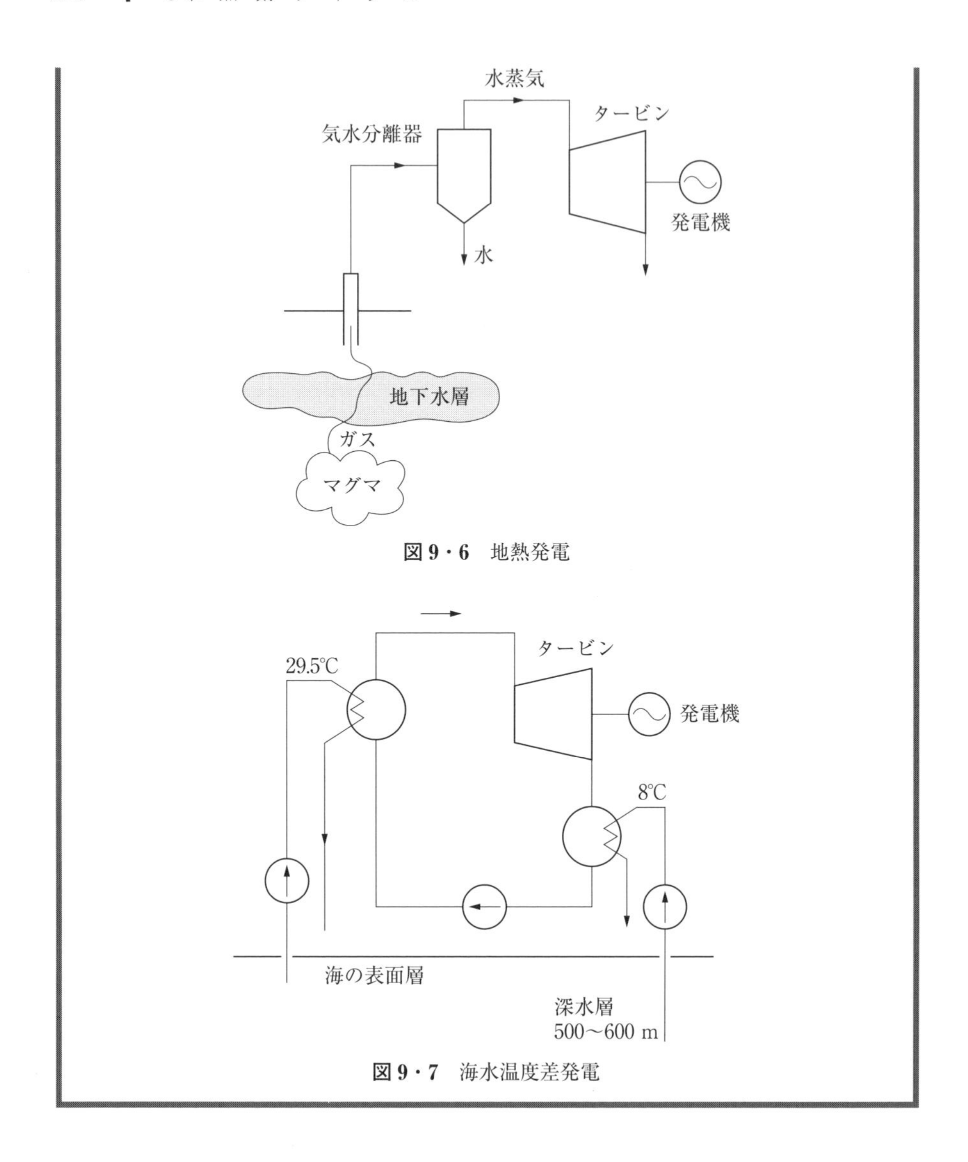

図9・6 地熱発電

図9・7 海水温度差発電

9・3 再熱サイクル，再生サイクル

〔1〕 再熱サイクル

蒸気をタービンで復水圧力まで一気に膨張させるとタービン出口での乾き度が

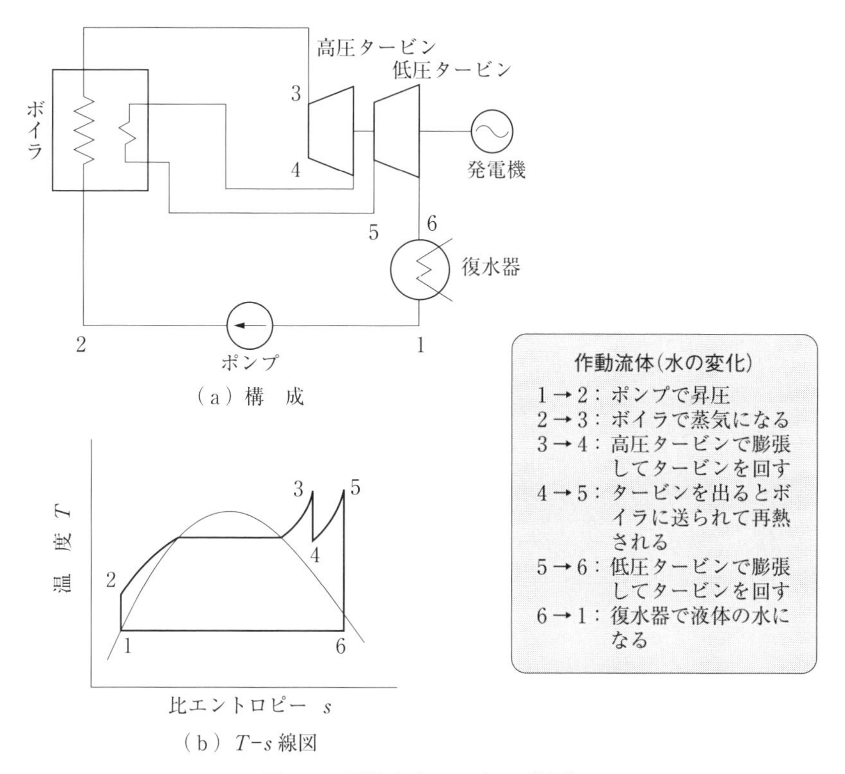

図 9・8 再熱サイクル（T-s 線図）

小さくなる傾向があるので，膨張を中間の圧力までで止めて，蒸気を再びボイラに導いて再熱（再加熱）する．再熱した状態から低圧まで膨張させればタービン出口の蒸気の乾き度を大きくできる．これを再熱サイクルという（**図 9･8**）．

1 段再熱サイクルでは理論熱効率は，

$$\eta_{th} = \frac{\text{作動流体が行う仕事の代数和}}{\text{作動流体が受け取る熱量の和}}$$

で考えることができる．図 9･8 の場合，式（9･14）で与えられる．

$$\eta_{th} = \frac{(h_3 - h_4) + (h_5 - h_6) - (h_2 - h_1)}{(h_3 - h_2) + (h_5 - h_4)} \tag{9・14}$$

1 段再熱サイクルの熱効率は**図 9･9** に示されるような性質があり，再熱圧力は

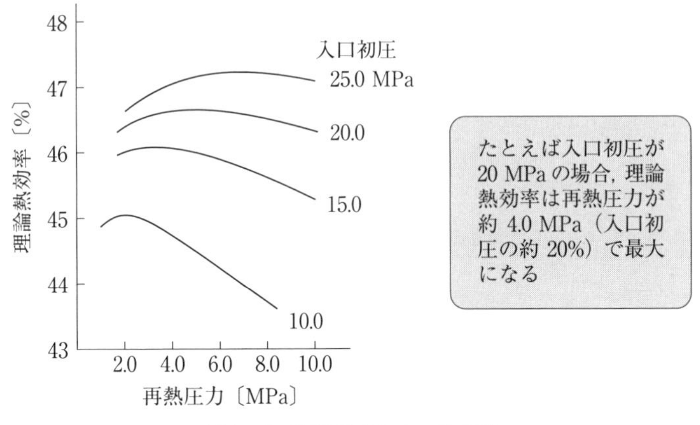

図 9・9 再熱サイクルの熱効率
（初温 550℃，再熱温度 550℃，復水器圧力 0.005 MPa）
（注）初温，初圧は高圧タービンの入口の蒸気温度，圧力を指す.
（齋藤孝基：応用熱力学，東京大学出版会（1987）より）

目安としてタービン入口圧力の 20% 前後が適当である.

T–*s* 線図で見てみよう．*T*–*s* 線図上でサイクルが囲む面積は，第 3 章 3･4 節に示されるようにサイクルが行う仕事に相当する．高温熱源の温度 T_H，低温熱源の温度 T_L が指定されたとき効率が最大のサイクルはカルノーサイクルであり，*T*–*s* 線図上では長方形のサイクル（時計回り）である（**図 9･10**（a））（第 6 章 6･2 節参照）．T_H が高く，T_L が低いほど効率は高くなるが機器を構成する材料の耐熱性からも限界がある．ランキンサイクルをカルノーサイクルに近づけるために T_H を変えずにタービン入口圧力を高めるとタービン出口の乾き度が小さくなってしまう（図 9･10（b）の点線のサイクル）．しかし，再熱サイクルにすればタービン入口圧力を上げても出口乾き度を大きくできる（図 9･10（c））．タービン入口圧力を臨界圧力よりも高くすることもできる（図 9･10（d））．再熱段数を増すほどカルノーサイクルに近づき，理論熱効率を改善できるが，それだけタービンとボイラ間の配管系が複雑になるので実際の再熱は 1 段ないし 2 段程度である.

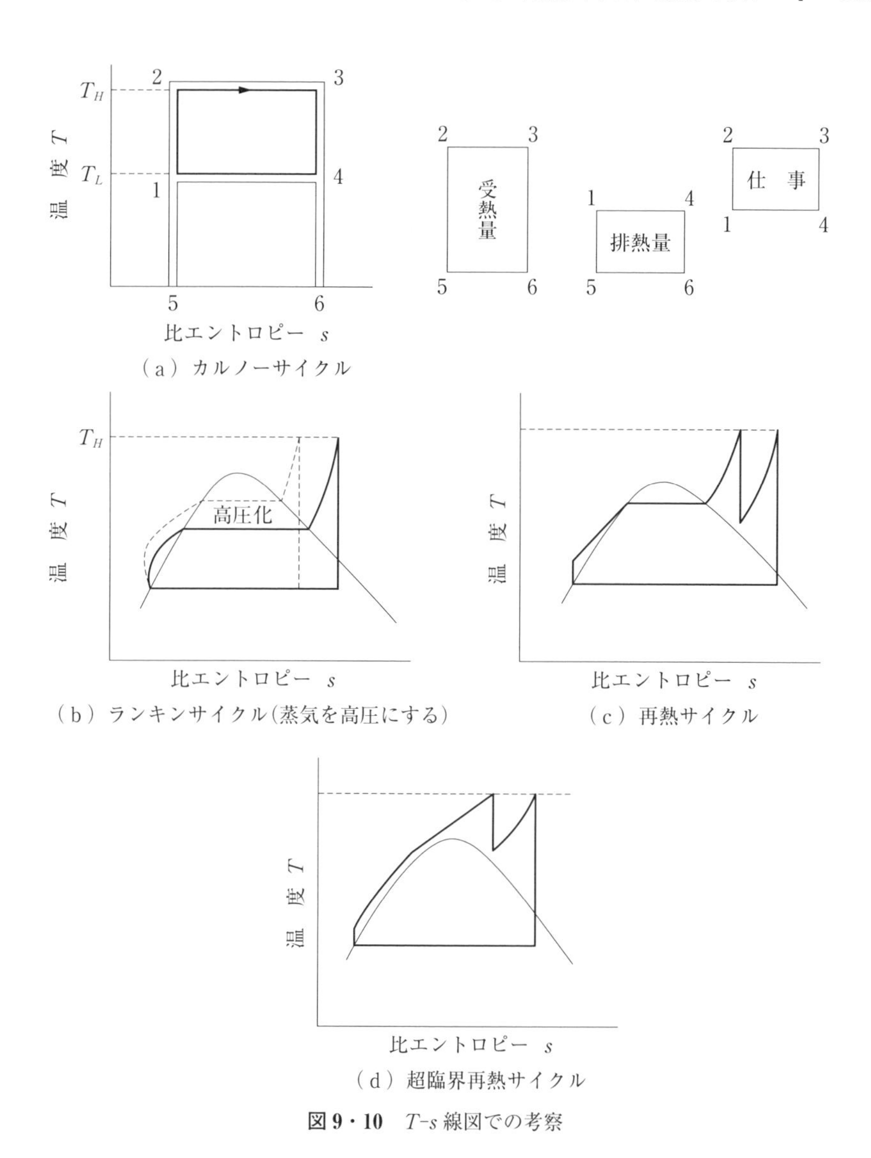

図 9・10　T-s 線図での考察

【例題 9・3】　高圧タービン入口蒸気が 500℃，5 MPa，復水器圧力 0.005 MPa の 1 段再熱サイクル（図 9・8）においてタービンでは可逆断熱膨張として理論熱効率を求めよ（表 8・3，表 8・4 を使用する）．

〈解　答〉　図 9・8 で高圧タービンでは $P_4 = 1$ MPa まで可逆断熱膨張し，500℃まで再熱されるものとする．状態4には例題8･3 ①を参照する．

h-s 線図（図 8・18）より求めた値 $h_1 = 3\,440$ kJ/kg，$s_1 = 6.92$ kJ/(kg･K)，$h_4 = 2\,970$ kJ/kg を用いても結果に大差はないが，ここでは表8･3，表8･4を利用する．

h_4，s_4 には補間して求めた値を用いる．

$$h_3 = 3\,433.7 \text{ kJ/kg}, \quad s_3 = 6.9770 \text{ kJ/(kg·K)}$$

$$h_4 = 2\,975.0 \text{ kJ/kg}, \quad s_4 = s_3 = 6.9770 \text{ kJ/(kg·K)}$$

$$h_5 = 3\,478.3 \text{ kJ/kg}, \quad s_5 = 7.7627 \text{ kJ/(kg·K)}$$

$$s_6' = 0.4763 \text{ kJ/(kg·K)}, \quad s_6'' = 8.3960 \text{ kJ/(kg·K)}$$

$$h_6' = 137.8 \text{ kJ/kg}, \quad h_6'' = 2\,561.6 \text{ kJ/kg}$$

$$x_6 = \frac{7.7627 - 0.4763}{8.3960 - 0.4763} = 0.920$$

$$h_6 = 137.8 + 0.920 \times (2\,561.6 - 137.8) = 2367.7 \text{ kJ/kg}$$

$$h_2 = 142.8 \text{ kJ/kg}$$

$$h_3 - h_2 = 3\,290.9 \text{ kJ/kg}$$

$$\eta_{th} = \frac{(h_3 - h_4) + (h_5 - h_6) - (h_2 - h_1)}{(h_3 - h_2) + (h_5 - h_4)} = \frac{458.7 + 1\,110.6 - 5.0}{3\,290.9 + 503.3} = 0.412$$

〔2〕 再生サイクル

ランキンサイクルの熱効率を改善することを考えよう．タービンの途中から蒸気を抽気し（抜き取り），その蒸気で復水を加熱して水温を高めてからボイラに給水する，すなわち給水加熱を行うと，その分だけタービンの出力（仕事）は減るものの，ボイラでの必要加熱量が減り，復水器で捨てる熱が少なくなる．その結果，全体として熱効率が改善される．このサイクルを**再生サイクル**という（**図 9･11**）．給水加熱には抽気した水蒸気を復水に直接混合する方法（図 9･11）のほか，混合しない方法（表面給水加熱）もあり，2段階給水加熱の場合を**図 9･12** に示す．

図 9･11 の1段混合給水加熱器を例に取って説明しよう，タービンの途中から状態（P_6，h_6）の蒸気をタービン入口の蒸気流量 $\dot{M}$ に対して m の割合（抽気流量 $m\dot{M}$）で抽気する．ポンプ A の出口圧力 P_2 と抽気蒸気の圧力 P_6 は等しい．給水加熱器での変化は等圧的 $P_2 = P_3 = P_6$ で，加熱器出口では圧力 P_6 の飽和液になる．給水加熱器 H における流出エンタルピー，流入エンタルピーの釣合い

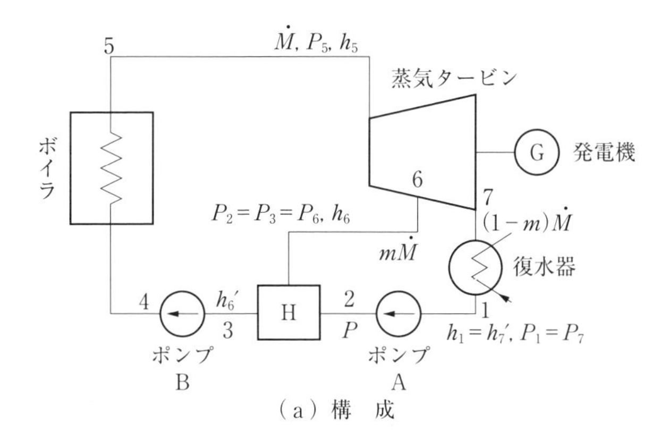

（a）構　成

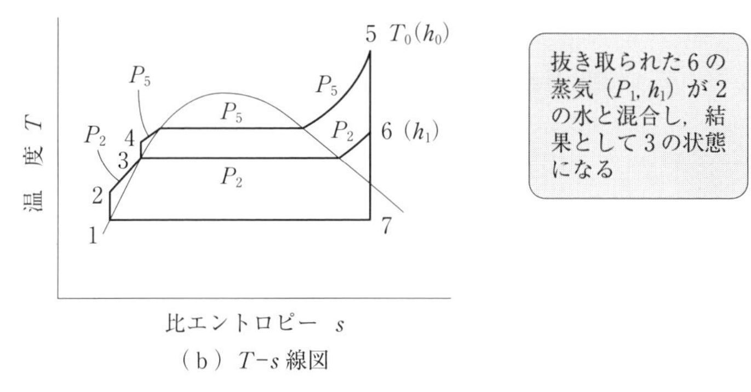

（b）T-s 線図

図9・11　再生サイクル（混合給水加熱器1段）

より，

$$\dot{M}h_6' = (m\dot{M})h_6 + (\dot{M} - m\dot{M})h_2 \tag{9・15}$$

が得られる．ここに，h_6' は抽気圧力 P_6 における飽和液の比エンタルピーである．整理して，

$$m = \frac{h_6' - h_2}{h_6 - h_2} \tag{9・16}$$

が成り立つ．タービン全体の出力 $\dot{L}_T$ は，

$$\dot{L}_T = \dot{M}\{(h_5 - h_7) - m(h_6 - h_7)\} \tag{9・17}$$

である．出力は抽気しなければ $\dot{M}(h_5 - h_7)$ のはずであるが，抽気したため $m\dot{M}(h_6 - h_7)$ の分だけ減っている．

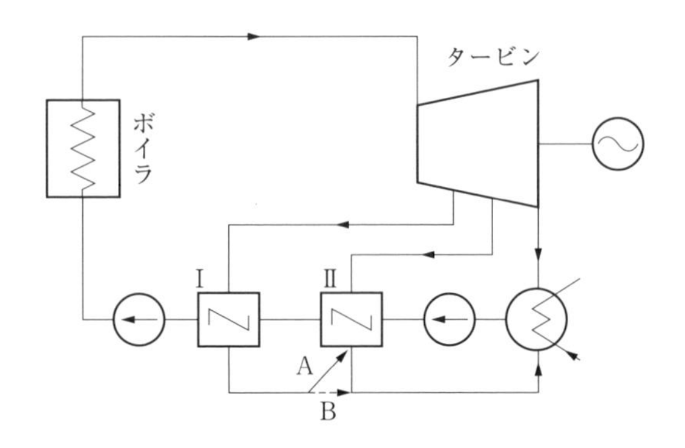

図 9・12　再生サイクル（混合給水加熱２段）

ポンプＡの仕事は,

$$\dot{L}_{PA} = \dot{M}(1-m)(h_2 - h_1)$$

ポンプＢの仕事は,

$$\dot{L}_{PB} = \dot{M}(h_4 - h_3)$$

ボイラでの入熱量 $\dot{Q}_H$ は,

$$\dot{Q}_H = \dot{M}(h_5 - h_4) \qquad (9 \cdot 18)$$

復水器で捨てる熱量 $\dot{Q}_C$ は,

$$\dot{Q}_C = \dot{M}(1-m)(h_7 - h_1) \qquad (9 \cdot 19)$$

理論熱効率は,

$$\eta_{th} = \frac{\dot{L}_T - \dot{L}_{PA} - \dot{L}_{PB}}{\dot{Q}_H} \qquad (9 \cdot 20)$$

で与えられる．混合加熱器を用いる n 段抽気再熱サイクルの場合，抽気点は全断熱熱落差 $(h_5 - h_7)$ を $(n+1)$ 等分する各点に対応する圧力を抽気圧力に選ぶのがよい目安となる．

１段再生サイクルの理論熱効率の特性は**図 9・13** よりわかるように給水加熱の段数を増やせば効率は上がるが，段数をあまり増やしても性能向上には限度があ

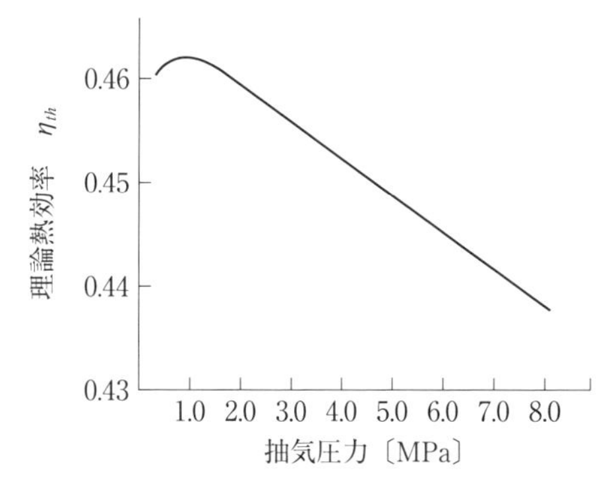

図 9・13 1段再生サイクルの熱効率
（初温 550℃，初圧 10.0 MPa）
（齋藤孝基：応用熱力学，東京大学出版会（1987）より）

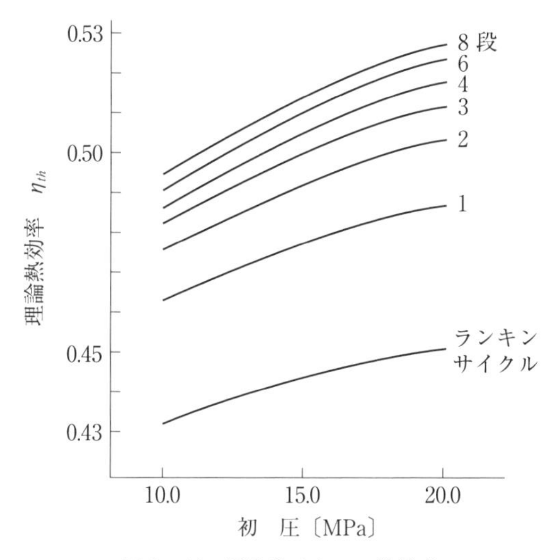

図 9・14 再生サイクルの熱効率
（初温 550℃，復水器圧力 0.004 MPa）
（齋藤孝基：応用熱力学，東京大学出版会（1987）より）

り，装置経費がかさむことにもなる．通常，給水加熱は 6～8 段までである（**図 9・14**）．

火力発電所の歴史を振り返ると耐熱材料の進歩とともにタービン入口の蒸気の

表 9・1　火力発電所の蒸気条件

	タービン入口圧力	入口温度	再熱温度
125 MW 以下	12.6 MPa（G） （128 kg/cm²）	538℃	538℃
125～450 MW	16.6 MPa（G） （169 kg/cm²）	538℃または 566℃	538℃または 566℃
350 MW 以上	24.5 MPa（G） （250 kg/cm²）	538℃または 566℃または 600℃	538℃または 566℃または 590～620℃

（火力原子力発電，2004 年 5 月号，火力原子力発電技術協会（2004））

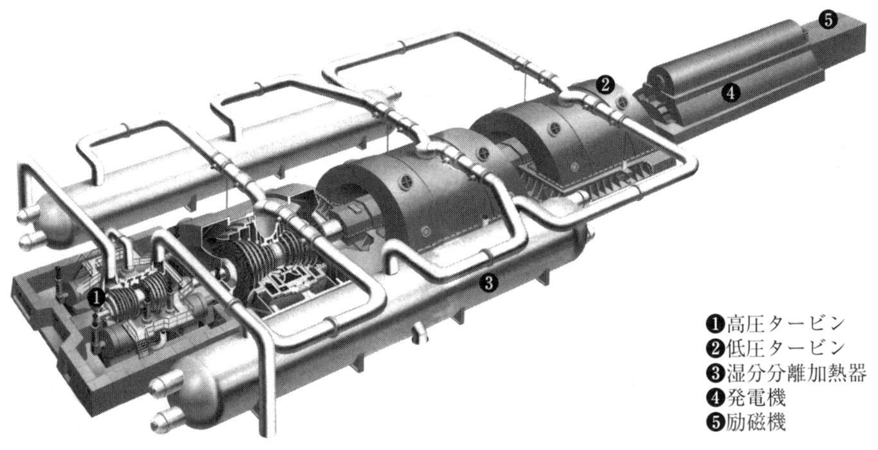

図 9・15　PWR 原子力発電蒸気タービン系概要図（2 段蒸気再燃式）
（提供：関西電力(株)）

圧力，温度は高く，したがって熱効率は高くなってきている．火力発電所の蒸気条件が**表 9･1** に例示されるが，最近では，我が国 9 電力会社平均の送電端熱効率は 39% に達している．

蒸気タービンにおける膨張線図の例を**図 9･16** に示す．

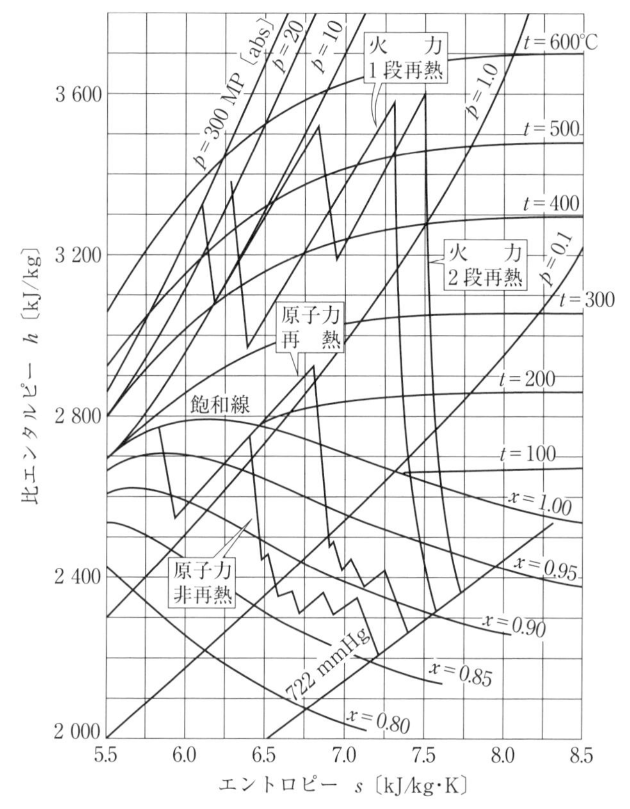

図9・16　火力・原子力タービンでの膨張線図例
（火力原子力発電必携（改訂第7版），火力原子力発電技術協会（2007）より）

+ Tips +

原子力発電

原子力発電は，核燃料（ウラン235など）の中性子の連鎖核反応によって原子炉で発生する熱を利用している．原子炉にはいろいろな種類があるが，軽水炉では中性子の速度制御（減速）を行う水が発電サイクルの作動流体でもある．原子炉で水蒸気が発生する方式を沸騰水型（BWR），高圧・高温（およそ15 MPa，320℃）の水が原子炉を出て熱交換器で蒸気を発生する方式を加圧水型（PWR）という．どちらの方式でも高圧・高温の水蒸気（およそ6 MPa，280℃）がタービンを回して発電し，復水器で凝縮した水がポンプで原子炉に供給されてサイクルを行う．再生サイクルとして給水加熱も行われるが，原子力発電所では過熱水蒸気の過熱度を大きくしないので図9･16に示されるようにタービンでは主に湿り蒸気域での膨張となり，湿分分離器が必要である．再熱式では，同機器内で，主蒸気や高圧タービン抽気による加熱も行われる．

【例題9・4】　タービン入口の状態が5 MPa，500℃，復水圧力が0.005 MPaの再生サイクルを考える（図9･11）．タービンでは可逆断熱膨張とし，タービンから抽気した蒸気（圧力 $P_6=0.5$ MPa）により給水加熱（混合給水加熱式）を行う．抽気割合を求めよ．また理論熱効率を求めよ．

〈解 答〉　図9･11において，

$$P_2=P_3=P_6=0.5\text{MPa},\quad P_1=P_7=0.005\text{MPa}$$

$$h_5=3\,433.7\ \text{kJ/kg},\quad s_5=6.9770\ \text{kJ/(kg·K)}$$

$$s_7'=0.4763\ \text{kJ/(kg·K)},\quad h_7'=137.8\ \text{kJ/kg}$$

$$s_7''=8.3960\ \text{kJ/(kg·K)},\quad h_7''=2\,561.6\ \text{kJ/kg}$$

$$s_7=s_5,\quad s_1=s_7',\quad h_1=h_7'$$

例題9･1 ①を参照して，$h_7=2\,127.3$ kJ/kg

例題8･3 ②（Tips）を参照して，$h_6=2\,818.2$ kJ/kg

ちなみに，可逆断熱熱落差を2等分するエンタルピーは，

$$h_7+\frac{h_5-h_7}{2}=2\,127.3+\frac{3\,433.7-2\,127.3}{2}=2\,780.5\ \text{〔kJ/kg〕}$$

ポンプAの仕事は作動流体1 kg当り，

$$l_{PA}=h_2-h_1'=v_1'(P_2-P_1)=0.001\times(0.5-0.005)\times10^6=0.5\ \text{〔kJ/kg〕}$$

$$h_2=137.8+0.5=138.3\ \text{〔kJ/kg〕}$$

$$h_3=h_6'=640.1\ \text{〔kJ/kg〕}$$

抽気割合は，

$$m=\frac{h_6'-h_2}{h_6-h_2}=\frac{640.1-138.3}{2\,818.2-138.3}=0.1872$$

ポンプBの仕事の作動流体1 kg当り，

$$l_{PB}\fallingdotseq0.001\times(5.0-0.5)\times10^6=4.5\ \text{〔kJ/kg〕}$$

$$h_4=h_3+l_{PB}=640.1+4.5=644.6\ \text{〔kJ/kg〕}$$

$$\eta_{th}=\frac{(h_5-h_7)-m(h_6-h_7)-(1-m)(h_2-h_1)-(h_4-h_3)}{h_5-h_4}$$

$$=\frac{(3\,433.7-2\,127.3)-0.1872\times(2\,818.2-2\,127.3)-(1-0.1872)\times0.5-4.5}{3\,433.7-644.6}$$

$$= \frac{1\,172.2}{2\,789.1} = 0.420$$

+ Tips +　温排水

たとえば，復水器に入る海水の温度は20℃とすると，出口では27℃程度になる．この放出水（温排水）は海の生態系に影響する可能性があるので，その効果を減らすためになるべく沖合まで導いて拡散させるなど種々の工夫が行われている．我が国の場合，復水器に供給される海水は，出力10万kW当り，火力発電所では3.5～4 m^3/s，原子力発電所では6～6.5 m^3/sである．火力発電所の熱効率はおよそ40%であるのに対し原子力発電所では34%と低いので，同じ電気出力で比較すると原子力発電所のほうが復水器で捨てる熱が多くなる．

9・4　ガスタービンと組み合わせる（コンバインドサイクル）

9･3節でランキンサイクルは再熱サイクル化，再生サイクル化することによって熱効率を改善できることを述べたが，それには限度がある．そこで1種類の流体ではなく2種類の流体を使うことを考える．高温側流体には高温でもあまり飽和圧力が高くない流体，低温側流体には低温でもあまり蒸気圧が低くない流体が望ましい．たとえば高温側流体に液体金属の水銀を，低温側流体には水を用いて**図9･17**のように作動させる（バイナリサイクル）．このサイクルでは化石燃料の燃焼によって水銀を加熱する．水銀の凝縮熱（排熱）で水を加熱して飽和水蒸気とし，飽和水蒸気の過熱は化石燃料の燃焼による．サイクル全体としてみればカルノーサイクルに近くなるので望ましく，アメリカで実現した（1928年）が，多量の水銀を要し，水銀用ボイラやタービンに難点があるので今は利用されていない．

一方，ガスタービンでは燃焼ガスが作動流体である（第6章6･1節参照）．ガスタービンのタービン入口温度はたとえば1100～1300℃，排気ガス温度は500～600℃であり，タービンから排出されるガスの温度は高温であるのでそのガ

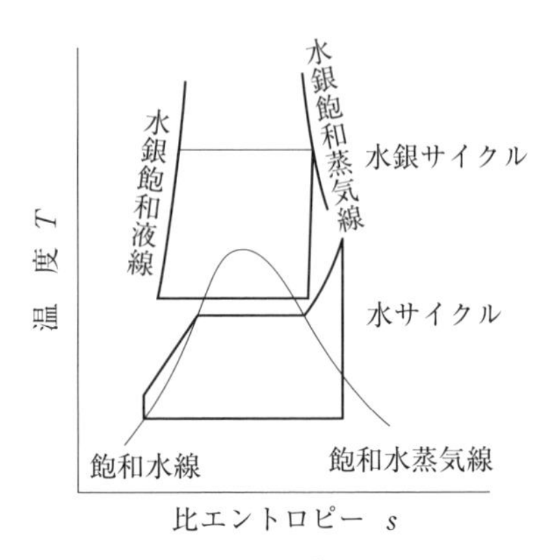

図 9・17　2 流体サイクル

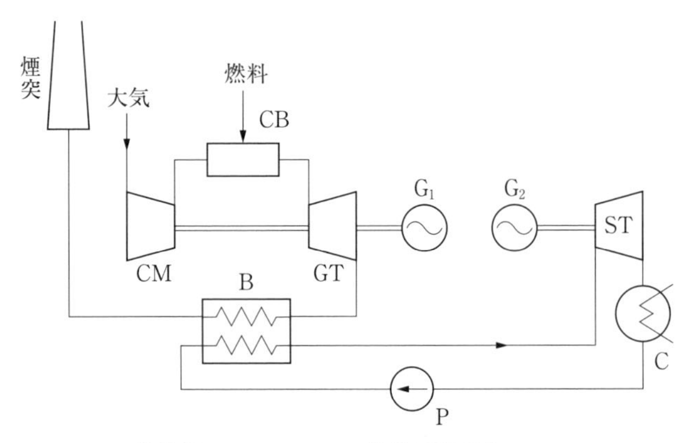

図 9・18　複合サイクル

スにより排ガス回収ボイラにて水蒸気を生成できる．たとえば，**図 9·18** のようにガスタービンサイクルの排熱を排熱回収ボイラ B にて水蒸気の発生に利用することにより，蒸気タービンサイクル（以下，ランキンサイクル，再熱・再生サイクルの総称として用いる）とガスタービンサイクルを組み合わせる複合サイクル（コンバインドサイクル）では高い熱効率を期待できる．

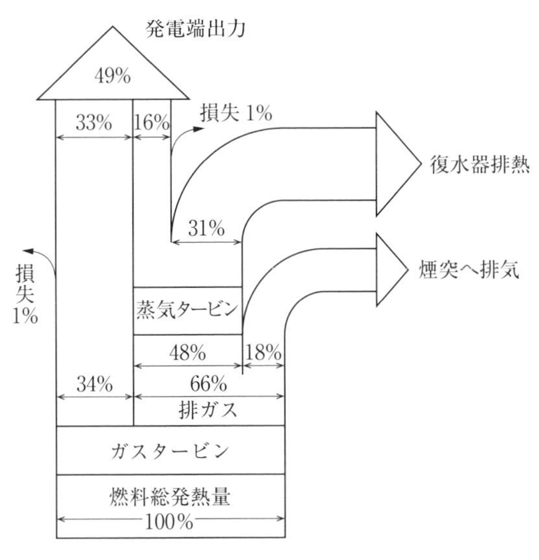

（a）複合サイクル

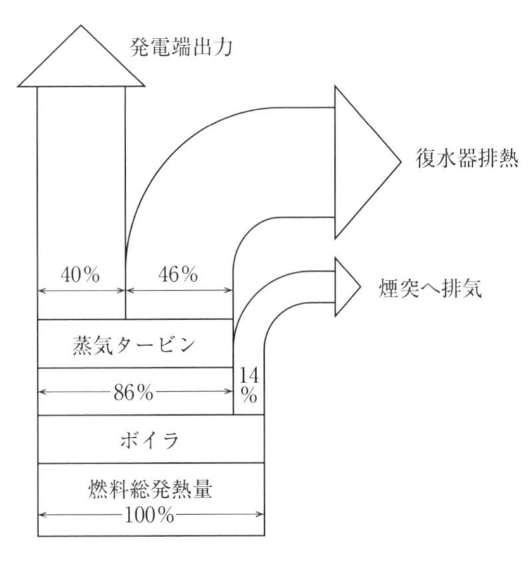

（b）水蒸気サイクル（大型火力発電所）

図 9・19　熱精算例

（火力原子力発電，Vol. 50，No. 5（1999.05））

図9･18において，水蒸気発生に必要なエネルギーはガスタービンを出たガスから得られるので，外部からの熱エネルギー入力はガスタービン燃焼器における燃料の発熱量だけである．ガスタービン，蒸気タービンに接続された発電機より電力が得られる．排熱回収ボイラの煙突からの排気，および復水器の冷却水が外部環境に熱を排出する．

1台当りの出力を比べると現在ではガスタービンは最大23万kW，蒸気タービンでは100万kW程度である．排熱回収方式にはガスタービン，蒸気タービン，発電機各1台を同一の軸に結合した構成を単位として組み合わせる1軸型，1台の蒸気タービンに複数台のガスタービンを組み合わせる多軸型とがある．高位発熱量基準で従来の水蒸気タービン発電の熱効率が約41%であるのに対し，複合サイクルではガスタービンの入口温度が1 100℃クラスの場合は約43%，1 300℃クラスでは50%に達する．**図9･19**に蒸気タービンサイクルと複合サイクルの熱精算例を示す．

なお，複合サイクルには前記のような排熱回収方式のほかにガスタービンの排熱で蒸気タービンサイクルの給水加熱を行う，あるいはディーゼルエンジンと組み合わせるなど種々の方式がある．

演習問題

問題9・1　例題9･2においてサイクルへの熱，仕事の入力と出力が釣り合っているかどうかを調べよ．

問題9・2　水蒸気が20 MPa，500℃の状態から，

① 0.005 MPaまで可逆断熱膨張した状態

② 4 MPaまで可逆断熱膨張した後に等圧的に500℃まで加熱（再熱）を受けてから0.005 MPaまで可逆断熱膨張した状態

の乾き度xを比較せよ．

問題9・3　温度が80～90℃の排熱がある．この排熱から冷媒R134aを用いランキンサイクルで発電する方式を考える．タービン入口の蒸気は70℃の乾き飽和蒸気，凝縮温度は30℃とする．このサイクルの理論熱効率を求めよ（ポンプ仕事を無視する）．R134aの質量流量が30 t/h，タービン効率が0.8の場合，発電出力〔kW〕を求めよ．R134aについては付表1，付図1を用いよ．

問題9・4　地熱発電プラントの一例を考える．地中から噴出する熱水を分離して得られる水蒸気は0.4 MPaの飽和蒸気である．これをタービンで圧力0.01 MPaまで膨張させる．水蒸気の流量が130 kg/sの場合，タービン効率を75%として出力を求めよ(図9･6)．

問題9・5　海水温度差発電（図9･7）について考える．

① 高温熱源の温度が29℃，低温熱源温度が8℃のカルノーサイクルとして熱効率を求めよ．

② 作動流体が熱を受け取るにも，熱を与えるにも熱源温度との間には温度差が必要である．R134aを作動流体とするランキンサイクルを考えるに当たり，タービン入口は24℃の乾き飽和蒸気，凝縮温度は14℃とする．理論熱効率を求めよ（ポンプ仕事を無視する）．

③ R134aの流量が20 kg/s，タービン効率が70%の場合の出力を求めよ．

10章

冷凍とヒートポンプサイクル

熱エネルギーより仕事を取り出すのがエンジンである．これに対して，仕事を与えることにより低温側より熱を奪う冷凍機あるいは高温側に熱を与えるヒートポンプがある．与える仕事には，エンジンやモータによる機械的な仕事と温度差を与える熱的な仕事がある．

本章では，機械的な仕事を与える蒸気圧縮式冷凍機とヒートポンプについてそのサイクルと性能計算，そして熱的な仕事を与える吸収式冷凍機の作動原理について述べる．

10・1 冷凍機とヒートポンプ

熱は高温度場から低温度場に向かって流れ，その逆の流れは自然には生じない．しかし，冷凍機あるいはヒートポンプを使用することにより，低温度場から高温度場への熱移動が可能になる．この場合，冷凍機あるいはヒートポンプの駆動には，機械的あるいは熱的な仕事が要求される．**図10･1**には冷凍の概念を示す．図中の冷凍機Rは，冷媒と呼ばれる作動流体を密閉し，それを循環させることにより冷凍を発生させる装置である．図中のQ_Lは冷凍温度T_Lの冷凍空間より奪う必要のある熱量，Q_Hは雰囲気温度T_Hに捨てる熱量そしてL_{in}は冷凍機の駆動仕事である．

それとは逆のヒートポンプを用いた暖房の概念を**図10･2**に示す．図中のヒートポンプは冷凍機と同じ原理で動作する．図中のQ_Lは雰囲気温度T_Lの空間より奪う熱量，Q_Hは暖房温度T_Hを与えるのに必要な熱量，そしてL_{in}はその駆動仕事である．このように，冷凍機とヒートポンプは，本質的に同じ装置である．実際にエアコンと呼ばれる空調機は，夏には冷房機，冬には暖房機として使用し

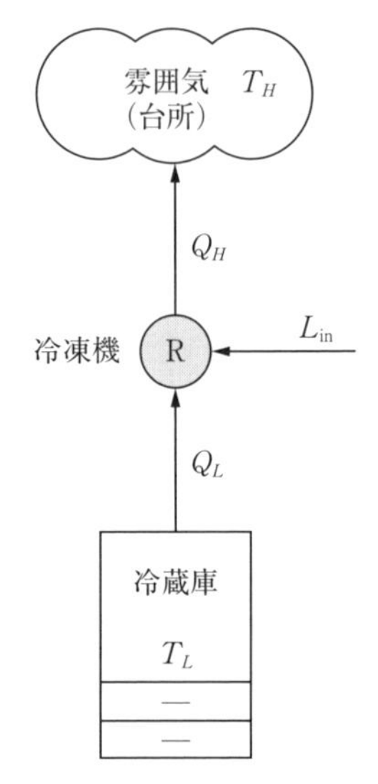

図 10・1　冷凍機による冷凍の概念

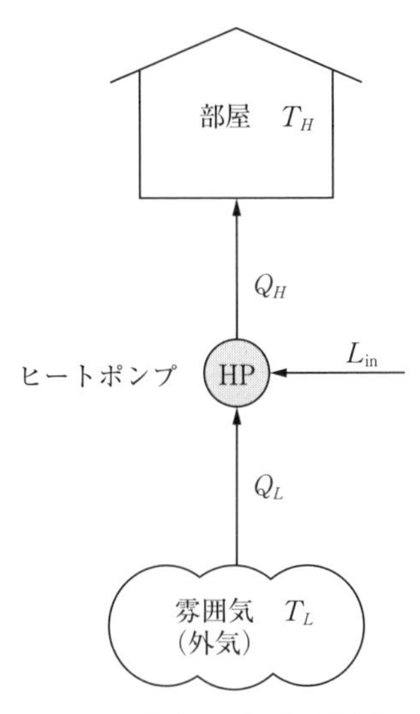

図 10・2　ヒートポンプによる暖房の概念

ている．

冷凍機やヒートポンプの性能は，エンジンの性能を表す熱効率に対して次の成績係数 COP により表す．COP_c は冷凍あるいは冷房そして COP_h は暖房の成績係数を表す．

$$COP_c = \frac{Q_L}{L_{\text{in}}} \tag{10・1}$$

$$COP_h = \frac{Q_H}{L_{\text{in}}} \tag{10・2}$$

また，$L_{\text{in}} = Q_H - Q_L$ より，式（10･3）の関係が成り立つ．

$$COP_h = COP_c + 1 \tag{10・3}$$

これは，$COP_h > 1$ を示す．

ところで，冷凍システムにおいては，冷凍能力 Q_L の単位を冷凍トンにより表す場合がある．これは，冷凍機が 1 昼夜 24 時間に製氷できる氷の量を示しており，次の単位が使用される．

・1 日本冷凍トン（1 JRt）= 13 900 kJ/h（3 320 kcal/h）

・1 米国冷凍トン（1 USRt）= 12 660 kJ/h（3 024 kcal/h）

ただし，1 日本冷凍トンは 24 時間に 0℃の水 1 トンを 0℃の氷にするのに要する熱量，そして 1 米国冷凍トンは 24 時間に 0℃の水 2 000 lb（= 1 米国トン = 907.2 kg）を 0℃の氷にするのに要する熱量を示している．なお，0℃の水が 0℃の氷に凝固する潜熱は 333.6 kJ/kg（79.68 kcal/kg）である．

【例題 10・1】 あるルームエアコンの能力が冷房能力 2.5 kW（消費電力 0.615 kW），暖房能力 3.6 kW（消費電力 0.785 kW）と表示されていた．冷房，暖房の各 COP を求めよ．

〈解　答〉 冷房：$COP_c = 2.5/0.615 = 4.07$，暖房：$COP_h = 3.6/0.785 = 4.59$

10・2　逆カルノーサイクル

カルノーサイクルは，二つの可逆等温過程と二つの断熱過程からなる可逆サイクルであることが 6 章において述べられている．このサイクルにおいて**図 10･3**

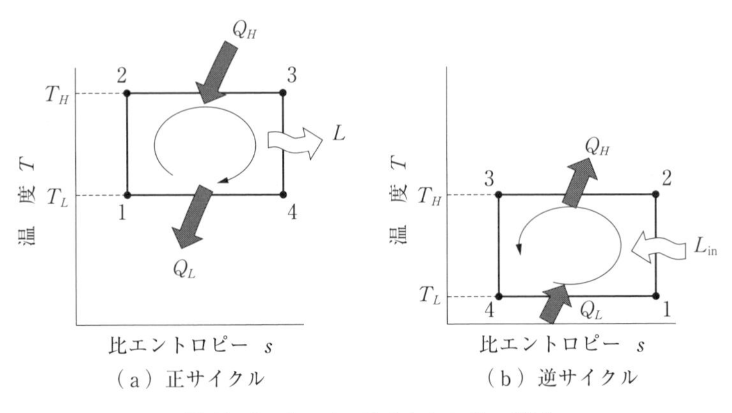

図 10・3　カルノーサイクルの T–s 線図

の T–s 線図に示す時計方向へ動くエンジンサイクルは**正サイクル**，時計の逆方向へ動く冷凍ならびにヒートポンプサイクルは**逆サイクル**という．

図 10･4 に冷媒の飽和曲線内で実行される逆カルノーサイクルならびに冷凍機の概要を示す．図中の冷媒は，冷凍温度 T_L そして冷凍熱量 Q_L の低温度場より等温的に吸熱（過程 4–1）後，断熱圧縮により温度 T_H まで温度上昇させる（過程 1–2）．その後，温度 T_H そして熱量 Q_H の放熱場に等温的に放熱（過程 2–3），そして断熱膨張させ T_L まで温度を降下させる（過程 3–4）．

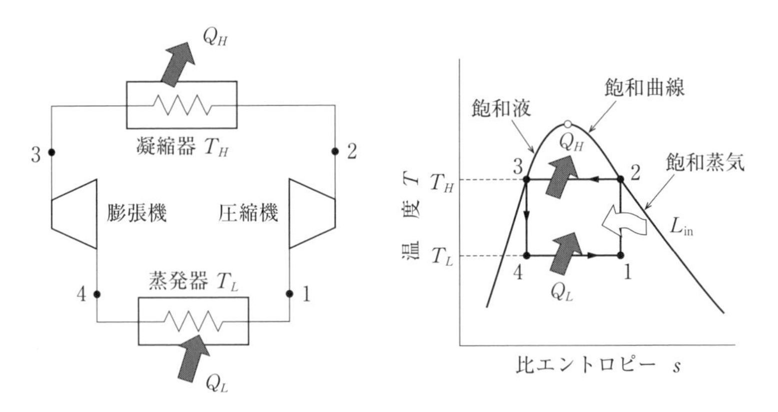

図 10・4　冷媒の飽和曲線内で実行される逆カルノーサイクルと冷凍機の概要

この結果得られるカルノー冷凍機とヒートポンプの成績係数 $COP_{c,car}$, $COP_{h,car}$ は式（10・4），式（10・5）のように表される．

$$COP_{c,car} = \frac{T_L}{T_H - T_L} \tag{10・4}$$

$$COP_{h,car} = \frac{T_H}{T_H - T_L} \tag{10・5}$$

+ Tips +　冷　媒

その蒸発と凝縮により冷凍効果を上げる物質，冷媒には，蒸発圧力が大気圧より幾分高い，凝縮圧力が適当に低い，蒸発潜熱が大きい，無毒，無臭，化学的に安定などの条件を備える必要がある．冷媒には，無機化合物（アンモニア，炭酸ガス，水など），炭化水素（メタン，エタン，プロパン，イソブタンなど）およびハロゲン化炭素化合物がある．ハロゲン化炭素化合物には，フッ素Fを含むフロンと総称されるCFC系のR11（$CFCl_3$），R12（CF_2Cl_2），R113（$C_2F_3Cl_3$），R114（$C_2F_4Cl_2$），R115（C_2F_5Cl），HCFC系のR22（CF_2HCl），R123（$C_2F_3HCl_2$），R141b（$C_2FH_3Cl_2$），R142b（$C_2F_2H_3Cl$），塩素Clを含まないHFC系のR23（CHF_3），R32（CH_2F_2），R125（C_2HF_5），R134a（$C_2H_2F_4$），R152a（$C_2H_4F_2$），そしてR22とR115を混合したR502，R32とR125を混合したR410Rなどの共沸混合物がある．また，Fを含まないメチルクロライド，塩化メチルなどもこの化合物に分類される．

10・3 基本的な蒸気圧縮標準冷凍サイクル（乾き圧縮冷凍サイクル）

図10・4における逆カルノーサイクルは非現実的である．それは圧縮前の冷媒が湿り蒸気の状態にある点ならびに冷媒の膨張に膨張機を用いている点である．前者については湿り蒸気を飽和蒸気，後者は膨張機を膨張弁あるいはキャピラリ管に置き換えると，**図10・5**に示す基本的な蒸気圧縮冷凍サイクルが構成できる．

蒸気圧縮冷凍サイクルは，冷凍倉庫，冷蔵庫，エアコンなどに幅広く利用されている．その T–s 線図は次の4過程からなる．

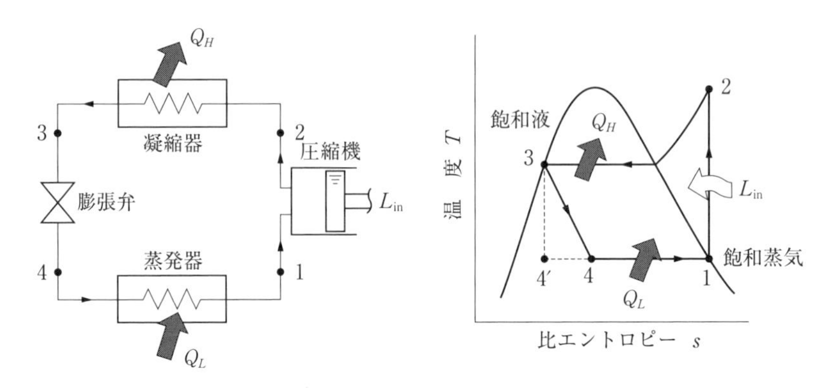

図 10・5　理想的な蒸気圧縮冷凍サイクルと冷凍機の概要

・過程 1 → 2 は圧縮機による冷媒の断熱圧縮

・過程 2 → 3 は凝縮器による等圧下での放熱

・過程 3 → 4 は膨張弁による絞り膨張

・過程 4 → 1 は蒸発器による等圧下での吸熱

冷媒は飽和蒸気の状態（状態 1）で圧縮機に入り，凝縮器の圧力まで断熱圧縮される．その間，冷媒の温度は雰囲気（大気）の温度より大きく上昇し，過熱蒸気の状態 2 に達する．その後，過熱状態の冷媒は凝縮器に入り雰囲気に放熱することにより冷やされ，状態 3 の飽和液になる．このときの冷媒温度は雰囲気温度より幾分高い状態にある．この飽和液状態の冷媒は膨張弁を通過することにより蒸発器の圧力まで絞られる．この間，冷媒の温度は冷凍空間の温度よりも低下する．この冷媒は，乾き度の低い湿り蒸気の状態 4 で蒸発器に入り，冷凍空間より吸熱しながら蒸発する．蒸発しきった冷媒は状態 1 の飽和蒸気になり蒸発器を去り，圧縮機に入る．この繰返しにより冷凍サイクルが完成する．

この際，蒸発温度は冷却対象物の温度よりも 5～13℃ほど低い温度にする必要がある．凝縮温度は冷却水や冷却空気などの冷却媒体の温度より水冷では 7～15℃，空冷では 13～20℃ほど高い温度にする必要がある．凝縮圧力と蒸発圧力はその温度に相当する飽和圧力になる．

一例として，**図 10･6** に家庭用冷蔵庫の基本的な冷凍システムを示す．冷凍を

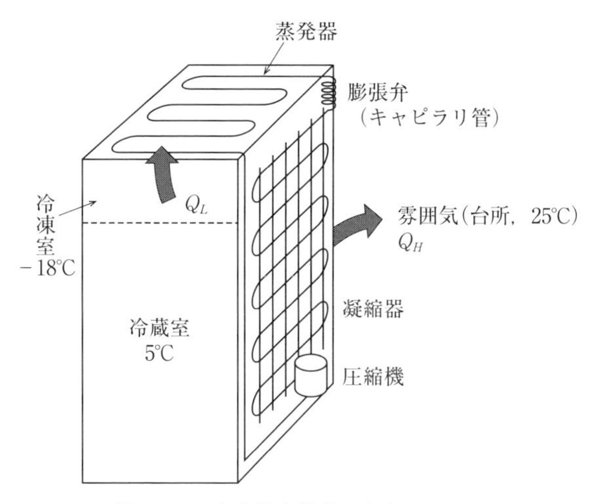

図 10・6　家庭用冷蔵庫の冷凍システム

発生させる冷凍庫は上部にあり，その天井には蒸発器がある．冷媒を圧縮する圧縮機とそれを動かす電気モータは冷蔵庫背面下部に位置し，背面全体には高温の冷媒を冷やす凝縮器のコイルが張り巡らされている．また，背面上部の凝縮器と蒸発器との間には冷媒の流れを絞るキャピラリ管がある．

蒸気圧縮式標準冷凍サイクルの解析に使用する線図として，**図 10・7** に示す**モリエル線図**と呼ばれる P-h 線図がある．この線図には，4 過程のうち，3 過程が直線にて示されている．特に，凝縮器と蒸発器における過程（2→3，4→1）の長

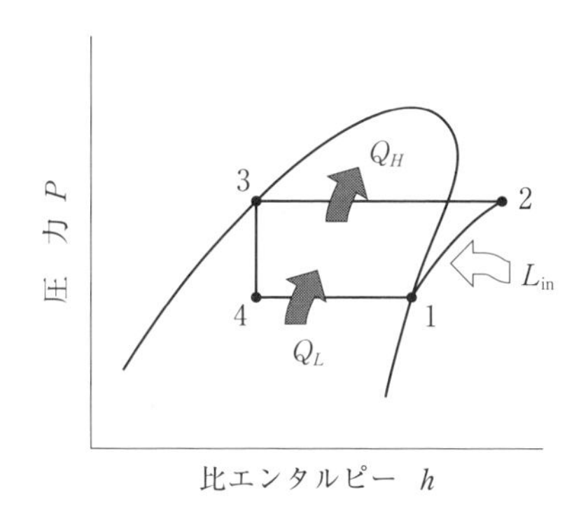

図 10・7　理想蒸気圧縮冷凍サイクルの P-h 線図

さは，各伝熱量に比例している．図中各点の比エンタルピーに添字をつけて表し，冷媒の循環量を $\dot{M}$〔kg/s〕とすると，吸熱量（冷凍効果）$q_L(=\dot{Q}_L/\dot{M})$，圧縮仕事 $l_{\mathrm{in}}(=\dot{L}_{\mathrm{in}}/\dot{M})$，放熱量 $q_H(=\dot{Q}_H/\dot{M})$ が式（10･6）～式（10･8）のように表される．

$$q_L = h_1 - h_4 \tag{10・6}$$

$$l_{\mathrm{in}} = h_2 - h_1 \tag{10・7}$$

$$q_H = h_2 - h_3 \tag{10・8}$$

したがって，蒸気圧縮冷凍サイクルの冷凍およびヒートポンプの成績係数 COP_c，COP_h は式（10･9），式（10･10）のように示される．

$$COP_c = \frac{q_L}{l_{\mathrm{in}}} = \frac{h_1 - h_4}{h_2 - h_1} \tag{10・9}$$

$$COP_h = \frac{q_H}{l_{\mathrm{in}}} = \frac{h_2 - h_3}{h_2 - h_1} \tag{10・10}$$

【例題 10・2】　冷媒に R11 を使用した蒸発温度 0℃，凝縮温度 40℃の蒸気圧縮標準冷凍サイクルにおける①冷凍効果，②圧縮仕事，③成績係数 COP，④冷凍能力 2 JRt に必要な冷媒流量を求めよ．ただし，圧縮機の入口と出口における冷媒の比エンタルピー $h_1 = 609.10$ kJ/kg，$h_2 = 634.64$ kJ/kg そして凝縮器出口ならびに膨張弁出口の蒸発器入口における冷媒の比エンタルピー $h_3 = h_4 = 453.18$ kJ/kg とする．

〈解　答〉　①　冷凍効果：$q_L = h_1 - h_4 = 609.10 - 453.18 = 155.92$〔kJ/kg〕

②　圧縮仕事：$l_{\mathrm{in}} = h_2 - h_1 = 634.64 - 609.10 = 25.54$〔kJ/kg〕

③　成績係数：$COP_c = q_L/l_{\mathrm{in}} = 155.92/25.54 = 6.10$

④　冷媒流量：$\dot{M} = \dot{Q}_L/q_L = 2 \times 3.86/155.92 = 0.0495$〔kg/s〕

*　1 JRt = 13 900/3 600 = 3.86〔kJ/s(kW)〕

+ Tips +　モリエル（Mollier）線図

図 10･8 に示す冷媒の圧力 P と比エンタルピー h を対数目盛で，縦軸と横軸に表した線図．この線図は，飽和線とともに温度 t，比容積 v，比エントロピー s そして乾き度 x 一定の線が描かれており，比エンタルピー差により蒸気圧縮冷凍機の性能を計算する上で大変有用になる．一例として，冷媒 R134a のモリエル線図を付図 1，飽和表を付表 1 に示す．

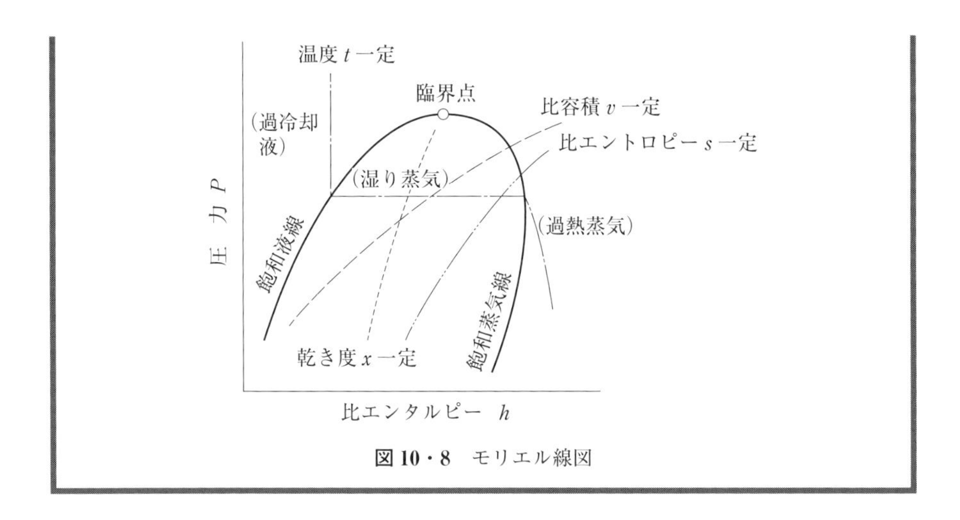

図 10・8 モリエル線図

モリエル線図を用いた h_1～h_4 の求め方手順を**図 10・9** に従い次に述べる．

① 冷媒の凝縮温度 t_c〔℃〕と蒸発温度 t_v〔℃〕に基づき，各々の等温線を飽和曲線内に引く．

② t_v 一定の等温線と飽和蒸気線との交点 1 を真下にある横軸 h に降ろすことにより h_1 が求まる．

③ 交点 1 より，その近くにある等エントロピー線（s 一定）と平行になるよう右上方に s 一定の曲線を引き，t_c 一定の等温線を延長した等圧線との交点

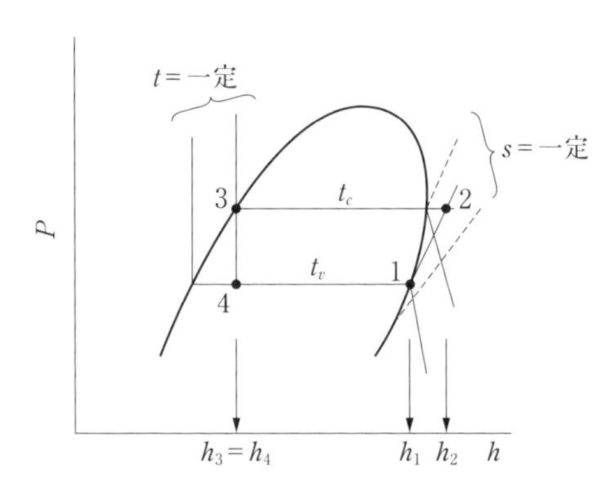

図 10・9 h_1～h_4 の見つけ方（標準サイクル）

2より h_2 が求まる．

④　t_c 一定の等温線と飽和液線との交点3より h_3 が求まる．

⑤　交点3を通る等エンタルピー線（h 一定）と t_v 一定の等温線との交点4より h_4 が求まる．

なお，飽和曲線内では等温線と等圧線は一致する．

ところで，標準冷凍サイクルにおける冷凍効果を一層増大させるには，凝縮器内で凝縮した冷媒液をさらに冷却した過冷却液にするとともに圧縮機入口の飽和蒸気をさらに過熱した過熱蒸気にすることが行われる．その場合のモリエル線図を用いた h_1～h_4 の求め方手順を**図10･10**に従い次に述べる．

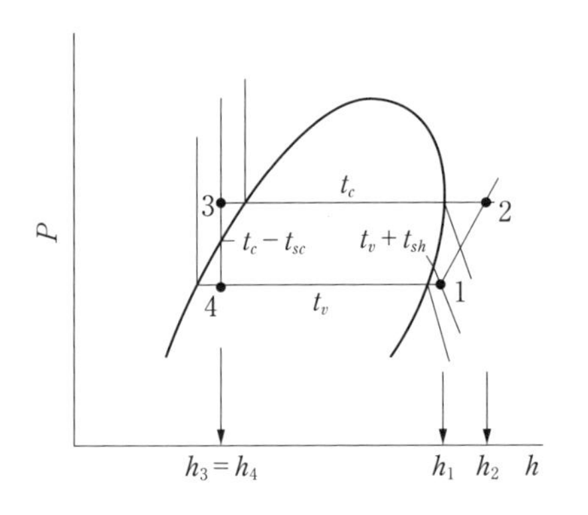

図10・10　h_1～h_4 の見つけ方（過冷却，過熱サイクル）

①　過熱度を t_{sh} とすると，蒸発温度 t_v の等圧線上に $(t_v + t_{sh})$ の等温線を降ろし，その交点を1とする．交点1を横軸 h に降ろすことにより h_1 が求まる．

②　交点1より，その近くにある等エントロピー線（s 一定）と平行になるよう右上方に s 一定の曲線を引き，t_c 一定の等温線を延長した等圧線との交点2より h_2 が求まる．

③　過冷却度を t_{sc} とすると，$(t_c - t_{sc})$ の等温線と飽和液線との交点を通る等エンタルピー線（h 一定）と凝縮温度 t_c の等温線を延長した等圧線との交点を3とする．交点3を通る等エンタルピー線（h 一定）と t_v 一定の等温線との交点4より h_4 が求まる．

10・4　実際の蒸気圧縮冷凍サイクル

実際の蒸気圧縮冷凍サイクルは，前述の標準冷凍サイクルとはさまざまな部材で生じる不可逆性により異なる．それは，冷媒の流動抵抗ならびに雰囲気との間での熱伝達に依存している．実際の冷凍サイクルにおける T-s 線図の一例を**図 10・11** に示す．標準冷凍サイクルでは冷媒が蒸発器を出ると飽和蒸気になって圧縮機に入るが，実際には冷媒の状態を正確にコントロールできない．すなわち，冷凍システムを設計するのは容易であるが，冷媒は圧縮機入口でわずかに過熱状態になる．また，蒸発器と圧縮機の接続管の長さは通常非常に長くなり，冷媒の圧力損失や雰囲気との間での熱伝達が生じる．これらは，比容積の増加をもたらし圧縮機への入力も増加させる．

標準冷凍サイクルの圧縮過程は内部的には可逆そして等エントロピー変化であるが，実際の冷凍サイクルにおいては，エントロピーを増加させる摩擦損失やエントロピーを増減させる熱伝達の影響がある．その結果，圧縮過程においては過程 1→2 が過程 1→2′ になる．標準冷凍サイクルにおいて，冷媒は圧縮機出口圧力の飽和液で凝縮器を出るとされているが，実際の冷凍サイクルにおいては圧縮機や膨張弁と凝縮器間の接続管においての圧力損失がある．また，冷媒を完全に

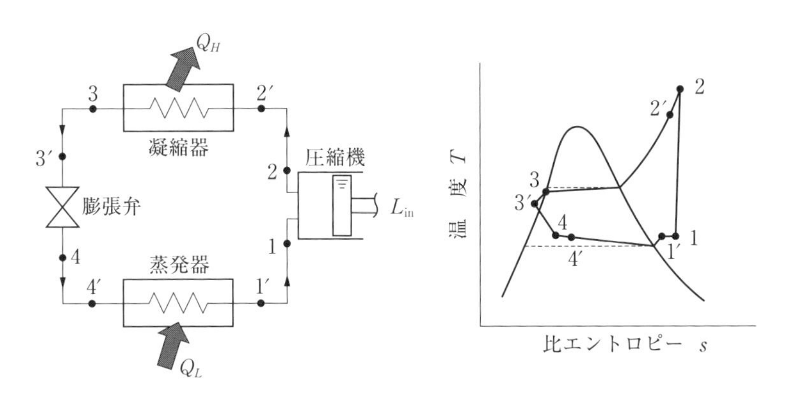

図 10・11　実際の蒸気圧縮冷凍サイクルと冷凍機の概要

飽和液にする凝縮過程は難しく，完全に凝縮しない冷媒を膨張弁に送ることは望ましくない．そのため，冷媒は膨張弁に入る前に過冷却される（過程 3→3′）．

ところで，冷凍温度が－30℃以下になると冷媒の蒸発温度が低く，吸入冷媒は希薄になる．そのため，今まで述べた1台の圧縮機により1段で圧縮すると圧縮比が大きくなる．これは，圧縮機の体積効率を低下させ，冷凍能力を下げるとともに圧縮仕事も増大させる．この対策として，1種類の冷媒を2台の圧縮機により低圧段から高圧段と順に圧縮する2段圧縮冷凍サイクル，温度特性の異なる2種類の冷媒を用いた各々の冷凍サイクルをカスケード的に接続して所要の低温を得る二元冷凍サイクルがある．

10・5　蒸気吸収冷凍サイクル

前述の蒸気圧縮冷凍サイクルは冷媒を圧縮する必要があるため，圧縮機を動作させるための機械的な駆動源（電気モータ，エンジン）が必要であった．これに対して，蒸気吸収冷凍サイクルは，液冷媒を蒸発させて吸収することにより低温を達成する．これは，液冷媒の蒸発に熱源が必要であり，熱駆動の冷凍サイクルであることを示す．その熱源には，都市ガス，太陽熱，地熱，工場での廃熱などの利用が可能である．

したがって，このシステムには，冷媒とともに吸収剤が必要になる．冷媒にはアンモニアそして吸収剤に水（アンモニア-水），冷媒に水そして吸収剤に臭化リチウム水溶液（水-臭化リチウム）などを用いている．

後者のシステムは水の凍結温度以上の最小温度である空調機器に応用される．ここでは，アンモニア-水系の冷凍サイクルについて紹介する．アンモニアは水に吸収されやすく溶解に際して放熱する．この水溶液を加熱するとアンモニア蒸気が放出される．この過程を容器内で行うと内部圧力は蒸気の放出により高くなるので，これを外部で取り出し冷却することにより高圧のアンモニア水溶液が得られる．したがって，このアンモニア水溶液を蒸発させ低温を得ることができる．

図 10・12 に基づき，この冷凍サイクルを説明すると次のようになる．アンモニ

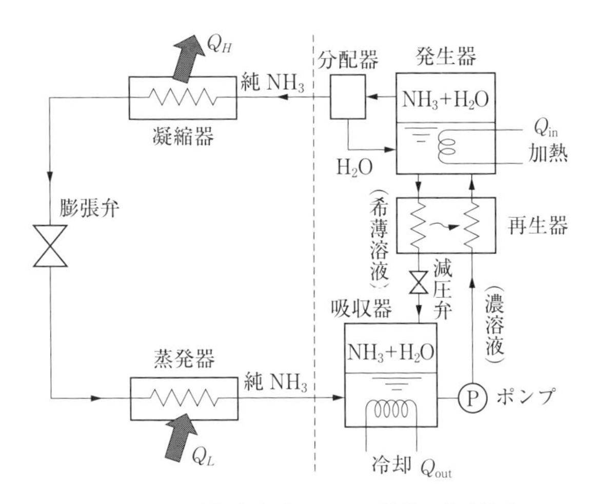

図 10・12 吸収式冷凍サイクル機器の基本構成

ア蒸気は蒸発器を出て吸収器に入ると水に溶解しアンモニア水溶液になる．この際に発熱するが，冷却することにより放熱される．水に溶解可能なアンモニアの量は温度に逆比例する．それゆえ，吸収器はできるだけ低い温度に保つ必要がある．濃アンモニア水溶液は，再生器を通り発生器に汲み上げられる．その際，都市ガスなどにより加熱され，溶液の一部は蒸気になる．アンモニア蒸気と水は分離され，分配器を通ることにより水は発生器に戻す．その結果，高圧の純水なアンモニア蒸気は，凝縮器，膨張弁そして蒸発器に入る．

一方，希薄アンモニア水溶液は再生器を通り，ポンプにより汲み上げられる濃アンモニア水溶液に熱を与え，吸収器の圧力まで絞られる．この一連の過程を繰り返すことにより冷凍サイクルを達成する．すなわち，蒸気圧縮式冷凍サイクル機器の圧縮機の役割を温度差による物質の溶解濃度の差を利用して行っている．

吸収式冷凍サイクルの冷凍の成績係数 COP_c は，発生器での加熱量 Q_{in} と蒸発器での冷凍効果 Q_L を用いて式（10・11）で定義される．

$$COP_c = \frac{Q_L}{Q_{in}} \qquad (10 \cdot 11)$$

10・6　ガス冷凍サイクル

ガス冷凍サイクルとは，前述の蒸気圧縮冷凍ならびに蒸気吸収冷凍サイクルが冷媒の相変化（気体 ↔ 液体）による潜熱を利用するのに対して，冷媒に空気，ヘリウムなどの単相ガスの顕熱を利用する．冷媒に空気を利用するサイクルには，航空機の客室を冷房する逆ブレイトンサイクルがある．また，冷媒にヘリウムを利用するサイクルには，80 K 以下の極低温を発生する逆スターリングサイクル，G-M サイクルなどがある．

単純な逆ブレイトンサイクルを**図 10･13** に示す．同サイクルは，コンプレッサ（圧縮機），冷却器，タービンから構成される．大気圧空気はエンジンあるいは電気モータにより駆動されコンプレッサにより圧縮され高温高圧（175℃，430 kPa）になるが，冷却器により等圧的に 80℃ 程度に冷却される．その後，タービンにより大気圧程度まで膨張させると 7℃ 程度の低温空気が得られる．

基本的なスターリングサイクルを**図 10･14** に示す．同サイクルは膨張ピストン，圧縮ピストン，蓄冷器，吸熱器そして放熱器から構成され，両ピストン間には 1 MPa 程度の高圧のヘリウムガスが封入される．圧縮ピストンにより圧縮された高温高圧のヘリウムガスは放熱器により中温高圧になり，蓄冷器を通ったのち膨張ピストンで膨張することにより 77 K 程度の極低温を生成する．

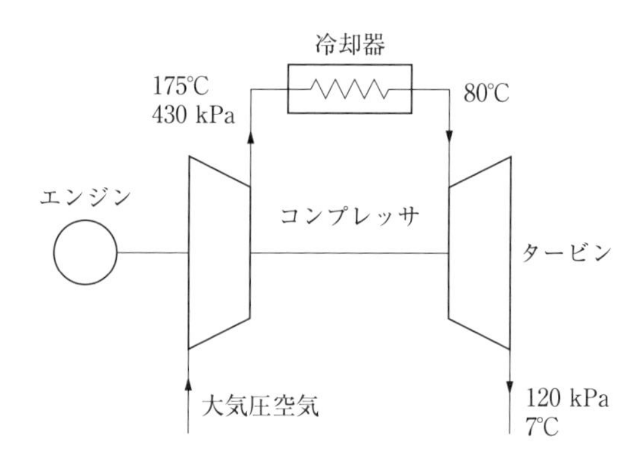

図 10・13　逆ブレイトンサイクル冷凍機の基本構成

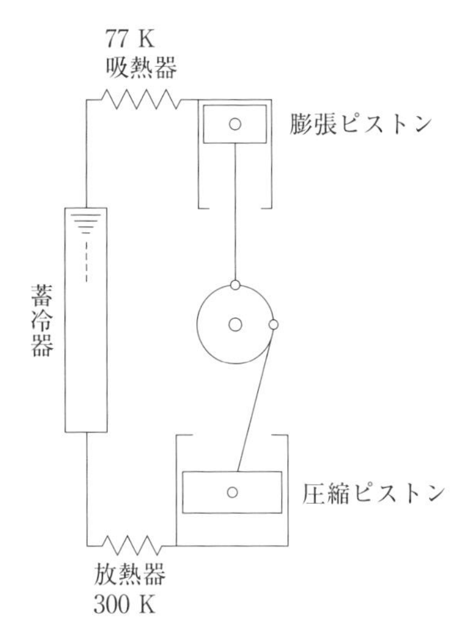

図 10・14　逆スターリングサイクル冷凍機の基本構成

演習問題

問題 10・1　図 10･3 の正サイクルであるカルノーエンジンと逆サイクルであるカルノー冷凍機を組み合わせることにより，**図 10･15** に示す理論的なカルノーエンジン駆動

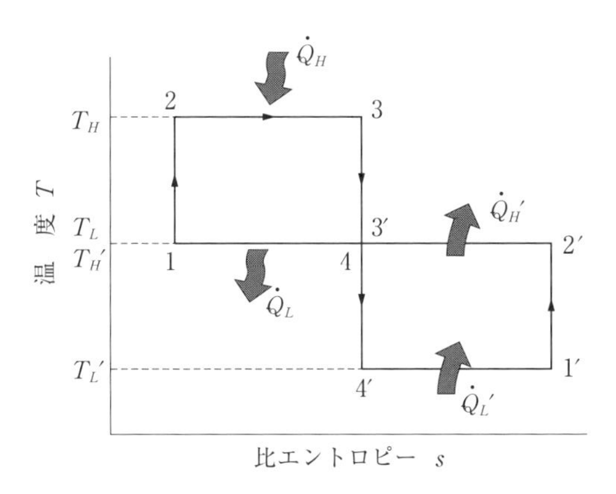

図 10・15　カルノーエンジン駆動冷凍サイクル

冷凍機が可能である．カルノーエンジンが高温熱源より 10 kW（高温度 600 K）の熱入力を得て，低温熱源（低温度 300 K）へ放熱することにより駆動されるカルノー冷凍機が 250 K の低温空間より吸熱し，エンジンの低温度と同じ 300 K の温度場に放熱すると仮定する．このときの，①エンジン出力，②成績係数，③冷凍能力を求めよ．

問題 10・2　成績係数 $COP_c = 3$ の冷凍機において，2.1 kW の冷凍を行うのに要する圧縮機への入力 $\dot{L}_{\mathrm{in}}$ を求めよ．

問題 10・3　冷媒に R134a を用い，凝縮温度 30℃，蒸発温度 −15℃のもとで作動する蒸気圧縮標準冷凍サイクルの成績係数を付図 1 のモリエル線図を用いて求めよ．

問題 10・4　冷媒に R134a を用いた冷凍機が，蒸発温度 −16℃，凝縮温度 16℃の蒸気圧縮標準冷凍サイクルで運転されている．冷媒の質量流量を 0.1 kg/s として，①冷凍能力，②圧縮仕事，③放熱量，④成績係数を求めよ．

問題 10・5　冷媒に R134a を用い，蒸発温度 −10℃，凝縮温度 30℃，過冷却度 10℃そして過熱度 10℃のもとで作動する蒸気圧縮冷凍サイクルの成績係数を付図 1 のモリエル線図を用いて求めよ．

11章

空気調和

快適にするためには冬は暖房，夏は冷房，梅雨時は除湿などを行うように温度，湿度は室内が人間にとって快適かどうかの大切な指標である．空気の調整をより適切に行うためには水分を含む空気，すなわち湿り空気の状態を定量的に扱う必要がある．湿り空気の状態を表す温度，比エンタルピー，水分量などは湿り空気線図上で読み取ることができる．線図上で空気の状態変化，たとえば，加熱，冷却，混合，除湿などの基本的な性質を理解しよう．

11・1　快適な空間

人の体温は36～37℃でほぼ一定している．暑い，寒いの感覚は体内での熱発生と体外への熱放出の釣合いで決まり，これは周囲の条件で変わる．熱は肝臓や筋肉などで物質代謝などにより発生する．暑くなると毛細血管を広げて血液の循環量を増やし，発汗量や肺での呼吸を増加して体からの熱放出を増す．寒くなると血管を収縮させ，ときには鳥肌を立てて熱の放出を減らし，またホルモンで化学反応を促進して熱発生を増やす．

日射や外気の温度や湿度，風速が変化する中で衣服は体への影響を和らげてくれる．活動状況にもよるが，大気としては気温25℃前後，湿度50%前後のからっとした状態が気持ちよいといえよう．しかし，快適さは部屋の壁の放射，頭寒足熱という言葉もあるように壁や床の温度，上下温度差，風速などの影響を受ける．もちろん，換気は大切である．室内を外気と異なる状態にするには燃焼式ヒータ，電熱式ヒータ，冷凍機，ヒートポンプなどが必要である．一方，木材，畳，土壁などには温湿度の調節効果がある．

快適かどうかは気温と湿度などによると考え，70以上では一般に不快，75以上では必ず半数以上の人が不快という**不快指数**（**DI**）による表し方もある．しかし，快・不快は個人差もあり，着衣，作業度，周囲の状態などによって変わる．また，室の内外の温度差は5℃以上あると出入りの際に不快を感じ，暑い日の木陰ではそよ風の揺らぎに快感を覚える．人体にとっての快適性は種々の条件に影響されるので快適か不快かを表現する簡潔な指数を定めるのは難しいが，少なくとも温度，湿度は調整する必要がある．

11・2 湿り空気とは

空気は窒素，酸素，アルゴン，二酸化炭素などに水分が加わった混合気体である．最近，炭酸ガスの割合が増加しているといわれているが年々約1.3 ppmの程度であり，暖・冷房など空気調和を考える場合には，大気の組成は水分を除けば変化しないとしてよい．0℃，30℃の空気1 kgはそれぞれおよそ最高4 g，27 gの水分を水蒸気として含むことができる．

大気を，成分量一定の乾いた空気と水分（この量は変化する）とが混合した気体として考え，これを**湿り空気**と呼ぶ．

760 mmHgのもと，標準乾き空気の組成は**表11・1**で与えられる．

表11・1 標準乾き空気

成分	窒素	酸素	アルゴン	二酸化炭素
質量分率〔%〕	75.53	23.14	1.28	0.05
体積分率〔%〕	78.09	20.95	0.93	0.03

（内田秀雄：湿り空気と冷却塔（改訂版），裳華房（1972）より）

11・3 温度と湿度

温度計には水銀温度計，熱電対温度計（**図11・1**），サーミスタ温度計などいろいろある．

温度計の感温部が乾いた状態で測った大気の温度を**乾球温度**（t〔℃〕）という

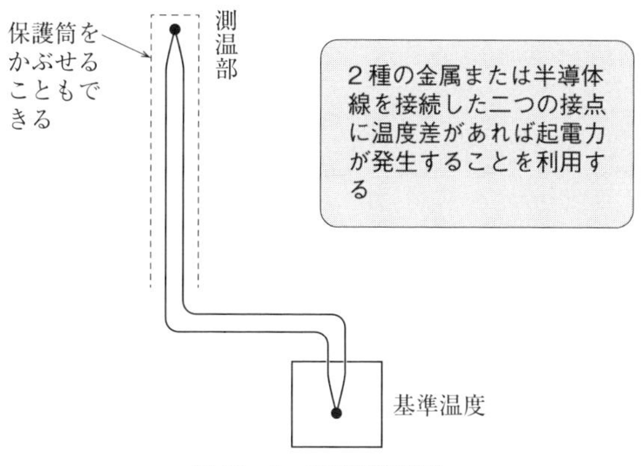

図 11・1　熱電対温度計

のに対し，感温部を濡れたガーゼで包み風（2〜5 m/s）を当てて測った温度を**湿球温度**（t'〔℃〕）という．乾球温度，湿球温度の差は大気中の水分の量に関係し，大気が乾いているほどガーゼから蒸発する水分が多く，感温部から奪う熱が多いので湿球温度は乾球温度に比べて低くなる．乾球温度，湿球温度を測れば湿度を求めることができる．

乾球温度 t〔℃〕，湿球温度 t'〔℃〕である湿り空気の水蒸気分圧 P_v〔Pa〕が式（11·1）で求められる（JIS Z 8806 湿度－測定方法）．

$$P_v = P_{vs} - AP(t - t') \qquad (11 \cdot 1)$$

ここで，P：湿り空気の圧力〔Pa〕（1 気圧ならば 101 325 Pa）

P_{vs}：t〔℃〕の水の飽和蒸気圧〔Pa〕

A：湿球が氷結していないときには $A = 0.000662$〔K^{-1}〕．湿球が氷結しているときには $A = 0.000583$〔K^{-1}〕

相対湿度 ϕ〔%〕は，

$$\phi\,〔\%〕 = \frac{P_v}{P_{vs}} \times 100 \qquad (11 \cdot 2)$$

で定義される．

表 11·2 には相対湿度が湿球温度（乾球温度－湿球温度）の関数として示されている．**図 11·2** にアスマン通風乾湿計の構成を示す．

表 11・2　通風乾湿計用湿度表

(a) 湿球が氷結していないとき

乾球 t	乾球と湿球との差 $(t-t')$																				
	0.0	0.5	1.0	1.5	2.0	2.5	3.0	3.5	4.0	4.5	5.0	5.5	6.0	6.5	7.0	7.5	8.0	8.5	9.0	9.5	10.0
40	100	97	94	91	88	85	82	80	77	74	72	69	67	64	62	59	57	55	53	51	48
35	100	97	93	90	87	84	81	78	75	72	69	67	64	61	59	56	54	51	49	47	44
30	100	96	93	89	86	83	79	76	73	70	67	64	61	58	55	52	50	47	44	42	39
25	100	96	92	88	84	81	77	74	70	67	63	60	57	53	50	47	44	41	38	35	33
20	100	96	91	87	83	78	74	70	66	62	59	55	51	48	44	40	37	34	30	27	24
15	100	95	90	85	80	75	70	66	61	57	52	48	44	39	35	31	27	23	19	16	12
10	100	94	88	82	76	71	65	60	54	49	44	39	33	28	23	19	14	9	4		
5	100	93	86	78	71	65	58	51	45	38	32	25	19	13	7	1					
0	100	91	82	73	64	56	47	39	30	22	14	6									
−5	100	88	77	65	54	43	32	21	10												
−10	100	84	69	54	38	23	8	1													

(b) 湿球が氷結しているとき

乾球 t	乾球と湿球との差 $(t-t')$												
	0.0	0.5	1.0	1.5	2.0	2.5	3.0	3.5	4.0	4.5	5.0	5.5	6.0
0	100	91	82	74	65	57	49	41	33	25	17	10	2
−5	95	84	73	63	52	42	31	21	11	1			
−10	91	76	62	48	35	21	7						
−15	86	67	48	29	10								
−20	82	55	28	1									

(注) この表は，相対湿度の算出公式に，大気の圧力を 1 013.25 hPa として計算した値である．
(国立天文台編：理科年表 (2001)，通風乾湿計用湿度表，丸善より)

大気中の水分の量を質量で表すのも便利である．乾き空気（Dry Air：DA と記す）1 kg に x〔kg〕の水蒸気が混合した湿り空気の状態を絶対湿度が x〔kg/kg（DA)〕であるという．1 kg（DA）を 1 kg′ と記すこともある．

11・4　露　点　と　は

ある乾球温度 t〔℃〕のとき，空気が霧などを生じることなく含みうる水蒸気の量は，温度 t〔℃〕の飽和水蒸気に相当する量までである．飽和水蒸気の量は

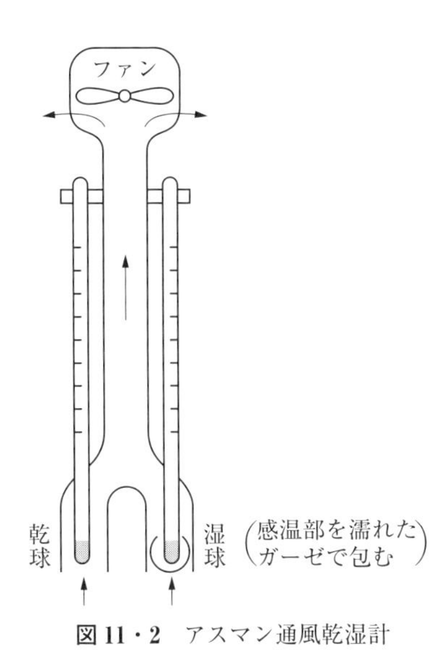

図 11・2　アスマン通風乾湿計

8章の表8･3に示されるように温度が下がると低下する．

大気中で物体の温度を下げていくと物体周りの空気は飽和状態になり，ついには物体の表面に露がつくようになる．露がつき始めるときの物体の表面温度を**露点**，あるいは**露点温度**という．

11・5　湿り空気線図の読み方

湿り空気の全圧が P〔Pa〕，水蒸気の分圧が P_v〔Pa〕，絶対湿度が x〔kg/kg(DA)〕であるとき，湿り空気の比容積を v〔m³/kg(DA)〕，水蒸気の比容積を v_v〔m³/kg〕とすると式(11･3)が成り立つ．

$$v = xv_v \tag{11・3}$$

乾き空気について，

$$(P - P_v)v = R_a T \tag{11・4}$$

水蒸気について理想気体と考えると，

$$P_v v = xR_v T \tag{11・5}$$

が成り立つ．ここに R_a，R_v は乾き空気，水蒸気の気体定数である．

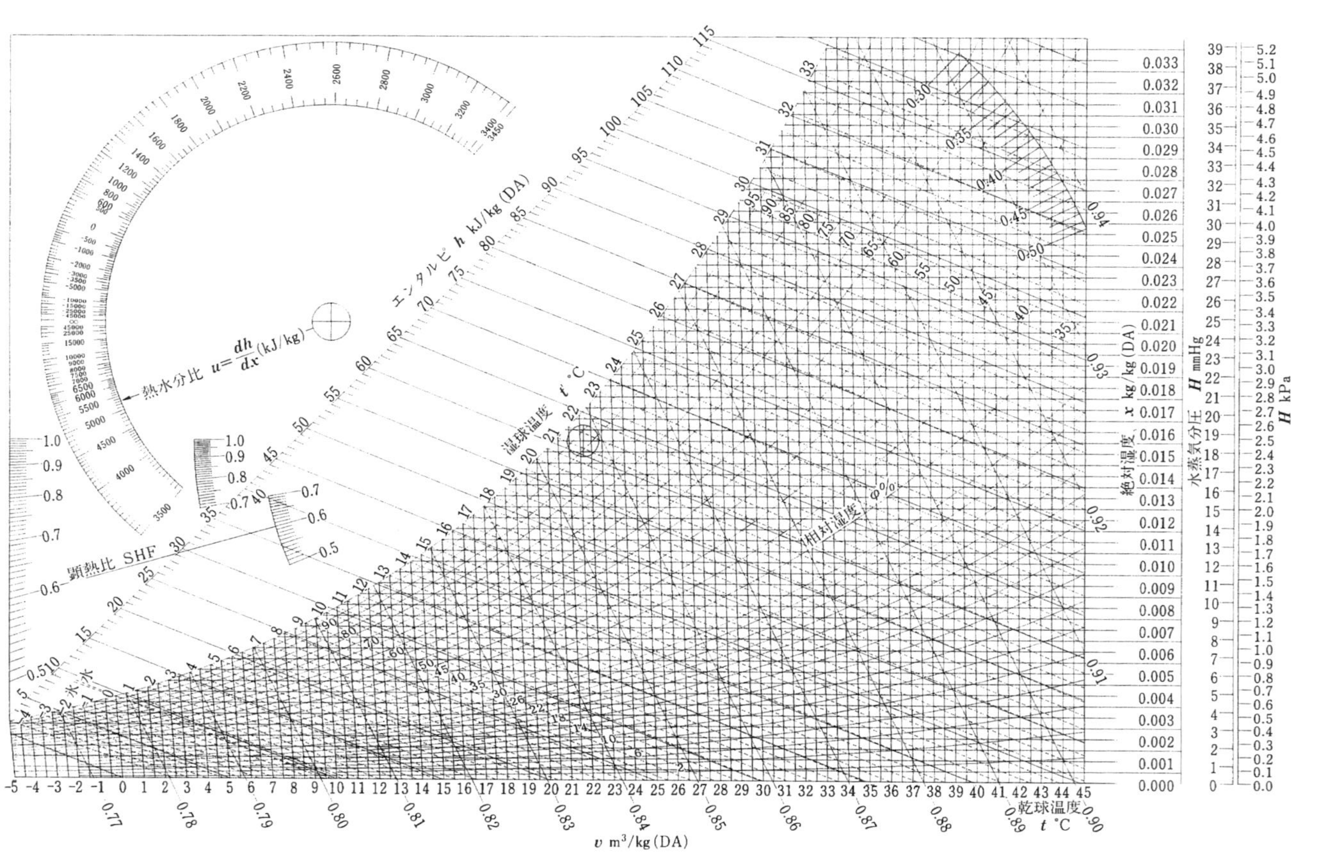

図11・3 湿り空気線図（SI単位）（日本機械学会：流体の熱物性値集（1983）より）

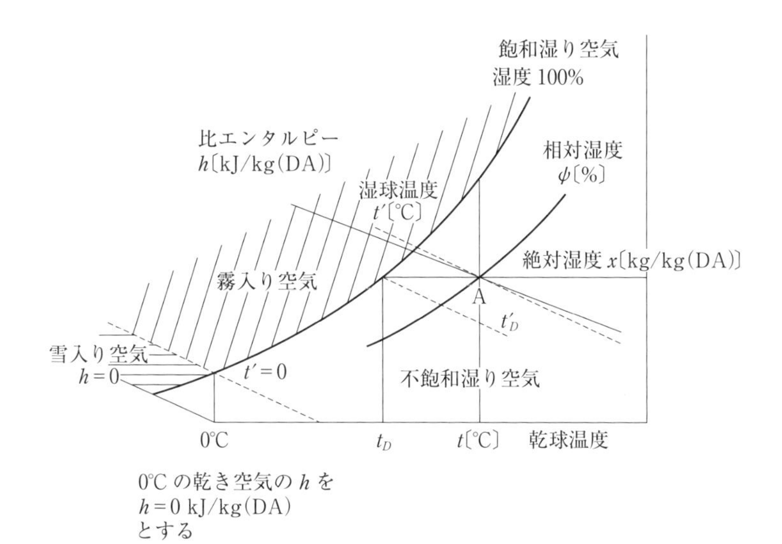

図 11・4 湿り空気線図の構成
（顕熱比（SHF）は図 11・10，熱水分比は図 11・11 参照）

$$R_a = 287.0\ \mathrm{J/(kg \cdot K)}$$

$$R_v = 461.5\ \mathrm{J/(kg \cdot K)}$$

これらの関係をもとに乾球温度，湿球温度，相対湿度，絶対湿度，水分などの関係を示す線図（**図 11・3**）を**湿り空気線図**という．**図 11・4** に構成を示す．基準として 0℃の乾き空気の比エンタルピーが 0 に定められている．飽和湿り空気は相対湿度 $\phi = 100\%$ の線であり，$\phi < 100\%$ の範囲を不飽和湿り空気と呼ぶ．$\phi > 100\%$ で $t' > 0$ ならば霧入り空気，$t' < 0$ ならば雪入り空気である．湿球温度一定の線は比エンタルピー一定の線に近いことに注意しよう．

〔1〕 飽和湿り空気線の内側の点

湿り空気線図上で乾球温度 t〔℃〕，相対湿度 ϕ〔%〕の状態 A は湿球温度 t'〔℃〕，比エンタルピー h〔kJ/kg（DA）〕，絶対湿度 x〔kg/kg（DA）〕と読み取れる（図 11・4）．

大気の状態 A の露点温度は t_D であり，$t_D = t_D'$ である．乾球温度一定で相対湿度が高い状態と低い状態を比べると，前者のほうが露点温度は高い．

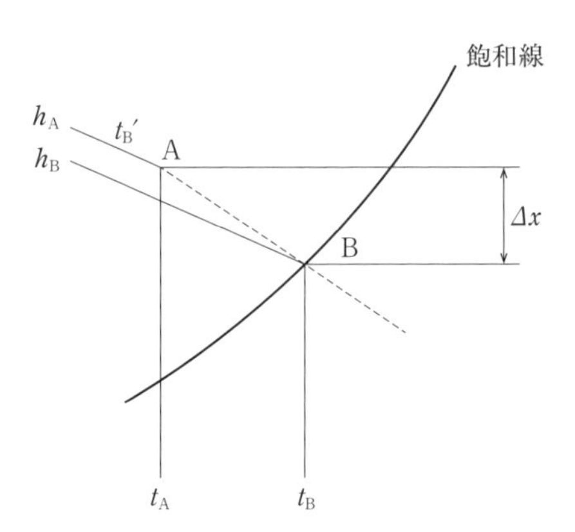

図 11・5　霧入りまたは過飽和空気

〔2〕 **飽和湿り空気線の外側の点**

図 11･5 において飽和湿り空気線の外の A 点は，①霧入り空気（$t'<0$ では雪入り空気）または②過飽和湿り空気の場合があるが，過飽和状態は不安定であるので，ここでは①の霧入り空気について述べる．

①の場合は，A を通る等湿球温度線の延長線と飽和線との交点を B とすると，点 B の飽和空気に水分が Δx だけ霧として存在することを意味する．比エンタルピーは B の比エンタルピーに霧の持つ熱量だけ大きい．

【例題 11・1】　室内条件が $t=25$℃，$t'=18$℃である．諸状態量を記せ．

〈解 答〉　図 11･3 より下記のように読み取れる．

相対湿度 $\phi=51\%$，絶対温度 $x=0.010$ kg/kg（DA），水蒸気分圧 $H=12$ mmHg $=1.6$ kPa，比エンタルピー $h=51$ kJ/kg（DA），比体積 $v=0.858$ m^3/kg（DA），露点温度 14℃．

表 11･2 より $t=25$℃，$t-t'=7$℃であるから $\phi=50\%$ である．

11・6　湿り空気の状態変化の例

部屋に単位時間当り出入りする熱量，水分量をそれぞれ部屋の**熱負荷**，**水分負**

荷という．空調機にはその熱負荷を処理する能力が必要である．

空気の質量流量を $\dot{M}$〔kg（DA)/s〕，空気の比エンタルピーの増大を Δh〔kJ/kg（DA)〕，絶対湿度の増大を Δx〔kg/kg（DA)〕とすると空気加熱量 $\dot{Q}$〔kW〕，加湿量 $\dot{W}$〔kg/s〕の間に，

$$\dot{Q} = \dot{M}\Delta h \qquad (11\cdot6)$$

$$\dot{W} = \dot{M}\Delta x \qquad (11\cdot7)$$

の関係がある．

温度，湿度をはじめ湿り空気の状態変化 Δh，Δx などを湿り空気線図上で調べてみよう．湿り空気を加熱あるいは冷却すれば空気のエネルギーが変化する．比エンタルピーは空気の温度だけでなく，水蒸気の量にも関係して変わることに注意しよう．

〔1〕　水分一定のもとでの変化と露点温度（図 11･6）

状態 A の湿り空気を考える．$\phi = 100\%$ における温度が状態 A の空気の露点温度は t_D〔℃〕であり，露点では乾球温度 t_D と湿球温度 t_D' は一致する．空気と熱交換するコイルの表面温度が露点温度より高い場合には加熱，冷却のいずれの場合も水分は一定，すなわち絶対湿度一定に保たれる．冷却される場合，図 11･6 で A から水平左方向（A→B）に変化し，温度が下がるとともに相対湿度 ϕ は上昇する．加熱される場合は A→C のように水平右方向に変化し，相対湿度 ϕ は

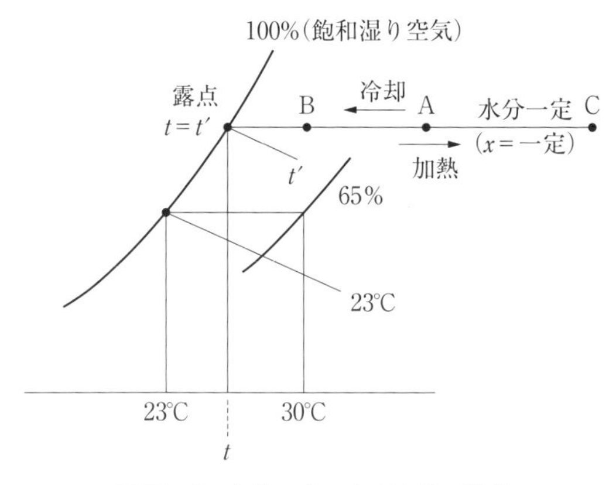

図 11・6　水分一定のまま冷却，露点

降下する．

たとえば，乾球温度30℃，相対湿度65％の大気の露点温度はおよそ22.6℃である．

〔2〕 混　合（図11･7）

外部との熱交換がなく状態1，2の湿り空気がそれぞれM_1〔kg（DA）〕，M_2〔kg（DA）〕混合すると1と2の間を$M_2:M_1$に内分した点，状態3となる（図11･7（a））．

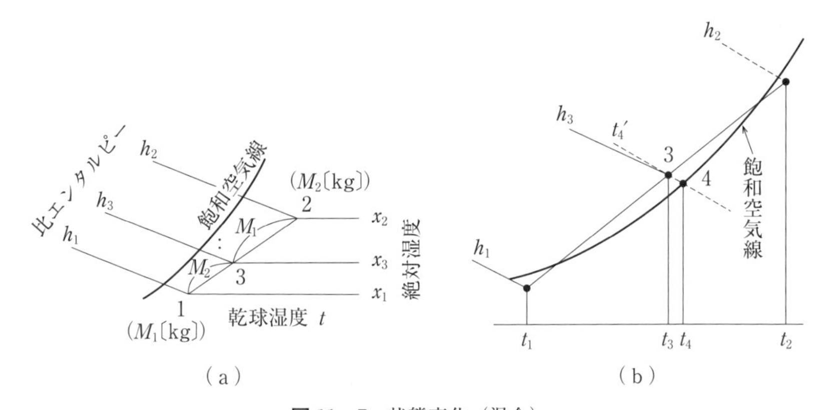

図11・7　状態変化（混合）

$$h_3 = \frac{M_1 h_1 + M_2 h_2}{M_1 + M_2} \tag{11・8}$$

$$x_3 = \frac{M_1 x_1 + M_2 x_2}{M_1 + M_2} \tag{11・9}$$

$(h_3,\ x_3)$が飽和線の外になることもあるが，この場合は，混合の結果，過飽和空気あるいは霧を含む状態になることを意味する（図11･7（b））．

【例題11・2】　乾球温度20℃，相対湿度80％の空気1 kg（DA）と30℃，60％の空気2 kg（DA）の割合で混合した，混合後の状態（t，ϕ，h）を求めよ．

〈解 答〉　湿り空気線図より，

・20℃，80％では$h=50$〔kJ/kg（DA）〕

・30℃，60％では$h=71$〔kJ/kg（DA）〕

$$h = \frac{50 \times 1 + 71 \times 2}{1+2} = 64 \text{〔kJ/kg（DA）〕}$$

$t = 26.7$℃，$\phi = 67$%

〔3〕　電気ヒータ加熱（図 11･8）

電気ヒータ加熱では水分は変化せず，絶対湿度一定のままエンタルピーが増加する．状態1の空気を1 kg（DA）当り q〔kJ〕加熱すると，

$$q = h_2 - h_1$$

を満たすような状態2になる．

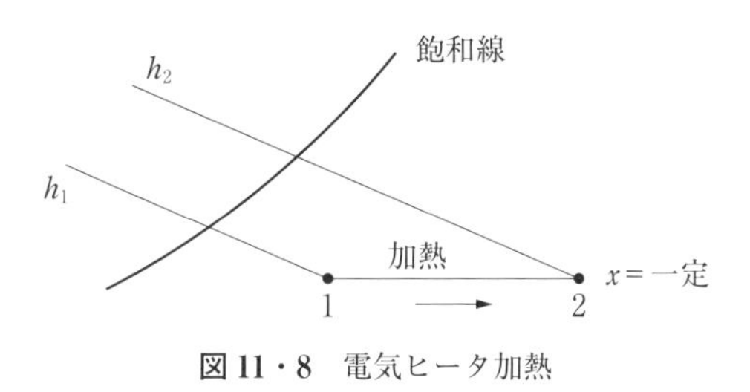

図 11・8　電気ヒータ加熱

〔4〕　大量の水と接触する場合（図 11･9）

水に接触する空気は水面上では水温に対する飽和空気の状態にあると考えられる．水温が t_2〔℃〕の場合，飽和線（$\phi = 100$%）上の t_2〔℃〕の点2と状態1を

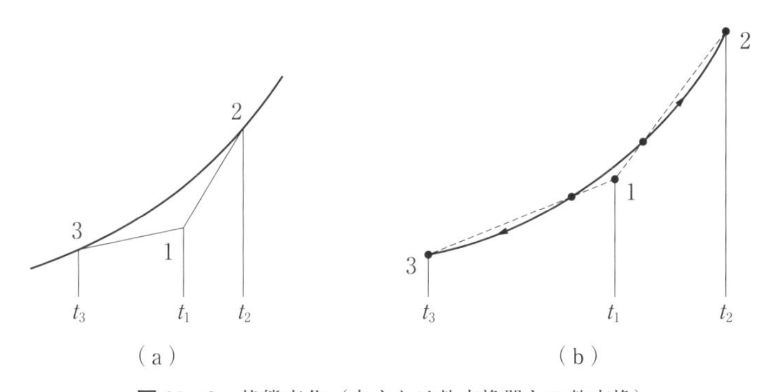

図 11・9　状態変化（水または熱交換器との熱交換）

結ぶ線に沿って変化する．状態1の相対湿度が十分低い場合は図（a）のように，高い場合には図（b）のようになる．

水温が t_1〔℃〕より低い t_3〔℃〕の場合も同様に考えればよい．

〔5〕 表面温度が露点温度より低い熱交換器による冷却

表面温度が露点温度より低い温度 t_3〔℃〕にある場合，熱交換器表面には湿り空気中の水分が飽和になって t_3〔℃〕の水膜が生じる．空気はこの水膜の温度の水と接触すると考えればよいので〔4〕の場合と同様である（図11･9）．

【例題11・3】 30℃，70％の空気が表面温度10℃の熱交換器によって冷却され $t=20$℃になった．相対湿度は何％になったか．また，減湿量 Δx を求めよ．

〈解 答〉 露点温度 $t_D=23.8$℃であるから，熱交換器の表面温度は露点温度よりも低いので〔5〕の場合として考える．その結果，$\phi=90\%$，$\Delta x=0.0056$ kg/kg（DA）となる．

〔6〕 熱と水分の負荷が指定される場合

質量 M〔kg（DA）〕の室内空気に与えられる顕熱負荷が Q_S〔kJ〕，比エンタルピー h_w〔kJ/kg（DA）〕の水分が M_w〔kg〕加えられて潜熱負荷が Q_L〔kJ〕の場合を考える．顕熱負荷 Q_S の全熱負荷（Q_S+Q_L）に対する比を**顕熱比**（**SHF**）という．

$$\mathrm{SHF}=\frac{Q_S}{Q_S+Q_L} \tag{11・10}$$

これら熱負荷により空気の比エンタルピーが h_1 から h_2 に，絶対湿度が x_1 から x_2 に変わるとすると，

$$Q_S+Q_L=M(h_2-h_1) \tag{11・11}$$

$$Q_L=M_w h_w \tag{11・12}$$

$$M_w=M(x_2-x_1) \tag{11・13}$$

が成り立つ．

また，出入りする熱と水分の比 $u=(Q_S+Q_L)/(M_w)$ を**熱水分比**という．

$$u=\frac{dh}{dx}=\frac{h_2-h_1}{x_2-x_1} \tag{11・14}$$

したがって，

$$\mathrm{SHF} = \frac{Q_S}{uM_w} \tag{11・15}$$

の関係がある．

SHF が一定のもとでの状態変化の方向は図 11･3 の左下に示される SHF 値と飽和線近くの十字の印（⊕）を結ぶ線に平行である（**図 11･10**）．

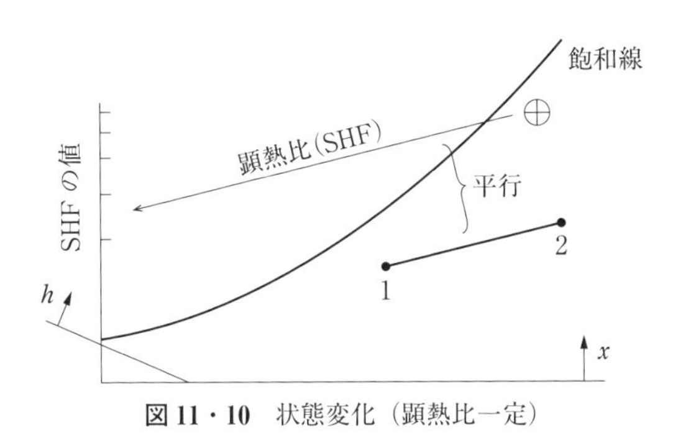

図 11・10　状態変化（顕熱比一定）

u の値が一定のもとでの状態変化の方向は図 11･3 の左上に示される円弧上の u 値と円弧の中心にある十字の印（⊕）を結ぶ線に平行である（**図 11･11**）．

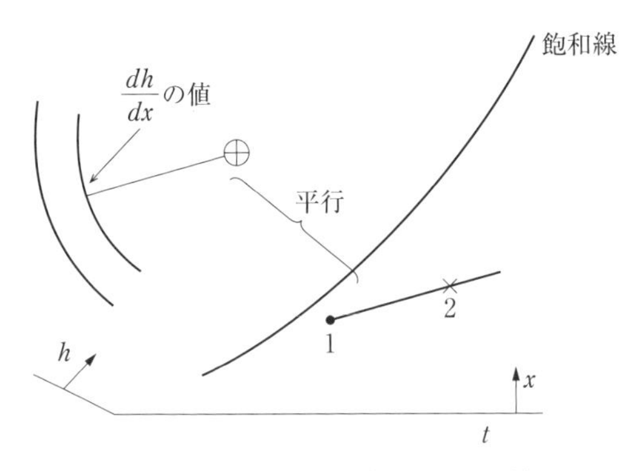

図 11・11　状態変化（熱水分比一定）

演習問題

（単に温度とある場合は乾球温度を意味する）

問題 11・1 室内条件が $t=22$℃，$t'=16$℃である．諸状態量を記せ．

問題 11・2 20℃，80% の湿り空気 2 kg と 30℃，60% の湿り空気 1 kg の割合で混合した，混合後の露点温度を求めよ．

問題 11・3 $t=22$℃，$t'=16$℃の湿り空気を電気加熱したところ，$t=30$℃になった．比エンタルピーの変化量 Δh は何ほどか．

問題 11・4 15℃，50% の空気が 22℃の水と接触して加熱され 18℃になった．その状態の相対湿度 ϕ は何 % か．絶対湿度の変化量 Δx を求めよ．

問題 11・5 冷房時に顕熱負荷が 5 kW，潜熱負荷が 2 kW である．部屋の状態を 25℃，55% にするのに必要な吹出し冷風の絶対湿度を求めよ．ただし，吹出し温度差を 10℃とする．

12章

エネルギーと環境

環境問題は，**図 12･1** に示すように特定の地域や国に限定された局地的な問題ではなく，酸性雨，温暖化，成層圏オゾン層破壊など地球規模での環境破壊として世界中に広がっている．人類がかけがえのない地球を救いそして守るためには，窒素酸化物や二酸化炭素の低減，エネルギーの有効利用，脱フロンなどの対策を要する．

本章では，エンジン，冷凍機に端を発する地球規模での環境問題を取り上げ，その対策例を述べる．

12・1　エンジンによる大気汚染

自動車の台数増加や交通渋滞により，大気汚染が深刻化している．その原因に

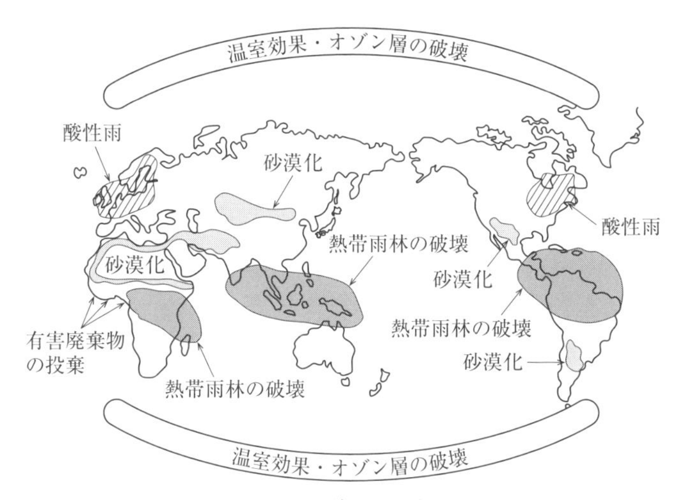

図 12・1　環境問題の広がり
（公害資源研究所地球環境特別研究室：地球温暖化の対策技術，オーム社（1990）より）

なっているのが，ガソリンエンジンやディーゼルエンジンである．ガソリンエンジンの排ガスレベルは，電気自動車が走行する際に要する電力を得る商用電力の発電所が発電する際に排出する排ガスレベルまで低減されている．これは，一酸化炭素，炭化水素，窒素酸化物といった排ガスが燃焼制御技術や排ガスを浄化する触媒技術の進展による．

一方，ディーゼルエンジンは軽油など安い燃料の使用そして高い熱効率より燃料消費量も少なく二酸化炭素の排出が少ないと地球温暖化にはメリットがある．しかし，窒素酸化物や粒子状物質のより一層の低減が求められている．特にその燃焼メカニズムはガソリンエンジンより複雑であり，すすの生成が問題になる．粒子状物質は固体のすす分を核として，その周辺に液相の炭化水素分や硫酸塩が付着して生成される．この物質は，粒径 0.1～0.3 μm，0.005～0.05 μm の範囲にあるとされ，発ガン，気管支喘息，花粉症などへの影響が懸念されている．

12・2 フロンガスによるオゾン層破壊

対流圏（0～約 15 km 上空）にあるオゾンは，光化学スモッグなど生物にとって直接的に危険な物質である．しかし，成層圏（地上 15～50 km 上空の平均高度 35 km）にあるオゾンは，太陽からの紫外線を防御する機能を有し，地上の生物にとって不可欠な存在になっている．すなわち，成層圏のオゾン層の生成により，陸上生物がその昔棲んでいた海洋から陸上に揚がることができるようになった．この紫外線を防御するオゾン層が破壊されると，中波長領域の紫外線による皮膚の老化が促進され，皮膚ガンの原因になる．また，白内障や植物の生長阻害を誘起する．

オゾンは酸素分子と紫外光の光化学反応により生成される．また，オゾンは太陽光の吸収により分解そして酸素原子と結合し酸素分子に戻る．その過程を以下に示す．

酸素分子が光化学反応により解離して酸素原子になる．

$$O_2 + 紫外光 \rightarrow 2O$$

その後，酸素原子が酸素分子と結合することによりオゾンが生成する．

$$O + O_2 + \mathbf{M} \rightarrow O_3 + \mathbf{M}$$

ここで，**M** は**反応の第三体**と呼ばれ，オゾンを安定化する役割をなすもので，窒素分子や酸素分子に相当する．

また，オゾンは太陽光の吸収により分解し，酸素分子と酸素原子を生成するとともに，オゾンと酸素原子との結合により酸素分子が生成される．

$$O_3 + 紫外光 \rightarrow O_2 + O$$

$$O_3 + O \rightarrow 2O_2$$

このような反応過程によるとオゾンがすぐ消滅するように考えられるが，オゾンの光分解により生成される酸素原子はすぐに酸素分子と結合しオゾンを再生するのでオゾンが消滅することはなかった．しかし，H，OH，NO，Cl，Br などを含む微量物質 X による触媒反応により，オゾンの生成と消滅のバランスが崩れ，オゾン濃度が低下している．

オゾンの消滅は次の触媒反応による．

$$X + O_3 \rightarrow XO + O_2$$

$$XO + O \rightarrow X + O_2$$

この反応は以下のようにまとめられる．

$$O + O_3 \rightarrow 2O_2$$

この X として特に重要な物質は塩素原子 Cl を含むクロロフルオロカーボン CFC などである．この物質は，ここ数十年間，空調機，冷蔵庫など人間活動のために成層圏に到達し，オゾン層を破壊し続けている．CFC は成層圏まで上昇してはじめて太陽紫外光（200〜220 nm）により分解され塩素原子を放出する．CFC-11（R11）を例にとると，次のように反応する．

$$CFCl_3 + 紫外光 \rightarrow CFCl_2 + Cl$$

このように，初期反応においては Cl を 1 個のみ放出するが，最終的には $CFCl_2$ は Cl あるいは ClO になり，さらにオゾン層を破壊する．また，同じような反応は，消火剤として利用されているハロンさらには燻蒸剤として利用されている臭化メチルが成層圏で分解されてできる臭素原子 Br や BrO によっても進行している．

モントリオール議定書対象のオゾン層破壊物質を**表 12・1** に示す．表 12・1 に

表 12・1　モントリオール議定書対象のオゾン層破壊物質（特定物質）

モントリオール議定書		物質名	化学式	オゾン破壊係数	地球温暖化係数
附属書A	グループⅠ（クロロフルオロカーボン）	CFC-11	$CFCl_3$	1.0	4 600
		CFC-12	CF_2Cl_2	1.0	10 600
		CFC-113	$C_2F_3Cl_3$	0.8	6 000
		CFC-114	$C_2F_4Cl_2$	1.0	9 800
		CFC-115	C_2F_5Cl	0.6	7 200
	グループⅡ（ハロン）	ハロン 1211	CF_2BrCl	3.0	1 300
		ハロン 1301	CF_3Br	10.0	6 900
		ハロン 2402	$C_2F_4Br_2$	6.0	—
附属書B	グループⅠ（その他の CFC）	CFC-13	CF_3Cl	1.0	—
		CFC-111	C_2FCl_5	1.0	—
		CFC-112	$C_2F_2Cl_4$	1.0	—
		など，10 物質			
	グループⅡ	四塩化炭素	CCl_4	1.1	1 800
	グループⅢ	1,1,1-トリクロロエタン	CH_3CCl_3	0.1	140
附属書C	グループⅠ（ハイドロクロロフルオロカーボン）	HCFC-22	CHF_2Cl	0.055	1 700
		HCFC-123	$C_2HF_3Cl_2$	0.02-0.06	120
		HCFC-141b	CH_3CFCl_2	0.11	700
		HCFC-142b	CH_3CF_2Cl	0.065	2 400
		HCFC-225ca	$CF_3CF_2CHCl_2$	0.025	180
		HCFC-225cd	CF_2ClCF_2CHClF	0.033	620
		など，40 物質		他	
	グループⅡ（ハイドロブロモフルオロカーボン）	HBFC-22B1	CHF_2Br	0.74	470
		など，34 物質		他	
	グループⅢ	ブロモクロロメタン	CH_2BrCl	0.12	—
附属書E		臭化メチル	CH_3Br	0.6	—

（環境省ホームページより）

は，各物質の有するオゾン破壊係数 **ODP**（Ozone Depletion Potential）とともに地球温暖化係数 GWP（Global Warming Potential）も載せている．ODP は CFC-11 を 1.0 とした場合の相対値，そして GWP は二酸化炭素を 1.0 とした場合の相対値である．これらの物質は，国際的なオゾン層の保護対策のため，1985

表 12・2　オゾン層破壊物質の生産規制

物　質　名		先進国	開発途上国
CFC		1996 年全廃	2010 年全廃
ハロン		1994 年全廃	2010 年全廃
四塩化炭素		1996 年全廃	2010 年全廃
1,1,1-トリクロロエタン		1996 年全廃	2010 年全廃
HCFC	（消費量）	2020 年全廃	2030 年全廃
	（生産量）	2020 年全廃	2030 年全廃
臭化メチル		2005 年全廃	2015 年全廃

（環境省ホームページより）

年の『オゾン層保護のためのウィーン条約』および 1987 年の『オゾン層を破壊する物質に関するモントリオール議定書』に基づき，生産量の削減が実施され，特定フロン CFC，特定ハロンなどの主要な破壊物質の生産は先進国ではすでに全廃されている．他の物質についても**表 12・2** に示すように生産規制が予定されている．

ODP＝0 の代替フロンであるハイドロフルオロカーボン HFC（134a, 152a, 32, 125, 23 など）も，GWP が大きいため削減対象である．例えば，HFC-134a（CH_2FCF_3）は GWP＝1430, HFC-32（CH_2F_2）は GWP＝675 と非常に高い．

12・3　二酸化炭素など温室効果ガスによる温暖化

地球の平均気温は 15℃ であり，人類や他の生物が棲みやすい環境を与えている．この気温は，地球が太陽から受ける日射エネルギーと宇宙へ赤外線により放出しているエネルギーのバランスにより決定されている．このバランス効果には赤外線を吸収する温室効果ガスが関与している．自然に共存する温室効果ガスには，水蒸気，二酸化炭素，メタン，一酸化二窒素，オゾンなどがある．また，人為的に発生している温室効果ガスには，二酸化炭素，メタン，一酸化二窒素，ハイドロフルオロカーボン（HFC）などがある．

表 12・3 には，温室効果ガスの排出量の推移を示す．表中の**地球温暖化係数 GWP**（Global Warming Potential）は，各温室効果ガスの温室効果をもたらす程

表 12・3　温室効果ガス排出量の推移　（百万 t CO_2 換算）

	GWP	2005	2006	2007	2008	2009	2010	2011	2012	2013	2014	2015	2016	2017	2018
合計	—	1 382	1 360	1 396	1 324	1 251	1 305	1 356	1 399	1 410	1 361	1 322	1 305	1 291	1 240
二酸化炭素（CO_2）	1	1 293	1 270	1 306	1 235	1 165	1 216	1 266	1 308	1 317	1 265	1 225	1 205	1 190	1 138
エネルギー起源	1	1 201	1 179	1 214	1 147	1 087	1 137	1 188	1 227	1 235	1 185	1 146	1 127	1 110	1 059
非エネルギー起源	1	92.7	91.2	91.0	87.6	78.0	79.4	78.5	80.4	81.7	80.1	79.0	78.7	79.6	78.5
メタン（CH_4）	25	35.8	35.3	35.5	35.2	34.3	34.8	33.8	32.9	32.5	31.9	31.1	30.7	30.2	29.9
一酸化二窒素（N_2O）	298	25.0	24.8	24.2	23.4	22.7	22.2	21.8	21.5	21.5	21.1	20.7	20.2	20.4	20.0
代替フロン等4ガス	—	27.9	30.2	30.9	30.7	28.8	31.5	33.9	36.5	39.1	42.3	45.2	48.7	50.9	52.8
ハイドロフルオロカーボン類（HFCs）	HFC-134a 1 430 など	12.8	14.6	16.7	19.3	20.9	23.3	26.1	29.4	32.1	35.8	39.3	42.6	44.9	47.0
パーフルオロカーボン類（PFCs）	PFC-14 7 390 など	8.6	9.0	7.9	5.7	4.0	4.2	3.8	3.4	3.3	3.4	3.3	3.4	3.5	3.5
六フッ化硫黄（SF_6）	22 800	5.0	5.2	4.7	4.2	2.4	2.4	2.2	2.2	2.1	2.0	2.1	2.2	2.1	2.0
三フッ化窒素（NF_3）	17 200	1.5	1.4	1.6	1.5	1.4	1.5	1.8	1.5	1.6	1.1	0.57	0.63	0.45	0.28

（環境省ホームページより抜粋）

度を二酸化炭素の当該程度に対する比により示した係数を表している．また，排出量は二酸化炭素換算の百万トン単位で表している．それによると，GWPは二酸化炭素よりも六フッ化硫黄，パーフルオロカーボン，ハイドロフルオロカーボンなどが非常に高い．しかし，二酸化炭素の排出量が他を圧倒しており，人為起源の温室効果に寄与するガスの約76%にあたる．

これら温室効果ガスは，人口増加に伴う生活の維持や生活水準の向上に必要な食料・工業製品の増産とともに増加しており，1997年12月京都で開催された**COP3（気候変動枠組条約第3回締約国会議）**の議定書によると基準年（1990年，ただし，HFCs，PFCs，SF6は1995年）の排出量と1999年の排出量を比較すると約6.8%もの増加になっていた．一方，2006年以降，二酸化炭素の排出量は幾分増加する年度もあるが，省エネルギーなどによるエネルギー消費量の減少により，全体的には減少傾向にある．しかし，冷媒である代替フロンの増加は続き，予断を許さない．家庭用エアコン業界では，オゾン層保護の観点よりODP＝0である代替フロンR410A（GWP＝2090）への転換，そしてよりGWPの少ないR32＝HFC-32（GWP＝675）への転換を進めているが，さらにGWPの少ない冷媒への転換が望まれる．一方，家庭用冷蔵庫業界では，2002年頃よりノンフロン化が進められ，現在では炭化水素系自然冷媒 R600a（GWP＝4）であるイソブタン $CH(CH_3)_3$ を使用している．

表 12･3 は温室効果ガスに占める二酸化炭素の影響が多大なことを示している．化石燃料の消費に起因する二酸化炭素の発生が大きく寄与しており，**IPCC（気候変動に関する政府間パネル）**によると，化石燃料の燃焼ならびに熱帯雨林の減少などがこのまま続けば，2100 年までに二酸化炭素濃度は現在の 367 ppm から 540〜970 ppm の約 2 倍に達し，地球全体の気温は 1.4〜5.8℃，海面は最大 9〜88 cm 上昇するとしている．その結果，2031 年の東京は 40℃を超す酷暑そして平均海抜 1 m 以下のキリバス共和国，モルジブなどの島国は消滅すると指摘されており，その削減が求められている．

京都議定書によると，2008〜2012 年の間で 1990 年比で温室効果ガスの排出量を先進国全体で少なくとも 5%削減する目標が設定されている．日本においては 6%の削減が求められたが，2011 年 3 月 11 日に発生した東日本大震災により発生した福島第一原子力発電所事故により，日本産業界の温暖化ガス削減計画の目算が狂った状況にあり，京都議定書の第 2 約束期間（2013〜2020 年）に参加していない．その後の 2015 年にパリで開催された **COP21** において，日本は 2030 年度までに 2013 年度比 26.0%の削減（2005 年度比 25.4%削減）目標を約束したパリ協定が結ばれている．この解決には，再生可能エネルギーの積極的な利用，革新的技術開発，さらには国民各層の努力が必要になる．

12・4　窒素酸化物，硫黄酸化物による酸性雨

ヨーロッパや北アメリカでは，酸性雨による急激な森林の落葉や枯死，さらには湖や沼での魚類や昆虫の死滅，そして砂岩，石灰岩，大理石でつくられた遺跡や建造物への被害が問題になっている．旧西ドイツやオランダでは全森林面積の 50%以上が被害を受け，ノルウェーでは湖沼の 1/3 で魚が死滅し，カナダでは 48 000 もの湖より魚が消滅すると予測されている．一方，日本においても関東地方での杉の立ち枯れ現象が広がっている．森林への影響については，酸性雨のみならず他の大気汚染物質が複合的に作用した結果であると考えられている．

酸性雨は，pH 値で表すと水素イオン濃度により pH 5.6 以下の雨を指す．ヨーロッパや北アメリカでは pH 値が 4.1～4.3 で 4.0 以下を示すことも珍しくない．日本各地でも pH 4.8～4.9 を示しており，水中生物の生存限界が pH 4.5 程度，オレンジジュースが pH 3.5～4.0 程度であることを考えると，ことの重要性が認識できる．

酸性雨の原因は，人類が多量に使用する化石燃料の燃焼による窒素酸化物 NO_x や硫黄酸化物 SO_x の大気中への放出量の増加にある．各酸化物は，硝酸や硫酸となり雨滴中に取り込まれ，地上に落下あるいはそのままの形で木々に付着して大地に戻るプロセスをたどる．日本においては，硫黄酸化物の環境基準はおおむね達成されているが窒素酸化物の環境への影響は悪化傾向にある．

12・5 環境問題の予防ならびに解決策

これらの環境問題の主因は，エンジン，冷暖房機器，冷凍機などのエネルギー変換機器にある．

温暖化の防止には，温室効果ガスの放出削減が必要不可欠である．特に二酸化炭素の削減に当たっては，エンジンや冷暖房機器などの高効率化，省エネルギーの促進（システム化による未利用エネルギーの活用，**コージェネレーションシステム**，ヒートポンプの活用），二酸化炭素の発生のないあるいは少ないエネルギーへの転換，化石燃料の燃焼に伴い発生する二酸化炭素の回収や処分などの対策を要する．基本的には，化石燃料の使用を減らすことであり，天然ガスへの転換，原子力利用，自然エネルギー資源の活用を積極的に図る必要がある．しかし，原子力利用に当たっては後処理問題，自然エネルギー資源の活用に当たっては経済性や新たなる環境問題の発生も考えられる．

オゾン層破壊の防止に関係するフロン類の削減に当たっては，その回収技術ならびに代替フロン物質の開発が求められる．回収技術は確立されても人類への回収義務を確固たる政策により強いる必要がある．また，代替物質は温暖化への影響など他の環境問題を誘起する．したがって，自然冷媒を利用できる冷暖房機器や冷凍機の開発も必要であろう．

酸性雨の予防には，化石燃料の燃焼により発生する排出ガスの低減燃焼技術や回収技術の開発，さらには自然エネルギーの活用もあげられる．また，温暖化の防止策と同様，エネルギー変換機器の高効率化や省エネルギーの促進により化石燃料利用の低減が図られ，その結果として窒素酸化物や硫黄酸化物の排出総量の低減が可能になる．

前述のように，硫黄酸化物については，化石燃料からの脱硫，排煙脱硫などにより低減傾向にある．しかし，窒素酸化物については，自動車保有台数の増加に伴って排出量が増加している．その中でもガソリン車とともに同車の30倍も排出するディーゼル車への技術的そして政策的な対策が望まれ，技術的にはハイブリッド車，燃料電池車，電気自動車が販売され，政策的にはアメリカのカリフォルニア州での電気自動車の販売義務が20年ほど前から始まっている．

2018年には，カリフォルニア州において一か月10 000台販売したメーカーの場合，**ZEV**（Zero Emission Vehicle）である走行時に全く排ガスを排出しない電気自動車**EV**と水素燃料電池車**FCV**，そしてそれに準じるプラグインハイブリッド車**PHV**を販売台数の16%になる1 600台含めることを義務付けている．この政策は，アメリカのみならず中国，英国，フランス，カナダなどの諸外国，そして日本でも2030年より進められ，2035年あるいは2040年までに大気汚染の大幅な改善を目指したZEVの強制導入を目指している．すなわち，今後，通常のガソリン車とディーゼル車は全廃そしてハイブリッド車も全廃となる国もある．

12・6　小規模分散エネルギーシステム：家庭用コージェネレーションシステム

温室効果ガス，特に二酸化炭素の削減には，一次エネルギーである化石燃料の有効利用があげられる．一例として，一般家庭で使用される電力は化石燃料の有するエネルギーの35%ほどしか利用していない．しかし，家庭にコージェネレーションシステムを導入することにより，一次エネルギーから発電と給湯・暖房を行い，70～80%もの二次エネルギーを取り出すことが可能となる．これは，従来の電力会社とガス会社から家庭に供給されるエネルギーを使用するシステムと比較して，20%程度の省エネルギー効果と30%程度の二酸化炭素の削減効果が現れる．

家庭用のシステムには，従来の電力会社ならびにガス会社より家庭に供給されるエネルギー（電力，都市ガス）をそのままの形態で利用する場合と比較してエネルギーの利用率が高く，環境負荷が低く，初期投資額および運転コストの低いことが求められる．さらには，メンテナンスの容易性，少なくとも10年以上の耐久性と信頼性が要求される．このシステムの一次エネルギーから数kWの電力を取り出すエネルギー変換機器には，内燃機関として十分な実績のあるガソリンエンジンを転用した都市ガスを燃料とするガスエンジン，稼働部がなく変換効率の高い燃料電池そして燃料の種類を問わないスターリングエンジンが考えられる．各エネルギー変換器を用いたシステム系統図を次に示す．

〔1〕 ガスエンジン（図12･2）

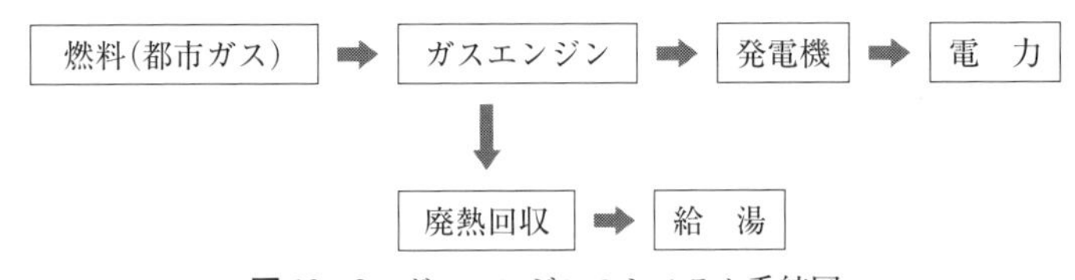

図12・2　ガスエンジンのシステム系統図

このシステムで使用されるガスエンジンは，4サイクル水冷単気筒ガソリンエンジンを都市ガス燃料用に転用したエンジンであり，その軸力より発電機を駆動し電力を得る．一方，エンジン廃熱を利用して給湯を行う．このシステム例として，発電出力1.0kW（発電効率26.3%）に対して，給湯熱量2.5kW（75℃，熱回収率65.7%）が得られ，その総合効率は92%にもなる．このシステムは，日本のガス会社より発売されていたが，2017年9月には販売が停止されている．

〔2〕 燃料電池（図12･3）

このシステムで利用する燃料電池は，自動車用に開発されている固体高分子形である．その基本動作原理は**図12･4**に示す電気化学反応であり，水素燃料の持つ化学エネルギーを電気化学反応によって直接電力に変換できる．その燃料には

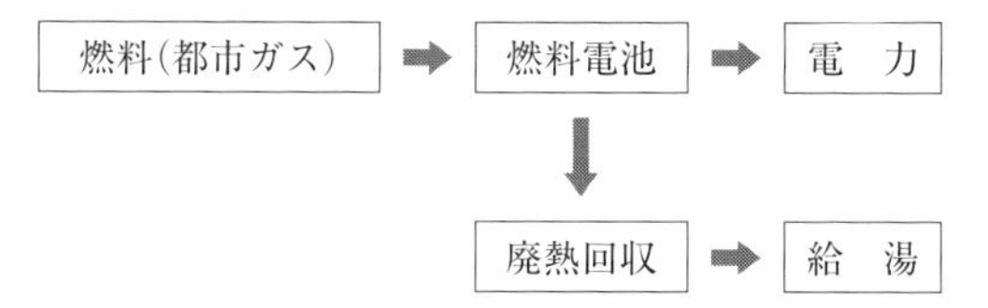

図 12・3 燃料電池のシステム系統図

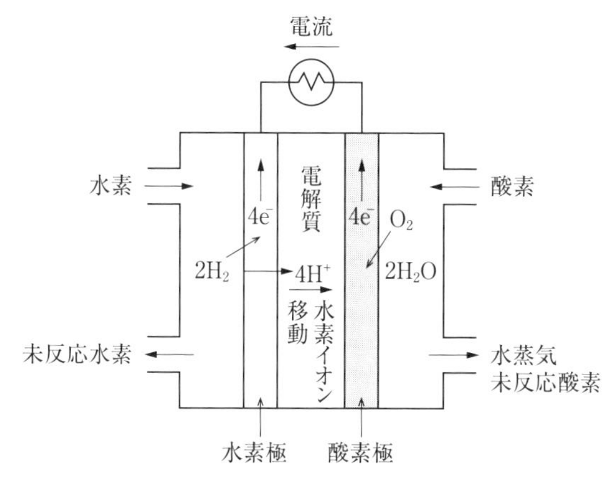

図 12・4 燃料電池の作動原理

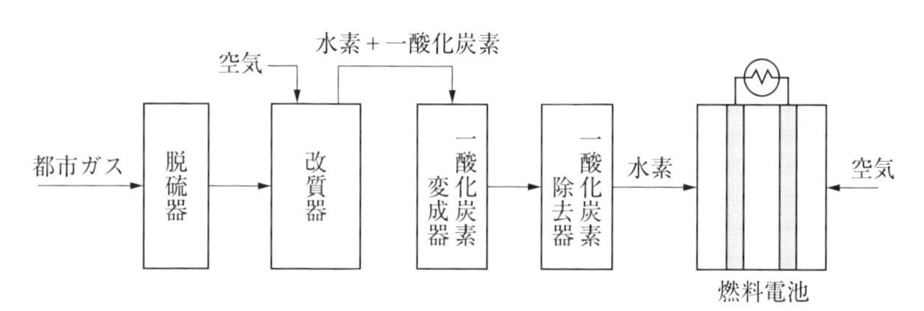

図 12・5 都市ガスを利用した燃料電池

水素のみならず，都市ガス，メタノール，ガソリンなどの改質により水素を取り出し利用することが現実的である．都市ガスを利用する場合には，**図 12・5** に示すように脱硫器，改質器，一酸化炭素変成器，一酸化炭素除去器そして燃料電池本体により構成される．

脱硫器では，都市ガスに含まれる付臭剤である硫黄化合物を除去する．改質器では，脱硫された都市ガスを水蒸気と600～800℃で反応させ，水素と一酸化炭素を生成する．一酸化炭素変成器では一酸化炭素と水蒸気を200～300℃で反応させ水素と二酸化炭素を生成する．未反応の一酸化炭素は一酸化炭素除去器により空気中の酸素と100～200℃で反応させ，二酸化炭素に変換する．この結果得られた改質ガスである水素と空気中の酸素とが燃料電池本体において電気化学反応し，直流電力を発生する．

このシステムには，直流電力を交流電力に変換する電力変換装置ならびに熱回収装置も加わる．このシステムの一例として，発電出力1kW（発電効率15%）に対して給湯熱量6.0kW（60℃，熱回収効率80%）が得られ，その総合効率は95%になる．このシステムは，日本のガス会社により販売されている．

〔3〕 スターリングエンジン（図12･6）

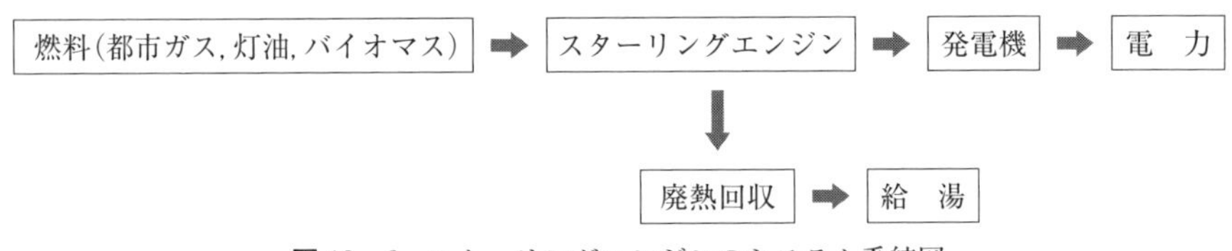

図12・6　スターリングエンジンのシステム系統図

このシステムで利用されるスターリングエンジンは，シリンダに密閉された高圧のヘリウムを外部より加熱冷却することにより動作する外燃機関であり，燃料を問わないのが特徴である．その基本構成を**図12･7**に示す．このエンジンは内燃機関と比較して燃焼状態が連続しているため排ガスの清浄性に優れ，振動と騒音の面でも優位性がある．電力の取出しは，ガスエンジンと同様に軸力により発電機を駆動することにより得られる．このシステムの一例として，発電出力1kW（発電効率15%）に対して給湯熱量6kW（60℃，熱回収効率80%）が得られ，総合効率は95%になる．このシステムは，ヨーロッパで販売されている．

このように，従来，工場，病院，大規模ビルなどに導入されていた発電出力数十～数百kWのコージェネレーションシステムを，数kWの電力が必要な一般家庭に導入することにより，一次エネルギーの消費量および二酸化炭素の排出量

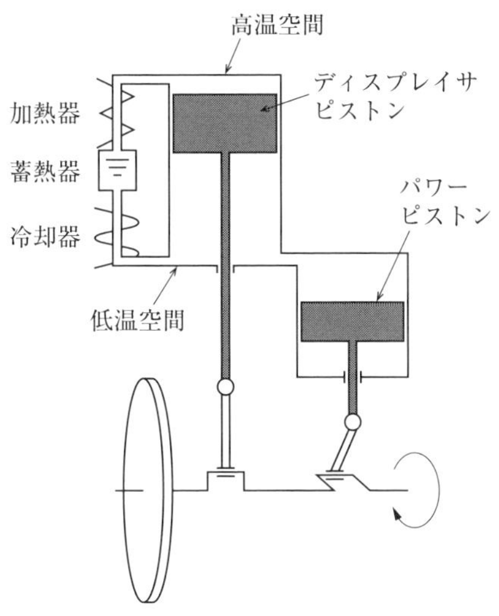

図 12・7 スターリングエンジンの作動原理

を削減でき，地球温暖化防止，エネルギーコストの大幅な節減が可能になる．

一例として，燃料電池を用いたコージェネレーションシステムでは，商用電力と都市ガスから直接熱機器を動作させるシステムに対して一次エネルギー消費量の 20%，二酸化炭素排出量の 24%，窒素酸化物排出量の 56%，年間光熱費の 19%の削減も可能になる．

演習問題解答

1章　熱機器と熱力学

問題1・1　①　78.8K　②　−252.76℃　③　130K

問題1・2　13.2MW

問題1・3　2.2kW

問題1・4　1psi＝6 895Pa，100psi＝0.6895MPa

2章　熱エネルギー利用技術

問題2・1　石油や石炭は優れた貯蔵性を持っているが，これらの熱エネルギー源は熱機器などによりエネルギー変換が行われて利用されるので，その変換の容易さまで考えて貯蔵する必要がある．たとえば，電気エネルギーに変換して利用するのであれば，蓄電池などに貯蔵する方法もある．

問題2・2　**熱放射**：アルミニウム箔が重なり合っているため，熱放射による熱の移動が乱反射によってさえぎられる．

熱伝導：アルミニウム箔は薄いため，内部を熱伝導によって移動する熱が小さい．アルミニウム箔は軽いため，吸収する熱が小さい．

対流熱伝達：空気の流れがアルミニウム箔で妨げられ，アルミニウム箔上部の対流熱伝達が小さい．

問題2・3　$C_3H_8 + 5(O_2 + 3.76N_2) = 3CO_2 + 4H_2O + 18.8N_2$

この燃焼に際して必要な理論空気量は，空気のモル数 5×4.76 kmol に空気の質量 29 kg/kmol を乗じた 690.2 kg になる．

A/F は，プロパン 1 kmol の質量 m_{fuel}＝44 kg(＝3 kmol×12 kg/mol＋4 kmol ×2 kg/kmol) に対する燃焼に必要な理論空気量 A_0＝690.2 kg の比より A/F＝690.2/44＝15.7 が求まる．

問題2・4　$C_8H_{18} + 12.5(O_2 + 3.76N_2) = 8CO_2 + 9H_2O + 47N_2$

この燃焼に際して必要な理論空気量は，空気のモル数 12.5×4.76 kmol に空気の質量 29 kg/kmol を乗じた 1 725.5 kg になる．

A/F は，オクタン 1 kmol の質量 m_{fuel} = 114 kg(＝8 kmol×12 kg/mol＋9 kmol ×2 kg/kmol) に対する燃焼に必要な理論空気量 A_0＝1 725.5 kg の比より A/F＝1 725.5/114＝15.1 が求まる．

問題 2・5　$CH_4+2(O_2+3.76N_2)=CO_2+2H_2O+7.52N_2$

メタン 1 kmol（質量 16 kg）を完全燃焼するには空気が 2×4.76×22.4 mN^3 を要する．すなわち，メタン 1 kg の燃焼に必要な空気量は 2×4.76×22.4/16＝13.3 mN^3 となる．

3 章　熱エネルギーと仕事

問題 3・1　高さ h〔m〕にある質量 m〔kg〕の物体の位置エネルギーは mgh〔J〕である．この物体が h〔m〕落下すると，位置エネルギーはすべて運動エネルギーに変換され，さらに水との衝突によって熱エネルギーに変換される．水の比熱を c〔kJ/(kg·K)〕とすると，1 kg の水を温度 ΔT だけ上昇させる熱は $c\times10^3\Delta T$〔J〕であるので，

$$mgh=c\times10^3\Delta T$$

したがって，

$$\Delta T=\frac{mgh}{c\times10^3}=\frac{2\times9.8\times10}{4.19\times10^3}=0.047\text{〔℃〕}$$

問題 3・2　1 サイクル当りに行う仕事 L は，P-V 線図で示される閉ループ内の面積となる．すなわち，圧力 P の単位を〔Pa〕，容積 V の単位を〔m^3〕として，台形の面積を求める．

$$L=\frac{\{(30-10)+(50-10)\}\times10^{-6}\times(300-100)\times10^3}{2}=6\text{〔J〕}$$

4 章　エネルギーの状態と変化

問題 4・1　式（3·7）より，仕事 L は，

$$L=\int_{V_1}^{V_2}PdV=P_1(V_2-V_1)=250\times10^3(0.4-0.6)=-50\times10^3\text{〔J〕}=-50\text{〔kJ〕}$$

式（4·5）より，熱量 Q は，

$$Q = \Delta U + L = -150 - 50 = -200 \text{〔kJ〕}$$

問題4・2 式（4·9）より，

$$\Delta H = H_2 - H_1 = (U_2 + P_2V_2) - (U_1 + P_1V_1)$$

内部エネルギーの変化がないので $U_2 - U_1 = 0$，よってエンタルピーの増加 ΔH は，

$$\Delta H = P_2V_2 - P_1V_1 = (1.2\times10^6\times0.5) - (100\times10^3\times2) = 400\times10^3 \text{〔J〕} = 400 \text{〔kJ〕}$$

5章　理想気体の状態変化

問題5・1 式（5·4）より，空気の気体定数 R は，

$$R = \frac{R_0}{m_0} = \frac{8.3}{29\times10^{-3}} = 286.2 \text{〔J/(kg·K)〕}$$

空気を理想気体と考えて計算し，密度 ρ を求める．

$$\rho = \frac{M}{V} = \frac{P}{RT} = \frac{200\times10^3}{286.2\times(15+273)} = 2.43 \text{〔kg/m}^3\text{〕}$$

問題5・2 式（5·26）より，

$$\Delta S = S_2 - S_1 = Mc_p \log_e\frac{T_2}{T_1} = 5\times1\times10^3 \log_e\frac{303}{288} = 253.9 \text{〔J/K〕}$$

問題5・3 5·7節の式を用いて計算する．

① 等温変化

等温変化であるので，

$$T_2 = T_1 = 25℃$$

$P_1V_1 = P_2V_2$ が保たれるので，

$$V_2 = \frac{P_1V_1}{P_2} = \frac{500\times10^3\times0.02}{100\times10^3} = 0.1 \text{〔m}^3\text{〕}$$

式（5·32）～式（5·34）より，

$$L = Q = P_1V_1\log_e\frac{P_1}{P_2} = 500\times10^3\times0.02\times\log_e\frac{500\times10^3}{100\times10^3} = 16.1\times10^3 \text{〔J〕}$$

$$= 16.1 \text{〔kJ〕}$$

② 断熱変化

式（5·55）および式（5·54）より，

$$T_2 = T_1\left[\frac{P_2}{P_1}\right]^{\frac{k-1}{k}} = 298\times\left[\frac{100\times10^3}{500\times10^3}\right]^{\frac{1.4-1}{1.4}} = 188 \text{〔K〕} = -85 \text{〔℃〕}$$

$$V_2 = V_1 \left[\frac{P_1}{P_2}\right]^{\frac{1}{\kappa}} = 0.02 \times \left[\frac{500 \times 10^3}{100 \times 10^3}\right]^{\frac{1}{1.4}} = 0.063 \text{〔m}^3\text{〕}$$

断熱変化であるので，

$$Q = 0 \text{〔J〕}$$

式（5･56）より，

$$L_{12} = \frac{1}{\kappa - 1}(P_1V_1 - P_2V_2) = \frac{1}{1.4-1}(500 \times 10^3 \times 0.02 - 100 \times 10^3 \times 0.063)$$
$$= 9.25 \times 10^3 \text{〔J〕} = 9.25 \text{〔kJ〕}$$

6章　エンジンのサイクル

問題6・1　等温過程であり，温度が一定なので，

$$\Delta s = \frac{q_H}{T_H} = \frac{50 \times 10^3}{600 + 273} = 57.3 \text{〔J/(kg·K)〕}$$

同様に，

$$T_L = \frac{q_L}{\Delta s} = \frac{18 \times 10^3}{57.3} = 314 \text{〔K〕} = 41 \text{〔℃〕}$$

あるいは，カルノーサイクルの熱効率 η は，

$$\eta = 1 - \frac{q_L}{q_H} = 1 - \frac{T_L}{T_H}$$

であることから，

$$T_L = \frac{q_L}{q_H} T_H = \frac{18 \times 10^3}{50 \times 10^3} \times (600 + 273) = 314 \text{〔K〕} = 41 \text{〔℃〕}$$

問題6・2　式（6･27）より，理論熱効率 η は，

$$\eta = 1 - \frac{1}{\varepsilon^{\kappa-1}} = 1 - \frac{1}{5^{1.4-1}} = 0.47$$

理論熱効率を 0.20 上昇させ，$\eta = 0.67$ とするには，

$$\varepsilon^{\kappa-1} = \frac{1}{1-\eta}$$

$$\varepsilon = \left[\frac{1}{1-\eta}\right]^{\frac{1}{\kappa-1}} = \left[\frac{1}{1-0.67}\right]^{\frac{1}{1.4-1}} = 16.0$$

問題6・3　図6･6における断熱圧縮過程（1-2）より，

$$\varepsilon = \frac{V_1}{V_2} = \left[\frac{P_2}{P_1}\right]^{\frac{1}{\kappa}} = \left[\frac{3.5\times10^6}{0.1\times10^6}\right]^{\frac{1}{1.4}} = 12.7$$

等圧燃焼過程（2-3）において，

$$\xi = \frac{V_3}{V_2} = \frac{T_3}{T_2} = \frac{T_H}{\varepsilon^{\kappa-1}T_L} = \frac{1\,500+273}{12.7^{1.4-1}\times(30+273)} = 2.12$$

式（6・28）より，

$$\eta = 1 - \frac{\xi^{\kappa}-1}{\varepsilon^{\kappa-1}\kappa(\xi-1)} = 1 - \frac{2.12^{1.4}-1}{12.7^{1.4-1}\times1.4\times(2.12-1)} = 0.570$$

問題6・4　①　再生器が完全に機能する場合，式（6・48）より，

$$\eta = 1 - \frac{T_L}{T_H} = 1 - \frac{30+273}{600+273} = 0.653$$

②　再生器が全く機能しない場合，図6・13において，過程4-1で放熱する熱量を過程2-3は利用できないため，

$$\eta = 1 - \frac{|Q_{12}|+|Q_{41}|}{Q_{34}+Q_{23}}$$

式（6・39），式（6・41）および式（6・43）を代入して整理すると，

$$\eta = \frac{T_H - T_L}{T_H + \dfrac{c_v(T_H - T_L)}{R\log_e\dfrac{V_{\max}}{V_{\min}}}} = \frac{600-30}{(600+273) + \dfrac{0.72\times10^3(600-30)}{0.29\times10^3\log_e\dfrac{500}{250}}} = 0.196$$

7章　熱エネルギーの運動エネルギーへの変換

問題7・1　気体定数 $R = 8.31433/18 = 0.4619$〔J/(g·K)〕$= 461.9$〔J/(kg·K)〕

蒸気温度 $T = 273.15 + 400 = 673.15$〔K〕

$$c = \sqrt{\kappa RT} = \sqrt{1.3\times461.9\times673.15} = 635.8\text{〔m/s〕}$$

$$M = \frac{800}{635.8} = 1.26$$

問題7・2　$\Delta h = 0.5w_2{}^2 = 0.5\times350^2 = 61\,250$〔J/kg〕$= 61.25$〔kJ/kg〕

$$\Delta h = c_p(T_1 - T_2) \longrightarrow T_2 = T_1 - \frac{\Delta h}{c_p} = 273.15 + 200 - \frac{61.25}{1.005}$$

$$= 412.2\text{〔K〕} = 139\text{〔℃〕}$$

$$T_1 P_1^{-\frac{\kappa-1}{\kappa}} = T_2 P_2^{-\frac{\kappa-1}{\kappa}} \longrightarrow P_2 = P_1 \left[\frac{T_1}{T_2}\right]^{\frac{\kappa}{1-\kappa}} = 0.5\left[\frac{273.15+200}{412.2}\right]^{\frac{1.4}{1-1.4}}$$

$$= 0.3086 \text{〔MPa〕}$$

$$M = \frac{w_2}{c} = \frac{w_2}{\sqrt{\kappa R T_2}} = \frac{350}{\sqrt{1.4 \times 287 \times 412.2}} = 0.860$$

問題 7・3 $\dot{M} = 10\,000/25 = 400$〔kg/s〕, $w_2 = Fg/\dot{M} = 50\,000 \times 9.8/400$

$= 1\,225$〔m/s〕

$$\Delta h = 0.5 w_2^2 = 0.5 \times 1\,225^2 = 7.50 \times 10^5 \text{〔J/kg〕} = 750.0 \text{〔kJ/kg〕}$$

問題 7・4

$$\frac{P_c}{P_1} = \left[\frac{2}{\kappa+1}\right]^{\frac{\kappa}{\kappa-1}} = \left[\frac{2}{1.4+1}\right]^{\frac{1.4}{1.4-1}} = 0.528 \longrightarrow \frac{P_2}{P_1} = \frac{0.6}{1.0} = 0.6 > 0.528$$

より臨界流れではない.

ノズル内の比容積 $v_1 = \dfrac{RT_1}{P_1}$

$$= \frac{0.287 \times (273.15+150)}{1.0 \times 10^3} = 0.121 \text{〔m}^3\text{/kg〕}$$

出口流速 w_2 は式（7・11）において $w_1 = 0$ とおくことにより次のように求まる.

$$w_2 = \sqrt{\frac{2\kappa}{\kappa-1} P_1 v_1 \left\{1 - \left[\frac{P_2}{P_1}\right]^{\frac{\kappa-1}{\kappa}}\right\}} = \sqrt{\frac{2 \times 1.4}{1.4-1} 1.0 \times 10^6 \times 0.121 \left\{1 - \left[\frac{0.6}{1.0}\right]^{\frac{1.4-1}{1.4}}\right\}}$$

$$= 339.1 \text{〔m/s〕}$$

出口流量 $\dot{M}_2$ は式（7・12）において $w_1 = 0$ とおくことにより次のように求まる.

$$\dot{M}_2 = A_2 \sqrt{\frac{2\kappa}{\kappa-1} \cdot \frac{P_1}{v_1} \left\{\left[\frac{R_2}{P_1}\right]^{\frac{2}{\kappa}} - \left[\frac{P_2}{P_1}\right]^{\frac{\kappa+1}{\kappa}}\right\}}$$

$$= A_2 \sqrt{\frac{2 \times 1.4}{1.4-1} \cdot \frac{1.0 \times 10^6}{0.121} \left\{\left[\frac{0.6}{1.0}\right]^{\frac{2}{1.4}} - \left[\frac{0.6}{1.0}\right]^{\frac{1.4+1}{1.4}}\right\}} = A_2 \times 1\,945.6$$

$$A_2 = \frac{\dot{M}_2}{1\,945.6} = \frac{1.0}{1\,945.6} = 5.14 \times 10^{-4} \text{〔m}^2\text{〕}$$

$$\rightarrow \frac{\pi D^2}{4} = 5.14 \times 10^{-4} \longrightarrow D = 2.56 \times 10^{-2} \text{〔m〕}$$

8章　蒸気の状態変化

問題8・1　圧力一定のもとでは平均定圧比熱 c_p は,

$$c_p=\frac{\text{エンタルピー差}}{\text{温度差}}$$

で与えられる．したがって,

・飽和温度（275.55℃）～300℃：$c_p=4.09$〔kJ/(kg·K)〕

・飽和温度（275.55℃）～500℃：$c_p=2.84$〔kJ/(kg·K)〕

問題8・2　湿り蒸気中で飽和液の体積比は,

$$\frac{v'(1-x)}{v}=\frac{v'(1-x)}{v'(1-x)+v''x}$$

で与えられる．したがって，25℃：0.0023，100℃：0.058，300℃：0.87.

体積比で液相割合が0.01なので蒸気相は0.99である．同じ体積比でも飽和温度が低い状態では液の密度は蒸気に比べて非常に大きいので飽和液の占める質量割合は大きい．したがって，乾き度は小さい．飽和温度が300℃と高くなると蒸気と液体の密度が近くなるので蒸気の質量割合は0.87と体積割合0.99に近くなる．

問題8・3　大気中の水蒸気圧が25℃の水の飽和蒸気圧以下であれば水は蒸発を続け平衡状態にないが，飽和蒸気圧に等しい（相対湿度100%）場合には平衡状態にある．

問題8・4　圧力差＝内圧－外圧＝0.14327－0.10133＝0.04194〔MPa〕

$$\text{力}=0.04194\,\text{〔MPa〕}\times\frac{\pi(0.20)^2}{4}\,\text{〔m}^2\text{〕}=1\,317\,\text{〔N〕}$$

$$\text{ピストンの質量}=\frac{1\,317\,\text{〔N〕}}{9.807\,\text{〔m/s}^2\text{〕}}=134.3\,\text{〔kg〕}$$

問題8・5　水蒸気は細孔で絞り膨張（等エンタルピー膨張）すると考えると，管内水蒸気と細孔から導き出した水蒸気の比エンタルピーは等しい．4 MPaにて $h'=1\,087.4$ kJ/kg，$h''=2\,800.3$ kJ/kg であるから,

$$x=\frac{2\,716.5-1\,087.4}{2\,800.3-1\,087.4}=0.95$$

9章 蒸気サイクル

問題9・1 入力＝(ボイラでの加熱量)＋(ポンプ仕事)

$$=2.53\times10^5\,〔\mathrm{kW}〕+3.8\times10^2\,〔\mathrm{kW}〕\fallingdotseq 2.53\times10^5\,〔\mathrm{kW}〕$$

出力＝(タービン仕事)＋(復水器排熱)$=1.0\times10^5\,〔\mathrm{kW}〕+1.53\times10^5\,〔\mathrm{kW}〕$

$$=2.53\times10^5\,〔\mathrm{kW}〕$$

入力と出力は釣り合っている．

問題9・2 ① 例題9・1のx_E参照．sに20 MPa，500℃の値$s=6.1456$ kJ/(kg·K)を代入する．$x=0.72$

② 4 MPa 500℃，$s=7.0909$ kJ/(kg·K)より，$x=0.84$

問題9・3 10.5%，131 kW

タービン出口：$x=0.968$，$h=409.6$ kJ/kg

$$理論熱効率=\frac{19.6\,\mathrm{kJ/kg}}{187.4\,\mathrm{kJ/kg}}=0.105$$

$$19.6\,\mathrm{kJ/kg}\times0.8\times\frac{30\times10^3\,\mathrm{kg}}{3\,600\,\mathrm{s}}=131\,〔\mathrm{kW}〕$$

(ポンプの仕事を考慮すると約123 kW)

問題9・4 54 MW

タービン出口：$x=0.832$，$h=2\,182.8$ kJ/kg

問題9・5 ① $1-\dfrac{273.15+8}{273.15+29}=0.0695$

② タービン出口：$x=0.9949$，$h=405.63$ kJ/kg

可逆断熱膨張によるタービン入口，出口のエンタルピー差：6.43 kJ/kg，理論熱効率：3.3%

③ $6.43\,\mathrm{kJ/kg}\times0.70\times20\,\mathrm{kg/s}=90\,\mathrm{kW}$

海水温度差発電では高温熱源，低温熱源の温度差が小さいためカルノーサイクルでも7%と小さい．実際には，熱交換には温度差が必要なのでさらに理論熱効率は小さくなる．

10章　冷凍とヒートポンプサイクル

問題 10・1　①　エンジン出力 $\dot{L}=\dot{Q}_H(1-T_L/T_H)=10(1-300/600)=5$〔kW〕

②　成績係数 $COP_c=\dot{Q}_L'/\dot{Q}_H$

$T_L=T_H'$，エンジンの仕事＝冷凍機の仕事より次の関係が成り立つ．

$$\dot{Q}_H(1-T_L/T_H)=\dot{Q}_H'(1-T_L'/T_H')=\frac{\dot{Q}_L T_H'}{T_L'}\left(1-\frac{T_L'}{T_H'}\right)$$

よって，

$$COP_c=\frac{\dot{Q}_L'}{\dot{Q}_H}=\frac{T_L'/T_H(T_H-T_L)}{T_L-T_L'}$$

$$=\frac{250/600\times(600-300)}{300-250}$$

$$=2.5$$

③　冷凍能力 $\dot{Q}_L'=\dot{Q}_H COP_c=10\times 2.5=25$〔kW〕

問題 10・2　$\dot{L}_{\rm in}=\dot{Q}_L/COP_c=2.1/3=0.7$〔kW〕

問題 10・3　付図1より -15℃の飽和圧力 0.16 MPa，飽和蒸気の比エンタルピー $h_1=390$ kJ/kg が求まる．

30℃の飽和圧力 0.78 MPa であるから，-15℃の飽和蒸気を断熱圧縮して 0.78 MPa まで加圧すると，35℃，$h_2=421$ kJ/kg の過熱蒸気になる．

0.78 MPa の飽和液の比エンタルピー $h_3=242$ kJ/kg $=h_4$ より，

冷凍効果 $q_L=h_1-h_4=390-242=148$〔kJ/kg〕

圧縮仕事 $l_{\rm in}=h_2-h_1=421-390=31$〔kJ/kg〕

成績係数 $COP_c=q_L/l_{\rm in}=148/31=4.77$

問題 10・4　図10・7を参照しながら，4状態の比エンタルピーを R 134 a の付図1および付表1の飽和表より求める．

$T_v=-16$℃$\longrightarrow h_1=h''=388.65$〔kJ/kg〕

$T_c=16$℃，$p_{\rm sat}=0.50$〔MPa〕$\longrightarrow h_2=410.00$〔kJ/kg〕

$T_c=16$℃$\longrightarrow h_3=h'=221.89$〔kJ/kg〕

$h_4\approx h_3=221.89$〔kJ/kg〕

① $\dot{Q}_L=\dot{M}(h_1-h_4)=0.1(388.65-221.89)=16.68$〔kW〕

② $\dot{L}_{\rm in}=\dot{M}(h_2-h_1)=0.1(410.00-388.65)=2.135$〔kW〕

③ $\dot{Q}_H=\dot{M}(h_2-h_3)=0.1(410.00-221.89)=18.81$〔kW〕

④ $COP_c=\dot{Q}_L/\dot{L}_{\rm in}=16.68/2.135=7.813$

問題 10・5 付図1より−10℃の飽和圧力0.20 MPa一定線上に，$-10+10=0$℃の等温線を降ろした交点1により，圧縮機入口過熱蒸気の比エンタルピー$h_1=402$ kJ/kgが求まる．

30℃の飽和圧力0.78 MPaであるから，0℃の過熱蒸気を断熱圧縮して0.78 MPaまで加圧すると，48℃，$h_2=434$ kJ/kgの過熱蒸気になる．

$30-10=20$℃の等温線と飽和液線の交点を通るエンタルピー一定の線と0.78 MPaの等圧線ならびに−10℃の等温線との交点を3と4とすると，過冷却液の比エンタルピー$h_3=229$ kJ/kg$=h_4$より，

冷凍効果 $q_L=h_1-h_4=402-229=173$〔kJ/kg〕

圧縮仕事 $l_{\rm in}=h_2-h_1=434-402=32$〔kJ/kg〕

成績係数 $COP_c=q_L/l_{\rm in}=173/32=5.41$

11章 空気調和

問題 11・1 図11·3より下記のように読み取れる．

水蒸気分圧＝10.7 mmHg＝1.42 kPa，相対湿度$\phi=54$％，絶対湿度$x=0.0089$ kg/kg(DA)，比エンタルピー$h=45$ kJ/kg(DA)，比体積$v=0.848$ m^3/kg(DA)，露点温度12.3℃．

問題 11・2 $t_D=18.3$℃

問題 11・3 $\Delta h=53-45=8$ kJ/kg(DA)

問題 11・4 $\phi=79$％，$\Delta x=0.0103-0.0053=0.0050$〔kg/kg(DA)〕

問題 11・5 $\mathrm{SHF}=5/(5+2)=0.714$

SHF軸の0.714と⊕とを結ぶ線に平行で25℃，55％の点を通る線上に吹出し状態がある．

吹出し温度は$25-10=15$℃であるから，絶対湿度はおよそ0.009 kg/kg(DA)となる．

Appendix

【1 章】

A 1.1　日本では慣用的に温度の単位として℃が用いられるように，欧米では°F（ファーレンハイト：Fahrenheight，カ氏とも言う）が用いられている．℃と°Fの換算は，

$$t_F\ 〔°\mathrm{F}〕= \frac{9}{5} \times t\ 〔℃〕+ 32$$

A 1.2　水銀柱の高さに相当する圧力単位 mmHg を Torr（torr：トール）で表すことがある．

1〔atm〕= 101.325〔kPa〕= 1 013.25〔hPa〕= 760〔mmHg〕= 760〔Torr〕

【3 章】

A 3.1　式（3･7）を実際に定積分して仕事量を求める場合，P が定数である場合（定圧変化）以外は，このまま解くことができない．解くためには P を V，もしくは T の関数（積分区間の変換とともに，T のときは dV も dT に変換）に変換する必要がある．

A 3.2　式（3･13）においても式（3･7）同様，実際に定積分を解いてエントロピーを求めるためには，T が定数の場合（等温変化）以外，T を他の変数に変換する必要がある．

【4 章】

A 4.1　式（4･9），式（4･10）における $PV(Pv)$ は，流体が流れていることによって生じる仕事であり，**排除仕事**とも呼ばれている．

【5 章】

A 5.1

$$ds = \frac{c_v dT + P dv}{T} \tag{5・21}$$

この式に，式（5･1）$Pv = RT$ から変形した $\dfrac{P}{T} = \dfrac{R}{v}$ を代入すると，次式にな

る．

$$ds = c_v \frac{dT}{T} + R\frac{dv}{v} \qquad (5 \cdot 22)$$

ここで，式（5･1）を微分すると，

$$vdP + Pdv = RdT \qquad \therefore \quad Pdv = RdT - vdP$$

の関係が得られる．この関係式を式（5･21）に代入すると，次のように表される．

$$ds = \frac{c_v dT + RdT - vdP}{T} = (c_v + R)\frac{dT}{T} - \frac{v}{T}dP$$

$$= c_P \frac{dT}{T} - R\frac{dP}{P} \qquad (5 \cdot 23)$$

$$(\because \quad c_P - c_v = R,\ Pv = RT)$$

また，式（5･21）に $Pv = RT$，$vdP + Pdv = RdT$ の関係式を用いて T，dT を消去するように代入すると，次のようになる．

$$ds = \frac{c_v dT + Pdv}{T} = \left[c_v \frac{vdP + Pdv}{R} + Pdv\right]\frac{R}{Pv}$$

$$= \frac{[c_v vdP + (c_v + R)Pdv]}{R} \cdot \frac{R}{Pv} = c_v \frac{dP}{P} + c_P \frac{dv}{v} \qquad (5 \cdot 24)$$

【6 章】

A 6.1　式（4･15）に式（4･16）を代入して両辺を M で割ると，

$$dq = dh + dl_t$$

圧縮機，タービンともに（可逆）断熱変化であるので

$$dq = 0$$

$$0 = dh + dl_t \qquad \therefore \quad dl_t = -\,dh$$

積分して　$l_t = h_{\mathrm{I}} - h_{\mathrm{II}}$（状態Ⅰ→状態Ⅱ）

作動流体が理想気体であれば式（5･19）の $dh = c_P dT$ より，

$$l_t = c_P(T_{\mathrm{I}} - T_{\mathrm{II}})$$

$l_C = h_2 - h_1$：圧縮機が外部から受け取る仕事（>0）

（本来 l_C は外部にする仕事（$l_C<0$）で考えるが，ここでは $|l_C|>0$ を l_C としている）

$$l_G = h_3 - h_4$$：タービンが外部にする仕事（>0）

なので，

$$l_C = h_2 - h_1 = c_P(T_2 - T_1) = c_P T_1\left(\frac{T_2}{T_1} - 1\right)$$

$$l_G = h_3 - h_4 = c_P(T_3 - T_4) = c_P T_4\left(\frac{T_3}{T_4} - 1\right)$$

式（6･31）$\dfrac{T_2}{T_1} = \dfrac{T_3}{T_4} = \phi^{\frac{\kappa-1}{\kappa}}$ を上式に代入し

$$l_C = c_P T_1(\phi^{\frac{\kappa-1}{\kappa}} - 1) \tag{6・34}$$

$$l_G = c_P T_4(\phi^{\frac{\kappa-1}{\kappa}} - 1) \tag{6・35}$$

となる．

【7 章】

A 7.1　式（7･20）を比例式ではなく，式（7･18）より直接導くと，次式で表される．

$$\frac{\dot{M}}{A_2} = \sqrt{2\frac{\kappa}{\kappa-1}\cdot\frac{P_1}{v_1}\left\{\left(\frac{P_2}{P_1}\right)^{\frac{2}{\kappa}} - \left(\frac{P_2}{P_1}\right)^{\frac{\kappa+1}{\kappa}}\right\}}$$

同式の最大値は圧力比に対する極大値なので次の関係を考えるとよい．

$$\frac{d(\dot{M}/A_2)}{d(P_2/P_1)} = 0$$

$$\frac{d(\dot{M}/A_2)}{d(P_2/P_1)} = \sqrt{2\frac{\kappa}{\kappa-1}\cdot\frac{P_1}{v_1}}\cdot\frac{\dfrac{2}{\kappa}\left(\dfrac{P_2}{P_1}\right)^{\frac{2}{\kappa}-1} - \dfrac{\kappa+1}{\kappa}\left(\dfrac{P_2}{P_1}\right)^{\frac{\kappa+1}{\kappa}-1}}{2\sqrt{\left(\dfrac{P_2}{P_1}\right)^{\frac{2}{\kappa}} - \left(\dfrac{P_2}{P_1}\right)^{\frac{\kappa+1}{\kappa}}}}$$

上式において右辺の分子が 0 になればよいから，

$$\frac{2}{\kappa}\left(\frac{P_2}{P_1}\right)^{\frac{2-\kappa}{\kappa}} - \frac{\kappa+1}{\kappa}\left(\frac{P_2}{P_1}\right)^{\frac{1}{\kappa}} = 0$$

$$\left(\frac{P_2}{P_1}\right)^{\frac{1}{\kappa}}\left\{\frac{2}{\kappa}\left(\frac{P_2}{P_1}\right)^{\frac{1-\kappa}{\kappa}} - \frac{\kappa+1}{\kappa}\right\} = 0$$

さらに，

$$\frac{2}{\kappa}\left(\frac{P_2}{P_1}\right)^{\frac{1-\kappa}{\kappa}} - \frac{\kappa+1}{\kappa} = 0$$

$$\frac{P_2}{P_1}=\left(\frac{\kappa+1}{2}\right)^{\frac{1-\kappa}{\kappa}}=\left(\frac{2}{\kappa+1}\right)^{\frac{\kappa}{\kappa-1}} \qquad (7\cdot21)$$

ここで，P_2 を臨界圧力 P_C で表すと，次の臨界圧力比が得られる．

$$\frac{P_C}{P_1}=\left(\frac{2}{\kappa+1}\right)^{\frac{\kappa}{\kappa-1}}$$

A 7.2　マッハ数とノズル断面積の関係は次のように表される．

$$\frac{dM}{M}=-\frac{1+\dfrac{\kappa-1}{2}M^2}{1-M^2}\cdot\frac{dA}{A}$$

ここでは，この式の導出は行わないが，同式よりマッハ数とノズル断面積の関係がわかる．

分母の $1-M^2$ に着目すると，

$M>1$ のとき（音速）

$dM>0$ のためには $dA>0$ つまり，断面積を大きくしていくとマッハ数が増加する．

→末広ノズル

$M<1$ のとき（亜音速）

$dM>0$ のためには $dA<0$ つまり，断面積を小さくしていくとマッハ数が増加する．

→先細ノズル

〈付属資料〉

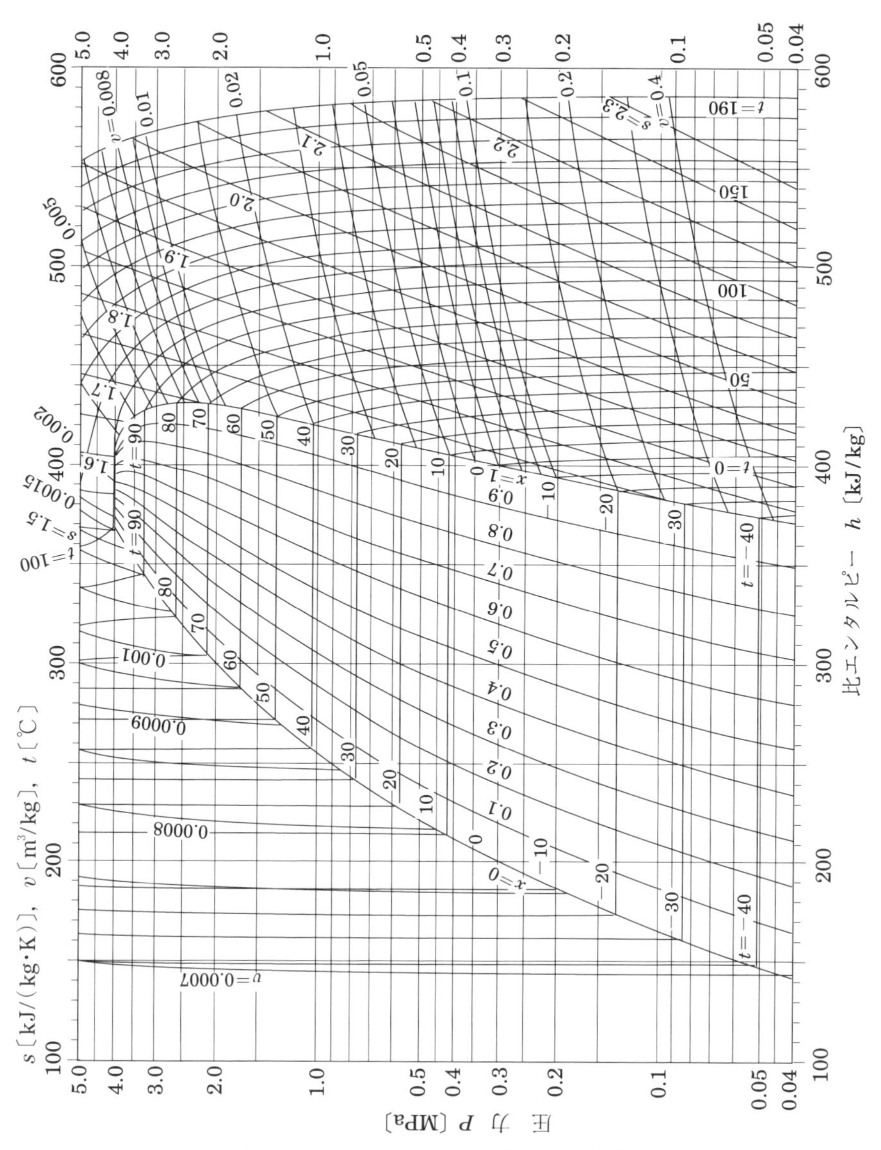

付図 1　R134a のモリエル線図（P–h 線図）

（(社）日本冷凍空調学会：R134a P–h 線図（1996）より）

付表1 R134a の飽和表

温度	圧力	比体積		比エンタルピー		比エントロピー	
t ℃	p MPa	v' m³/kg	v'' m³/kg	h' kJ/kg	h'' kJ/kg	s' kJ/(kg·k)	s'' kJ/(kg·k)
−60	0.0159	0.000678	1.07903	123.36	361.31	0.6846	1.8010
−58	0.0181	0.000681	0.95653	125.81	362.58	0.6961	1.7905
−56	0.0205	0.000683	0.85022	128.27	363.84	0.7074	1.7922
−54	0.0232	0.000686	0.75768	130.73	365.11	0.7187	1.7882
−52	0.0262	0.000689	0.67690	133.20	366.38	0.7299	1.7843
−50	0.0295	0.000691	0.60619	135.67	367.65	0.7410	1.7806
−48	0.0331	0.000694	0.54414	138.15	368.92	0.7521	1.7770
−46	0.0370	0.000697	0.48955	140.64	370.19	0.7631	1.7736
−44	0.0413	0.000700	0.44139	143.14	371.46	0.7740	1.7704
−42	0.0461	0.000703	0.39881	145.64	372.73	0.7848	1.7673
−40	0.0512	0.000705	0.36107	148.14	374.00	0.7956	1.7643
−38	0.0568	0.000708	0.32755	150.66	375.27	0.8063	1.7615
−36	0.0629	0.000711	0.29770	153.18	376.54	0.8170	1.7588
−34	0.0695	0.000714	0.27108	155.71	377.80	0.8276	1.7563
−32	0.0767	0.000717	0.24727	158.25	379.06	0.8381	1.7538
−30	0.0844	0.000720	0.22594	160.79	380.32	0.8486	1.7515
−28	0.0927	0.000723	0.20680	163.34	381.57	0.8591	1.7492
−26	0.1008	0.000726	0.19106	165.67	382.71	0.8685	1.7473
−24	0.1113	0.000730	0.17406	168.47	384.07	0.8798	1.7451
−22	0.1216	0.000733	0.16006	171.05	385.32	0.8900	1.7432
−20	0.1327	0.000736	0.14739	173.64	386.55	0.9002	1.7413
−18	0.1446	0.000740	0.13592	176.23	387.79	0.9104	1.7396
−16	0.1573	0.000743	0.12551	178.83	389.02	0.9205	1.7379
−14	0.1708	0.000746	0.11605	181.44	390.24	0.9306	1.7363
−12	0.1852	0.000750	0.10744	184.07	391.46	0.9407	1.7348
−10	0.2006	0.000754	0.09959	186.70	392.66	0.9506	1.7334
−8	0.2169	0.000757	0.09242	189.34	393.87	0.9606	1.7320
−6	0.2343	0.000761	0.08587	191.99	395.06	0.9705	1.7307
−4	0.2527	0.000765	0.07987	194.65	396.25	0.9804	1.7294
−2	0.2722	0.000768	0.07436	197.32	397.43	0.9902	1.7282
0	0.2928	0.000772	0.06931	200.00	398.60	1.0000	1.7271
2	0.3146	0.000776	0.06466	202.69	399.77	1.0098	1.7260
4	0.3377	0.000780	0.06039	205.40	400.92	1.0195	1.7250
6	0.3620	0.000785	0.05644	208.11	402.06	1.0292	1.7240
8	0.3876	0.000789	0.05280	210.84	403.20	1.0388	1.7230
10	0.4146	0.000793	0.04944	213.58	404.32	1.0485	1.7221
12	0.4430	0.000797	0.04633	216.33	405.43	1.0581	1.7212
14	0.4729	0.000802	0.04345	219.09	406.53	1.0677	1.7204
16	0.5043	0.000807	0.04078	221.87	407.61	1.0772	1.7196
18	0.5372	0.000811	0.03830	224.66	408.69	1.0867	1.7188

付表 1　つづき

温度	圧力	比体積		比エンタルピー		比エントロピー	
t ℃	p MPa	v' m³/kg	v'' m³/kg	h' kJ/kg	h'' kJ/kg	s' kJ/(kg·k)	s'' kJ/(kg·k)
20	0.5717	0.000816	0.03600	227.47	409.75	1.0962	1.7180
22	0.6079	0.000821	0.03385	230.29	410.79	1.1057	1.7173
24	0.6458	0.000826	0.03186	233.12	411.82	1.1152	1.7166
28	0.7269	0.000837	0.02826	238.84	413.84	1.1341	1.7152
30	0.7702	0.000842	0.02664	241.72	414.82	1.1435	1.7145
32	0.8154	0.000848	0.02513	244.62	415.78	1.1529	1.7138
34	0.8626	0.000854	0.02371	247.54	416.72	1.1623	1.7131
36	0.9118	0.000860	0.02238	250.48	417.65	1.1717	1.7124
38	0.9632	0.000866	0.02113	253.43	418.55	1.1811	1.7118
40	1.0166	0.000872	0.01997	256.41	419.43	1.1905	1.7111
42	1.0722	0.000879	0.01887	259.41	420.88	1.1999	1.7103
44	1.1301	0.000885	0.01784	262.43	421.11	1.2092	1.7096
46	1.1903	0.000892	0.01687	265.47	421.92	1.2186	1.7089
48	1.2529	0.000900	0.01595	268.53	422.69	1.2280	1.7081
50	1.3179	0.000907	0.01509	271.62	423.44	1.2375	1.7072
52	1.3854	0.000915	0.01428	274.74	424.15	1.2469	1.7064
54	1.4555	0.000923	0.01351	277.89	424.83	1.2563	1.7055
56	1.5282	0.000932	0.01278	281.06	425.47	1.2658	1.7045
58	1.6036	0.000941	0.01209	284.27	426.07	1.2753	1.7035
60	1.6818	0.000950	0.01144	287.50	426.63	1.2848	1.7024
62	1.7628	0.000960	0.01083	290.78	427.14	1.2944	1.7013
64	1.8467	0.000970	0.01024	294.09	427.61	1.3040	1.7000
66	1.9337	0.000980	0.00969	297.44	428.02	1.3137	1.6987
68	2.0237	0.000992	0.00916	300.84	428.36	1.3234	1.6972
70	2.1168	0.001004	0.00865	304.28	428.65	1.3332	1.6956
72	2.2132	0.001017	0.00817	307.78	428.86	1.3430	1.6939
74	2.3130	0.001030	0.00771	311.33	429.00	1.3530	1.6920
76	2.4161	0.001045	0.00727	314.94	429.04	1.3631	1.6899
78	2.5228	0.001060	0.00685	318.63	428.98	1.3733	1.6876
80	2.6332	0.001077	0.00645	322.39	428.81	1.3836	1.6850
101.06	4.0592	0.00195	0.00195	389.64	389.64	1.5621	1.5621

（初級冷凍受験テキスト，日本冷凍空調学会（2019））

参　考　文　献

1) 丸茂榮佑・木本恭司 著：『工業熱力学』，コロナ社(2001)

2) Yunns A. Çengel and Michael A. Boles：Thermodynamics；An Engineering Approach, McGraw-Hill(1998)

3) 齋藤孝基 著：『応用熱力学』，東京大学出版会(1997)

4) 一色尚次・北山直方 著：『伝熱工学』，森北出版(1990)

5) 日本機械学会 編：『新版機械工学便覧 エンジニアリング編』，日本機械学会(1989)

6) 日本機械学会 編：『新版機械工学便覧 A.基礎編・B.応用編』，日本機械学会(1987)

7) 谷下市松 著：『工業熱力学 基礎編』，裳華房(1986)

8)* 冷凍空調手帳改訂委員会 編：『冷凍空調手帳（改訂第7版）』，日本冷凍空調学会（2009）

* 表8･1において，融点については本文献にデータなし.

索　引

あ行

か行

さ行

た行

な行

は行

ま行

や行

ら行

英字

〈著者略歴〉

齋藤　孝基（さいとう　たかもと）
1964年　東京大学大学院機械工学専門課程博士課程修了
1964年　工学博士
1996年　東京大学工学部教授定年退官
2006年　明星大学理工学部教授定年退職
現　在　東京大学名誉教授

平田　宏一（ひらた　こういち）
1990年　埼玉大学工学部機械工学科卒業
1998年　博士（工学）
現　在　国立研究開発法人 海上・港湾・航空技術研究所 海上技術安全研究所

濱口　和洋（はまぐち　かずひろ）
1981年　明治大学大学院工学研究科博士課程単位取得退学
1986年　工学博士
2020年　明星大学理工学部教授定年退職
現　在　明星大学名誉教授

齊藤　剛（さいとう　たけし）
1999年　神戸大学大学院自然科学研究科博士課程修了
1999年　工学博士
現　在　明星大学理工学部総合理工学科機械工学系

はじめて学ぶ
熱　力　学（第2版）

2002年3月25日　　第1版第1刷発行
2021年7月25日　　第2版第1刷発行

著　　者　齋藤孝基
　　　　　濱口和洋
　　　　　平田宏一
　　　　　齊藤　剛
発 行 者　村上和夫
発 行 所　株式会社 オーム社
　　　　　郵便番号　101-8460
　　　　　東京都千代田区神田錦町3-1
　　　　　電話　03(3233)0641(代表)
　　　　　URL　https://www.ohmsha.co.jp/

印刷・製本　三美印刷
ISBN978-4-274-22732-5　Printed in Japan